Däumler/Grabe

Kostenrechnung 2
Deckungsbeitragsrechnung

www.nwb.de

NWB Studium Betriebswirtschaft

Kostenrechnung 2

Deckungsbeitragsrechnung

- mit Fragen und Aufgaben
- Antworten und Lösungen
- Testklausur

Von
Professor Klaus-Dieter Däumler
und Professor Jürgen Grabe

9., vollständig überarbeitete Auflage

nwb STUDIUM

Kein Produkt ist so gut, dass es nicht noch verbessert werden könnte. Ihre Meinung ist uns wichtig! Was gefällt Ihnen gut? Was können wir in Ihren Augen noch verbessern? Bitte verwenden Sie für Ihr Feedback einfach unser Online-Formular auf:

www.nwb.de/go/campus

Als kleines Dankeschön verlosen wir unter allen Teilnehmern einmal pro Quartal ein Buchgeschenk.

ISBN 978-3-482-**70749**-0 – 9., vollständig überarbeitete Auflage 2009

Druck: Griebsch & Rochol Druck GmbH & Co. KG, Hamm

VORWORT

Dieses Buch ist Teil einer vierbändigen Darstellung der Kostenrechnung:

Band 1: Grundlagen,
Band 2: Deckungsbeitragsrechnung,
Band 3: Plankostenrechnung,
Band 4: Kostenrechnungs- und Controllinglexikon.

Die vier Bände bauen begrifflich und systematisch aufeinander auf, sind jedoch auch unabhängig voneinander zu verwenden.

Beim Gang durch den Text unterstützt Sie das Buch durch zahlreiche Beispiele, Abbildungen und Übersichten sowie durch die praxisorientierte Stoffauswahl. Am Ende eines jeden Kapitels stehen Checklisten, die der Stoffwiederholung dienen sowie Fragen und Aufgaben, die Ihren Lernerfolg sichern und das Gelernte festigen. Zur Selbstkontrolle können Sie, liebe Leser, die Antworten und Lösungen dem Anhang entnehmen. Sie sollten das Buch mit dem Bleistift in der Hand durcharbeiten und alle angebotenen Übungsmöglichkeiten nutzen, denn das Fachgebiet Kostenrechnung lässt sich nicht durch bloßes Lesen, sondern nur durch selbstständiges Üben durchdringen.

Wir haben das Buch so aufgebaut, dass Sie es nicht nur als Lehr- und Nachschlagewerk, sondern auch als Grundlage zum Selbststudium verwenden können. Betrachten Sie jedes Kapitel als eine Lektion. Gehen Sie erst dann zur Folgelektion über, wenn Sie die verbal zu beantwortenden Fragen und die rechnerisch zu lösenden Aufgaben bearbeitet haben. Nehmen Sie sich für ein Kapitel drei Stunden Zeit; für die ersten drei Kapitel eher weniger, für Kapitel 4 und 5 eher mehr. Insgesamt benötigen Sie 25 – 30 Stunden, dann haben Sie das Buch durchgearbeitet. Lösen Sie danach, das ist der krönende Abschluss, die Testklausur auf Seite 183. Sie schaffen das in weniger als 60 Minuten, weil die Klausur nach dem Multiple-Choice-Verfahren aufgebaut ist. Erzielen Sie bei der Klausur mindestens 50 % der Gesamtpunktzahl, haben Sie Ihre Zeit vorteilhaft investiert.

Das Buch wurde an der Fachhochschule Kiel und an der Wirtschaftsakademie Schleswig-Holstein erprobt. Es enthält Erfahrungen aus Weiterbildungsveranstaltungen für Führungskräfte der Wirtschaftspraxis, ist also für Studierende und Praktiker geschrieben. Es eignet sich für das Studium an Hochschulen ebenso wie für die Ausbildung an Berufs-, Wirtschafts- und Verwaltungsakademien. Es spricht neben dem Wirtschaftler auch betriebswirtschaftlich interessierte Vertreter ingenieurwissenschaftlicher Fachrichtungen an.

Die wirtschaftliche Entwicklung der letzten beiden Jahrzehnte hat in unserem Land den Durchbruch der Deckungsbeitragsrechnung bei den Großunternehmungen gebracht: Mehr als zwei Drittel aus dem Klub der Umsatzmilliardäre nutzen die Verfahren der Teilkostenrechnung. Bei mittleren und kleineren Unternehmungen dagegen ist die traditionelle Vollkostenrechnung auch heute noch weit verbreitet. Das Buch bietet Ihnen eine ausführliche Darstellung der betrieblichen Einsatzmöglichkeiten der Deckungsbeitragsrechnung, gegliedert in acht Kapitel:

- Notwendigkeit der Deckungsbeitragsrechnung,
- Programmoptimierung bei freien Kapazitäten,
- Programmoptimierung bei einem Engpass,
- Programmoptimierung bei mehreren Engpässen im Zwei-Güter-Fall,
- Programmoptimierung bei mehreren Engpässen im Mehrgüterfall,
- Stufenweise Fixkostendeckungsrechnung,
- Wahl des optimalen Produktionsverfahrens (Verfahrenswahl),
- Eigenfertigung oder Fremdbezug (EF-Entscheidungen).

Verfahrenswahl und EF-Entscheidungen können kurzfristig optimal mit Hilfe der Deckungsbeitragsrechnung getroffen werden. Bei Planungen für die lange Periode ist jedoch der Einsatz der Investitionsrechnung erforderlich. Der finanzmathematische Tabellenanhang enthält daher die für die Investitionsrechnungs-Beispiele notwendigen Werte. Im Übrigen wurde der Lehrtext für die 9. Auflage insgesamt durchgesehen, aktualisiert, verbessert und erweitert.

Für Anregungen und konstruktive Kritik danken wir unseren Studenten und Herrn Dipl.-Betriebsw. H.-P. Berthold, Herrn Dipl.-Informatiker I. Grabe, Frau Dipl.-Ing. S. Hoffmann, Frau Dipl.-Volksw. R. Zachos, Herrn Dipl.-Betriebsw. G. Ziegler und Herrn Dipl.-Volksw. W. Zierke.

Kiel, im November 2008

Klaus-Dieter Däumler
Jürgen Grabe

INHALTSVERZEICHNIS

1. Notwendigkeit der Deckungsbeitragsrechnung

1.1 Problematische Fixkosten

1.1.1 Preisfindung und Preisbeurteilung in traditioneller Sicht

Die traditionelle Vollkostenrechnung orientiert sich bei der Preisfindung und Preisbeurteilung an den Stückkosten k der Leistungseinheit. Dabei gilt:

(1.1)

$$k = \frac{K}{x} = \frac{K_v + K_f}{x} = k_v + k_f$$

Stückkosten = variable Kosten je Stück + anteilige Fixkosten je Stück

Symbole

k = Kosten einer Leistungseinheit (€/Stück)

x = Anzahl der Leistungseinheiten (Stück/Periode)

K = Gesamtkosten der produzierten Leistungseinheiten (€/Periode)

K_v = variable Gesamtkosten der produzierten Leistungseinheiten (€/Periode)

K_f = Fixkosten des Betriebes (€/Periode)

k_v = variable Kosten pro Stück (€/Stück)

k_f = fixe Kosten pro Stück (€/Stück)

Die Vollkostenrechnung verrechnet alle Kosten auf die Kostenträger. Die Teilkostenrechnung dagegen zerlegt die Gesamtkosten in fixe und variable oder in Einzel- und Gemeinkosten und rechnet den produzierten Leistungseinheiten (oder anderen möglichen Bezugsobjekten, z. B. Produktgruppen, Kostenstellen, Bereiche, Filialen) nur abgegrenzte Teile der Gesamtkosten zu.

Die traditionelle Vollkostenrechnung vergleicht den Preis einer Leistungseinheit mit den auf diese Einheit entfallenden Stückkosten. Sind die Stückkosten höher als der gegenwärtige Preis, so sollte der Preis erhöht oder – falls eine Preiserhöhung am Markt nicht durchzusetzen ist – auf die Produktion verzichtet werden. Man geht also davon aus, der Marktpreis p ergäbe sich aus der Summe von Stückkosten k und Gewinnaufschlag g, was durch die Gleichung $p = k + g$ beschrieben werden kann.

1.1.2 Verfehlte Preispolitik

Die Problematik dieser Entscheidungsregel liegt darin, dass die Verwirklichung einer sinnvollen Forderung (die Kostenträger sollen – jedenfalls langfristig – alle auf sie entfallenden variablen und fixen Kosten über den Verkaufspreis wieder hereinbringen) in der betrieblichen Praxis gelegentlich mit untauglichen Mitteln versucht wird. Zu welchen Konsequenzen die Anwendung einer starren Vollkostenrechnung führen kann, zeigt ein bekanntes Beispiel von G. Cassel[1]:

BEISPIEL: Selbstkosten im Reisebüro

„Ein Reisebüro hat für eine Reihe von Sonntagen Extrazüge bestellt und sich verpflichtet, für jeden Zug 250 Mark zu zahlen. Der Zug sollte 400 Plätze, alle zweiter Klasse, haben. Am ersten Sonntag hatte das Büro den Fahrpreis auf 2 Mark festgesetzt, und es kamen 125 Teilnehmer. Die Roheinnahmen betrugen also 250 Mark, ebensoviel wie die Ausgaben. Nun sagten sich die Direktoren des Büros: 'Mit diesem Preis kommen wir ja nur auf unsere Selbstkosten; etwas müssen wir doch verdienen'; und so wurde der Preis auf 3 Mark erhöht. Nächsten Sonntag kamen 50 Teilnehmer. Das Ergebnis war eine Einnahme von 150 Mark, und ein reiner Verlust von 100 Mark. Daraufhin meinte man im Büro: 'Die Durchschnittskosten betragen ja 5 Mark für die Person, und wir befördern die Reisenden für 3 Mark; so kann es nicht gehen.' Der Preis wurde auf 6 Mark erhöht, mit dem Ergebnis, dass der Zug am nächsten Sonntag nur 6 Reisende beförderte. Der Verlust steigerte sich auf 214 Mark. Jetzt endlich traten die Direktoren zusammen und sagten sich: 'Diese Geschichte mit den Selbstkosten muss doch ein Unsinn sein: die bringt ja nur Verluste.' So wurde der Preis auf einmal auf 1 Mark herabgesetzt. Der Erfolg war glänzend: Die Zahl der Reisenden betrug am nächsten Sonntag 400; es entstand ein Überschuss von 150 Mark, und – das Merkwürdigste von allem – die Selbstkosten waren auf 62,5 Pf für die Person gesunken.

Zu wesentlich demselben Ergebnis würde man kommen, wollte man annehmen, dass das Büro außer der festen Abgabe auch ein kleines Entgelt für jede beförderte Person zu zahlen hätte.

Das Beispiel zeigt, dass der Begriff der durchschnittlichen Selbstkosten keine geeignete Grundlage für die Tarifbildung bietet. Man will einen neuen rationellen Preis aus den gegenwärtigen Kosten berechnen. Diese Kosten hängen aber von der Zahl der Reisenden ab, diese Zahl wieder vom gegenwärtigen Preise, den man eben ändern will. Man bewegt sich also im Kreis."

Eine Preiskalkulation, bei der man seine Selbstkosten k errechnet und darauf einen bestimmten (absoluten oder prozentualen) Gewinn g aufschlägt, führt in die Irre. Ein Unternehmer, der so plant, müsste

- in der Hochkonjunktur, d. h. bei hoher Produktion, wegen der damit verbundenen geringen anteiligen Fixkosten je Stück mit Preissenkungen reagieren,
- in der Rezession dagegen, wo bei geringer Nachfrage und entsprechend kleiner Produktionsmenge die anteiligen Fixkosten je Stück anwachsen, die Preise erhöhen.

Die Gefahr, sich dadurch „aus dem Markt zu kalkulieren"[2], liegt auf der Hand. Deshalb verhält sich die Praxis im Regelfall umgekehrt: Auch bei solchen Unternehmungen, die noch nach der Vollkostenrechnung vorgehen, stellt die Höhe des Gewinnaufschlages eine variable Größe dar, mit der sich der Kalkulator an den erzielbaren Marktpreis herantastet.

ABB. 1: Preisänderungen im Konjunkturverlauf

konjunkturelle Situation	aus der Logik der Vollkostenrechnung resultierendes unternehmerisches Verhalten	tatsächliches unternehmerisches Verhalten
Hochkonjunktur	$\downarrow p = k \downarrow + g$ Preissenkung	$\uparrow p = k \downarrow + g \uparrow$ Preiserhöhung
Rezession	$\uparrow p = k \uparrow + g$ Preiserhöhung	$\downarrow p = k \uparrow + g \downarrow$ Preissenkung

1 G. Cassel, Grundsätze für die Bildung der Personentarife auf den Eisenbahnen, S. 125 ff.

2 L. Haberstock, Grundzüge der Kosten- und Erfolgsrechnung, S. 134.

Die Variation des Gewinnaufschlages gleicht den möglichen Entscheidungsfehler aus, der bei einer an den Stückkosten orientierten Preisgestaltung droht. Tatsächlich hält sich die Praxis vernünftigerweise nicht an das Kalkulationsschema p = k + g, wenn es um Preisermittlung und -beurteilung geht. Wir leben in einer Marktwirtschaft und die meisten Preise bilden sich am Markt als Ergebnis des Zusammenspiels von Angebot und Nachfrage. Eine Ausnahme findet sich bei solchen öffentlichen Aufträgen, bei denen die Leitsätze für die Preisermittlung aufgrund von Selbstkosten (LSP) angewandt werden: Da man hier tatsächlich Selbstkostenpreise[3] vereinbart, ist die Fortführung der Vollkostenrechnung aus betrieblicher Sicht sinnvoll, wenn öffentliche LSP-Aufträge vorliegen.

In den meisten Praxisfällen dürfte die Parallelkalkulation (auch Doppelkalkulation genannt) die beste Methode sein. Man versteht unter Parallel- oder Doppelkalkulation eine Kombination von Voll- und Teilkostenrechnung, die nebeneinander durchgeführt werden. Bei der Parallelkalkulation ist zu beachten, dass die Teilkostenrechnung als Hauptrechnung und die Vollkostenrechnung als Nebenrechnung anzulegen ist. Der zusätzliche zeitliche Arbeitsaufwand der Parallelkalkulation ist relativ gering. Er ist meist dann gerechtfertigt, wenn mindestens einer der folgenden Tatbestände erfüllt ist:

- Öffentliche Aufträge, die nach den Leitsätzen für die Preisermittlung aufgrund von Selbstkosten abzurechnen sind,
- Betriebsvergleiche und Berichterstattung in großen Unternehmungen,
- Inventurbewertung selbsterstellter Erzeugnisse,
- Erfolgsverantwortung bei Profit-Center,
- Preispolitik (Ermittlung der kurz- und langfristigen Preisuntergrenze).

1.1.3 Falsche Produktplanung

Nicht immer lassen sich Fehlentscheidungen einfach durch die oben angesprochene Variation des Gewinnaufschlags vermeiden. Bei Betrieben, die auf eine Verrechnung der Fixkosten auf die einzelnen Kostenträger nicht verzichten wollen (obwohl in der kurzen Periode kein Zusammenhang zwischen den Kosten der Betriebsbereitschaft K_f und dem einzelnen hergestellten Erzeugnis nachzuweisen ist), wird in etwa das nachfolgend dargestellte Kalkulationsschema (Spalte: Vollkostenrechnung) benutzt.

BEISPIEL: Zuschlagskalkulation für Porzellanvase

Die Selbstkosten (SK) einer Porzellanvase sollen unter Berücksichtigung der üblichen, aus Erfahrungswerten abgeleiteten Zuschlagssätze kalkuliert werden. Der gegenwärtige Marktpreis beträgt 392 €.

3 Eine Einführung in die Kalkulationsvorschriften bei öffentlichen Aufträgen und den Wortlaut der wichtigsten Bestimmungen finden Sie bei: K.-D. Däumler/J. Grabe, Kalkulationsvorschriften bei öffentlichen Aufträgen.

Lösung

ABB. 2: Teilkostenrechnung ist Kostenaufteilung in variabel und fix

Kostenarten	Vollkostenrechnung		Teilkostenrechnung	
(EK = Einzelkosten) (GK = Gemeinkosten)	gesamte Kosten (€/Vase)		variable Kosten (€/Vase)	fixe Kosten (€/Vase)
Fertigungsmaterial (MEK)	100		→ 100	
+ 10 % (MGK)	10		→ 3	→ 7
= Materialkosten (MK)	110	110		
Fertigungslöhne (FEK)	80		→ 80	
+ 300 % (FGK)	240		→ 100	→ 140
= Fertigungskosten (FK)	320	320		
Herstellkosten (HK)		430		
10 % (VwGK)		43	→ 3	→ 40
10 % (VtGK)		43	→ 6	→ 37
= Selbstkosten (SK)		516	292	224

Ergebnis

Verfügt der Betriebsleiter nur über Vollkosteninformationen, dann weiß er, dass die Selbstkosten (516 €) über dem Marktpreis (392 €) liegen. Seine Schlussfolgerung könnte lauten: Produktionsverzicht. Erst die Aufteilung der Kosten in variable und fixe (= Teilkostenrechnung, besser Kostenaufteilungsrechnung) zeigt, dass der Produktionsverzicht bei gegebenem Produktionsapparat nichts bringt: Durch Nichtproduktion lassen sich pro Vase nur die variablen Kosten von 292 € vermeiden; gleichzeitig entgeht der Unternehmung ein Umsatz von 392 €. Die Nichtproduktion ist also gewinnschädlich. Liegt der Marktpreis über den variablen Stückkosten, so sollte man produzieren. Der über 292 € hinausgehende Mehrerlös dient zur Abdeckung der Fixkosten, er senkt den Verlust oder erhöht den Gewinn.

Die Vollkostenrechnung ist zur Preiskalkulation und -beurteilung ungeeignet. Sie versperrt den Blick auf die Zusammenhänge; man erkennt nicht, welche Kosten kurzfristig bei Produktionsverzicht vermeidbar sind und welche trotz Nichtproduktion weiter anfallen. Darauf hat Schmalenbach bereits vor mehr als achtzig Jahren hingewiesen. Die Mehrzahl der bundesdeutschen Großunternehmungen verfügt mittlerweile über eine vernünftig ausgebaute Kostenrechnung, bei der man zwischen fixen und variablen Kosten unterscheidet. Für die kleineren und mittleren Unternehmungen gilt das nicht, hier liegt noch ein weites Arbeitsfeld.

Bei der Festlegung der kostenorientierten Preisuntergrenze eines Produktes ist die Länge der Planungsperiode von entscheidender Bedeutung. Kurzfristig (bei gegebenem Produktionsapparat) bilden die variablen Stückkosten eines Erzeugnisses dessen Preisuntergrenze. Jeder Preis, der diese Grenze überschreitet, trägt dazu bei, die ohnehin anfallenden Fixkosten abzudecken. Langfristig darf der Preis nicht unter die gesamten Stückkosten sinken. Die langfristige Preisuntergrenze umfasst neben den variablen Stückkosten einer Leistungseinheit auch die der Einheit zurechenbaren Fixkosten. Das sind die fixen Kosten, die künftig bei Verzicht auf das betreffende Erzeugnis wegfallen (kalkulatorische Abschreibungen auf Spezialmaschinen, Miete für Lagerung des Erzeugnisses, Kosten für Lizenzen oder Schutzrechte). Je länger die Planungsperiode ist, desto mehr Fixkosten lassen sich einer Erzeugniseinheit zurechnen. Das heißt, die Preisuntergrenze steigt mit wachsendem Zeithorizont der Planung, denn langfristig sind alle Kosten variabel. Bei linearer Gesamtkostenfunktion gilt:

kurzfristige Preisuntergrenze = variable Stückkosten (k_v)
langfristige Preisuntergrenze = gesamte Stückkosten ($k_v + k_f$)

1.2 Problematische Gemeinkosten

1.2.1 Vergleich von Fixkosten und Gemeinkosten

Bei der Einproduktunternehmung, die immer nur ein einheitliches Erzeugnis, etwa Zement, Elektrizität oder eine Sorte Tafelwasser herstellt, gibt es kein Zurechnungsproblem: Alle anfallenden Kosten, beschäftigungsfixe und beschäftigungsvariable, können und müssen dem einen Erzeugnis zugerechnet werden. Anders verhält es sich bei der Mehrproduktunternehmung. Das Jahresgehalt eines Produktmanagers, der eine bestimmte Erzeugnislinie, z. B. Sauerkonserven, betreut, ist nicht mehr der einzelnen Konserve, wohl aber der Gesamtheit aller Sauerkonserven, die in dem betreffenden Jahr hergestellt und/oder verkauft wurden, zurechenbar. Bei diesem Jahresgehalt handelt es sich also um Gemeinkosten hinsichtlich der einzelnen Produkteinheit und um Einzelkosten in Bezug auf die gesamte Produktgruppe. Die Fixkosten, die unabhängig von der Produktionshöhe als Kosten der Betriebsbereitschaft anfallen, sind ihrer Natur nach häufig gleichzeitig Gemeinkosten, d. h. sie lassen sich im Allgemeinen den einzelnen Kostenträgern nicht direkt zurechnen.

Von der Regel Fixkosten = Gemeinkosten gibt es beim praktisch bedeutsamen Fall der Mehrproduktunternehmung jedoch einige Ausnahmen.

(1)Ausnahmefall: fixe Einzelkosten

BEISPIEL: Ein landwirtschaftlicher Betrieb produziert u. a. Eier. Diese werden nach Gewicht sortiert und in einem speziellen Kühlraum gelagert. Die Sortiermaschine sowie der Kühlraum verursachen fixe Kosten (für kalkulatorische Abschreibung, kalkulatorische Zinsen usw.), die direkt den Eiern zugerechnet werden können, weil sie ausschließlich im Zusammenhang mit der Eierproduktion anfallen. In der Praxis bezeichnet man diese Kosten auch als Sondereinzelkosten.

(2) Regelfall: fixe Gemeinkosten

BEISPIEL: Kosten für Reinigung, Beleuchtung und Absicherung der Betriebs- und Verwaltungsgebäude. Kalkulatorische Abschreibungen und kalkulatorische Zinsen für Betriebs- und Verwaltungsgebäude sowie für Universalmaschinen, auf denen unterschiedliche Produkte gefertigt werden können. Der Großteil der kalkulatorischen Mieten und Pachten sowie des kalkulatorischen Unternehmerlohns und der kalkulatorischen Wagnisse.

(3) Ausnahmefall: variable Gemeinkosten

BEISPIEL: Kosten für bestimmte Hilfs- und Betriebsstoffe (etwa Nägel, Klebstoffe, Kleinmaterial), die zur abrechnungstechnischen Vereinfachung wie Gemeinkosten behandelt werden (sogenannte unechte Gemeinkosten).

Daneben entstehen aber auch echte Gemeinkosten, wie etwa Personal- und Treibstoffkosten für den Fuhrpark, wenn auf den betrieblichen Fahrzeugen im Regelfall mehr als eine Produktart transportiert wird, was eine verursachungsgerechte Zurechnung der Transportkosten auf die einzelnen Produktarten unmöglich macht. Analoges gilt für die Kosten bei Kuppelproduktion[4].

In der Praxis ist die Mehrproduktunternehmung die Regel und die Einproduktunternehmung die Ausnahme. Bei der praktisch bedeutsamen Mehrproduktunternehmung sind die meisten beschäftigungsfixen Kosten den Erzeugnissen nicht direkt zurechenbar (Fixkosten gleich Gemeinkosten). Umgekehrt sind die meisten Gemeinkosten gleichzeitig beschäftigungsfix (Gemeinkosten gleich Fixkosten). Für praktische Belange ist daher ein Streit um die Frage, ob man die Teilkostenrechnung eher auf der Basis der Unterscheidung Einzel- und Gemeinkosten (Kriterium: Zurechenbarkeit) oder auf der Trennung zwischen fixen und variablen Kosten (Kriterium: Verhalten bei Beschäftigungsänderungen) durchführen soll, ohne Bedeutung.

1.2.2 Willkürliche Verteilung der Gemeinkosten

Die Kostenträgerrechnung (Kalkulation) verteilt die Gemeinkosten nach bestimmten Schlüsseln auf die Erzeugnisse. Ein einfaches Beispiel zeigt, dass das Ergebnis der Rechnung (die Selbstkosten einer Leistungseinheit) wesentlich vom gewählten Kalkulationsverfahren abhängt.

BEISPIEL: **Gemeinkostenschlüsselung**

Eine pharmazeutische Fabrik stellt ein appetitanregendes Mittel (Hau-rein) und einen Appetitzügler (Pfund-ab) her.

Artikel	Hau-rein	Pfund-ab
Produktionsmenge (Packungen/Jahr)	100.000	200.000
Materialkosten (€/Jahr)	80.000	40.000
Lohnkosten (€/Jahr)	120.000	180.000
Gemeinkosten (€/Jahr)	480.000 (= keiner Produktlinie direkt zurechenbar)	

Der Kalkulator erhält den Auftrag, die Kosten einer Packung unter Berücksichtigung der tabellarisch zusammengefassten Informationen nach den folgenden Verfahren zu ermitteln:

a) einstufige Zuschlagskalkulation als Lohnzuschlagskalkulation,
b) einstufige Zuschlagskalkulation als Materialzuschlagskalkulation,
c) einstufige Zuschlagskalkulation als Lohn- und Materialzuschlagskalkulation.

Lösung a) Lohnzuschlagskalkulation

$$\text{Gemeinkostenzuschlag} = \frac{\text{Gemeinkosten}}{\text{gesamte Lohnkosten}} = \frac{480.000}{300.000} = 1{,}60$$

4 Vgl. K.-D. Däumler/J. Grabe, Kostenrechnungs- und Controllinglexikon, S. 201 f.

Der Gemeinkostenzuschlag auf die Lohnkosten beträgt 160 %.

	Artikel	Hau-rein	Pfund-ab	Summe
	Materialkosten (€/Jahr)	80.000	40.000	120.000
+	Lohnkosten (€/Jahr)	120.000	180.000	300.000
+	Gemeinkosten (€/Jahr)	192.000	288.000	480.000
=	Gesamtkosten (€/Jahr)	392.000	508.000	900.000
	Selbstkosten (€/Packung)	**3,92**	**2,54**	

Lösung b) Materialzuschlagskalkulation

$$\text{Gemeinkostenzuschlag} = \frac{\text{Gemeinkosten}}{\text{gesamte Materialkosten}} = \frac{480.000}{120.000} = 4{,}00$$

Der Gemeinkostenzuschlag auf die Materialkosten beträgt 400 %.

	Artikel	Hau-rein	Pfund-ab	Summe
	Materialkosten (€/Jahr)	80.000	40.000	120.000
+	Lohnkosten (€/Jahr)	120.000	180.000	300.000
+	Gemeinkosten (€/Jahr)	320.000	160.000	480.000
=	Gesamtkosten (€/Jahr)	520.000	380.000	900.000
	Selbstkosten (€/Packung)	**5,20**	**1,90**	

Lösung c) Lohn- und Materialzuschlagskalkulation

$$\text{Gemeinkostenzuschlag} = \frac{\text{Gemeinkosten}}{\text{gesamte Lohn- und Materialkosten}} = \frac{480.000}{420.000} = 1{,}142857$$

Der Gemeinkostenzuschlag auf die Summe aus Lohn- und Materialkosten beträgt etwa 114,29 %.

	Artikel	Hau-rein	Pfund-ab	Summe
	Materialkosten (€/Jahr)	80.000	40.000	120.000
+	Lohnkosten (€/Jahr)	120.000	180.000	300.000
+	Gemeinkosten (€/Jahr)	228.571	251.429	480.000
=	Gesamtkosten (€/Jahr)	428.571	471.429	900.000
	Selbstkosten (€/Packung)	**4,29**	**2,36**	

Ergebnis

Die errechneten Selbstkosten für Hau-rein schwanken zwischen 3,92 € und 5,20 € pro Packung. Pfund-ab kostet je nach Kalkulationsverfahren 1,90 €, 2,36 € oder 2,54 € pro Packung. Die Selbstkosten hängen vom Kalkulationsverfahren ab.

1.2.3 Zusammenfassung

Daraus wird deutlich, dass es keine objektiv richtigen Werte für die Selbstkosten als Vollkosten einer Produkteinheit geben kann. Denn die Vollkosten einer Produkteinheit enthalten anteilig die nach einem bestimmten Schlüssel umgelegten Gemeinkosten. Da jeder Umlageschlüssel willkürlich ist, ist auch das Ergebnis einer derartigen Umlagerechnung zufällig. Der Umlagefehler wächst mit zunehmendem Anteil der Gemeinkosten an den Gesamtkosten. Das wachsende

Gewicht der Gemeinkosten ist aber kennzeichnend für moderne Produktionsverfahren. Daraus folgt, dass gerade bei modernen Produktionsverfahren eine Vollkostenrechnung gefährlich und eine Teilkostenrechnung unerlässlich ist.

Die Zuschlagskalkulation mag dort ihre Berechtigung behalten, wo die umzulegenden Gemeinkosten im Vergleich zu den Einzelkosten, die die Zuschlagsbasis darstellen, gering sind. Haben Sie beispielsweise lediglich 20 Prozent Gemeinkosten zu verteilen, dann können Sie, unabhängig vom gewählten Schlüssel, keinen allzu großen Fehler machen. Wird die Vollkostenrechnung, die früher, in Zeiten geringer Zuschlagssätze, sinnvoll gewesen sein mag, jedoch kritiklos weitergeführt, und zwar in einem Betrieb, der einer fortlaufenden Automatisierung unterliegt, dann können die Zuschlagssätze dreistellige, vierstellige und noch höhere Prozentwerte annehmen. Plaut[5] berichtet von einem praktischen Fall, bei dem Gemeinkostensätze von über 10.000 Prozent angetroffen wurden. Dass man mit solchen Sätzen nicht sinnvoll kalkulieren kann, dass in solchen Fällen das Rechenergebnis fast nur noch von der gewählten Rechenmethode (oder gewählten Zuschlagsbasis) abhängt, liegt auf der Hand.

Da die Vollkostenrechnung keine sinnvolle Lösung des Fixkostenproblems bietet und die Gemeinkosten willkürlich verteilt, ist sie für die Lösung vieler Praxisprobleme ungeeignet. Die Vollkostenrechnung führt zu Fehlentscheidungen in folgenden Unternehmensbereichen[6]:

(1) Vertriebsbereich

a) Ermittlung der kurzfristigen Preisuntergrenze
   - zur Beurteilung von Zusatzaufträgen und
   - zur Herausnahme von Verlustartikeln,

b) Zusammenstellung des gewinngünstigsten Programms,

c) Steuerung der Außendienstmitarbeiter mit Hilfe der Deckungsbeitragsprovision.

(2) Produktionsbereich

a) Wahl der richtigen Produktionsanlage (Verfahrenswahl),

b) Wahl zwischen Eigenfertigung und Fremdbezug.

(3) Kurzfristige Erfolgsrechnung

a) Erfolgsplanung,

b) Erfolgskontrolle.

1.3 Begriff Deckungsbeitrag

1.3.1 Absoluter Stückdeckungsbeitrag

Will man die typischen Fehler der Vollkostenrechnung (willkürliche Proportionalisierung der Fixkosten und willkürliche Umlage der Gemeinkosten) vermeiden, so ist eine Teilkostenrechnung

5 Vgl. H.-G. Plaut, Grundfragen und Praxis der Grenzplankostenrechnung, S. 28.

6 Vgl. W. Kilger/J. R. Pampel/K. Vikas, Flexible Plankostenrechnung und Deckungsbeitragsrechnung, S. 67 f.; K.-D. Däumler/ J. Grabe, Kostenrechnungs- und Controllinglexikon, S. 330.

zu wählen. Die in der Praxis am häufigsten anzutreffende Ausgestaltung ist die Deckungsbeitragsrechnung.

Der Deckungsbeitrag einer Produkteinheit wird allgemein als Differenz zwischen Preis und zugerechneten Teilkosten definiert[7]:

Deckungsbeitrag einer Produkteinheit = Preis - zugerechnete Teilkosten

Bei den zugerechneten Teilkosten kann es sich handeln um

- Einzelkosten der Erzeugniseinheit (typisch im Handel),
- Grenzkosten oder variable Stückkosten der Erzeugniseinheit (typisch für Deckungsbeitragsrechnung in der Industrie).

Im Folgenden stellen wir die in der Industrie gebräuchliche Form der Deckungsbeitragsrechnung dar. Dabei gehen wir grundsätzlich von einem linearen Kostenverlauf aus, so dass Grenzkosten (Mehrkosten je zusätzlicher Leistungseinheit) und variable Stückkosten einer Produkteinheit übereinstimmen. Für den Deckungsbeitrag d einer Produkteinheit gilt dann die Bestimmungsgleichung:

(1.2)

$$d = p - K'$$
$$d = p - k_v$$

Stückdeckungsbeitrag

Symbole

d = Deckungsbeitrag einer Produkteinheit (€/Stück)

p = Preis (€/Stück)

K' = Grenzkosten (€/Stück)

k_v = variable Stückkosten (€/Stück)

Der absolute Stückdeckungsbeitrag einer Leistungseinheit ist die Differenz zwischen dem Verkaufspreis der betreffenden Leistungseinheit und den auf sie entfallenden variablen Stückkosten oder Grenzkosten. Er gibt den Teil des Verkaufserlöses an, der zur Deckung des Fixkostenblocks beziehungsweise zur Gewinnerzielung dient: Sind die fixen Kosten erwirtschaftet, so führt jeder zusätzliche Deckungsbeitrag unmittelbar zu einer Steigerung des Gewinns.

7 Vgl. auch: K.-D. Däumler/J. Grabe, Kostenrechnungs- und Controllinglexikon, S. 57 ff.

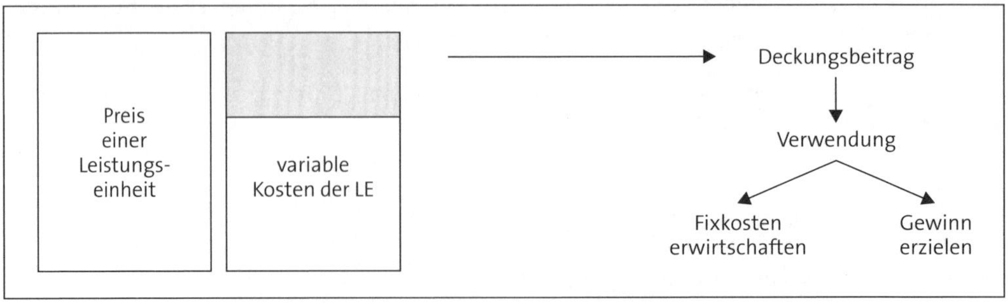

Beträgt der Deckungsbeitrag einer Leistungseinheit beispielsweise 12 €, dann ändert sich der Gewinn unter sonst gleichen Bedingungen um 12 €, wenn eine Leistungseinheit hinzukommt oder wegfällt. Die Leistungseinheit, auf die sich der absolute Stückdeckungsbeitrag bezieht, kann von Betrieb zu Betrieb unterschiedlich sein.

ABB. 3: Zusätzliche Deckungsbeiträge: Verlust sinkt, Gewinn steigt

Unternehmung	**Beispiele für Deckungsbeiträge**
Gießerei	Deckungsbeitrag je 100 kg guter Guss
Brauerei	Deckungsbeitrag je Hektoliter Bier
Teppichindustrie	Deckungsbeitrag je Quadratmeter Teppich
Automobilwerk	Deckungsbeitrag je PKW
Raffinerie	Deckungsbeitrag je Tonne Heizöl
Gasversorgung	Deckungsbeitrag je Kubikmeter Erdgas
E-Werk	Deckungsbeitrag je Kilowattstunde
Kohlebergbau	Deckungsbeitrag je Tonne Kohle
Flugzeugbau	Deckungsbeitrag je Flugzeug
Touristik	Deckungsbeitrag je Reise
Walzstahlfabrik	Deckungsbeitrag je Tonne Walzstahl
Molkerei	Deckungsbeitrag je Liter Trinkmilch
Futtermittelindustrie	Deckungsbeitrag je 100 kg Mischfutter

Die so ermittelten Deckungsbeiträge der Waren oder Dienstleistungen eines Betriebes erlauben die Aufstellung einer Favoritenliste, d. h. einer Rangfolge, aus der deutlich wird, welche Waren oder Dienstleistungen am meisten zur Deckung des Fixkostenblocks und schließlich zur Gewinnerzielung beitragen.

1.3.2 Absoluter Deckungsbeitrag einer Produktart (Sorte)

Das Sortiment eines Anbieters können Sie nach Maßgabe der Warengruppen, Artikel und Sorten gliedern. Sie erhalten dann eine Sortimentspyramide.

ABB. 4: Sortimentspyramide eines Getränkeherstellers

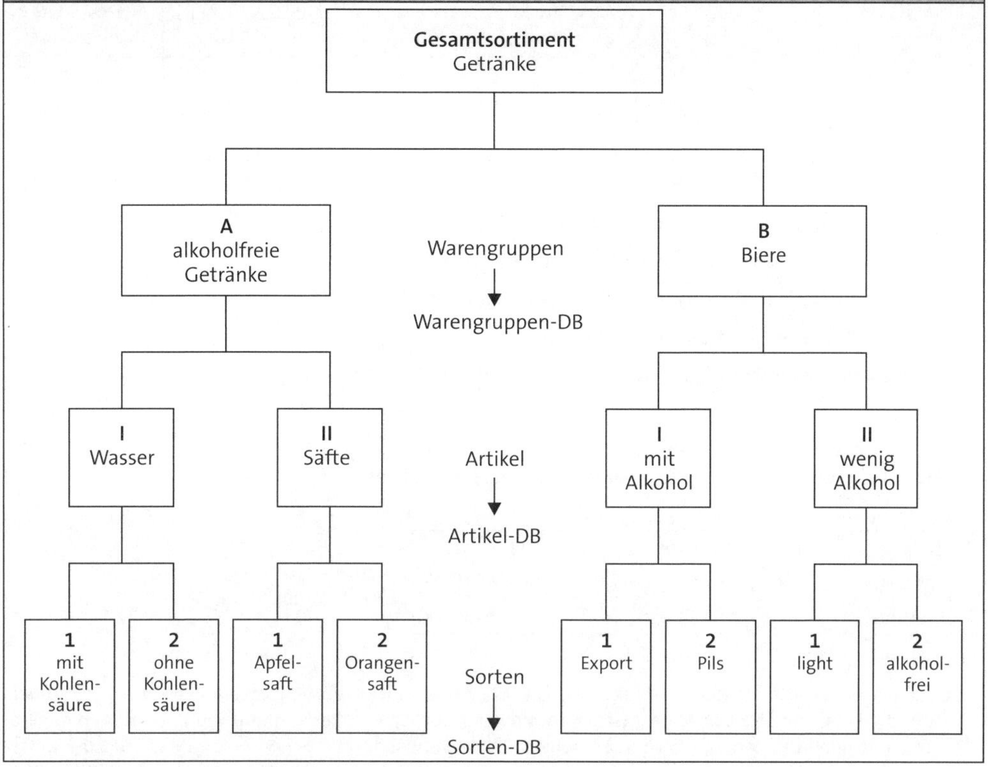

Auf jeder Ebene der Sortimentspyramide lassen sich Deckungsbeiträge errechnen. Die Gemeinsamkeit dieser Deckungsbeiträge besteht darin, dass sie sich nicht nur auf eine einzelne Leistungseinheit, sondern auf mehrere Leistungseinheiten beziehen, beispielsweise auf alle Leistungseinheiten, die zu einer Sorte gehören.

Den Gesamtdeckungsbeitrag einer Produktart (Sorte), kurz auch Sortendeckungsbeitrag genannt, erhalten Sie, indem Sie vom Umsatz U der betreffenden Sorte die dieser Sorte zurechenbaren variablen Kosten K_v abziehen. Für die Sorte Nr. 1 gilt also:

(1.3)

$$D_1 = U_1 - K_{v1}$$
$$D_1 = d_1 \cdot x_1$$
Sorten-DB

Das folgende Beispiel zeigt, weshalb für praktische Entscheidungen neben der Kenntnis des Stückdeckungsbeitrags auch die Kenntnis des Sortendeckungsbeitrags notwendig ist.

BEISPIEL: Favoritenliste für die Funk AG

Die Funk AG erstellt unter anderem Kofferradios vom Typ A, B und C. Diese Erzeugnisse sind nach Maßgabe ihres Beitrages zur Deckung des Blocks der fixen Kosten und zur Gewinnerzielung in einer Favoritenliste zu ordnen. Zur Entscheidungsfindung stehen Ihnen folgende Daten zur Verfügung:

Sorte	p I	k_v (€/Stück) II	d III = I – II	x (Stück/Monat) IV	D = d · x (€/Monat) V = III · IV
A	100	90	10	1.000	10.000
B	120	70	50	150	7.500
C	950	850	100	20	2.000

Symbole

p = Verkaufspreis einer einzelnen Produkteinheit (€/Stück)

k_v = variable Stückkosten einer Produkteinheit (€/Stück)

d = absoluter Deckungsbeitrag einer Produkteinheit (€/Stück)

x = verkaufte Menge je Produktart (Stück/Monat)

D = Gesamtdeckungsbeitrag je Produktart (€/Monat)

Lösung

Aus der Übersicht erkennen Sie, dass die Favoritenliste bei alleiniger Berücksichtigung der absoluten Deckungsbeiträge d einer Produkteinheit folgendermaßen aussieht:

1. Rang:	Produkt C mit d_c =	100 (€/Stück)	Favoritenliste nach Stückdeckungsbeitrag
2. Rang:	Produkt B mit d_b =	50 (€/Stück)	
3. Rang:	Produkt A mit d_a =	10 (€/Stück)	

Nach dieser Favoritenliste gilt Produkt C als Favorit, d. h. bei diesem Produkt wäre der Verkauf besonders zu fördern, da sein Stückdeckungsbeitrag am höchsten ist. Das ist kein Zufall: Häufig erbringen die Produkte mit hohen Verkaufspreisen auch hohe Stückdeckungsbeiträge. So wird etwa der Stückdeckungsbeitrag des mit allen Schikanen ausgestatteten Hochpreismodells C höher sein als der des Billig-Kofferradios A. Ein hoher Stückdeckungsbeitrag allein besagt jedoch nicht viel. Es kommt auch auf die Verkaufszahlen an.

Deshalb ist eine einseitige Förderung besonders teurer Artikel betriebswirtschaftlich nicht vertretbar. In der Praxis muss beachtet werden, dass auch jene Artikel, deren Verkaufspreise vergleichsweise niedrig sind, einen hohen Gesamtdeckungsbeitrag D erbringen können, falls die Verkaufszahlen entsprechend hoch liegen. Dieser Sachverhalt wird im Gesamtdeckungsbeitrag D pro Produkteinheit berücksichtigt; es gilt: D = d · x. Somit erhalten Sie unter Berücksichtigung der absoluten Deckungsbeiträge pro Sorte folgende Favoritenliste:

1. Rang:	Produkt A mit D_a =	10.000 (€/Monat)	Favoritenliste nach Sortendeckungsbeitrag
2. Rang:	Produkt B mit D_b =	7.500 (€/Monat)	
3. Rang:	Produkt C mit D_c =	2.000 (€/Monat)	

Daraus kann man folgern, dass die Produktart A trotz des vergleichsweise niedrigen Stückdeckungsbeitrags besonders zu fördern ist, denn sie liefert dank der hohen Verkaufszahlen den höchsten Beitrag zur Deckung des Fixkostenblocks und zur Gewinnerzielung.

1.3.3 Relativer Deckungsbeitrag

Drückt man den Deckungsbeitrag einer Einheit (einer Produktart) in Prozenten vom Preis (Umsatz der betreffenden Produktart) aus, so erhält man den relativen Deckungsbeitrag d_r (D_r); er wird gelegentlich auch Deckungsgrad oder Deckungsfaktor genannt.

(1.4)

$d_r = \frac{d}{p}$	Relativer Deckungsbeitrag, Deckungsgrad
$D_r = \frac{D}{U}$	

Symbole

d_r = relativer Stückdeckungsbeitrag (%)

d = absoluter Stückdeckungsbeitrag (€/Stück)

p = Stückpreis (€/Stück)

D_r = relativer Sortendeckungsbeitrag (%)

D = absoluter Sortendeckungsbeitrag (€/Periode)

U = Sortenumsatz (€/Periode)

BEISPIEL: Relativer Deckungsbeitrag im Schmucksortiment

Ein Schmuckgeschäft bietet unter anderem Ohrringe in den Varianten A bis E an. Die Kundin Beata ist im Begriff, einen Frustkauf zu tätigen und möchte dafür so um die fünfhundert Euro ausgeben. Was sollte man ihr in Kenntnis der relativen Deckungsbeiträge anbieten?

Sorte	p I	k_v (€/Stück) II	d III = I – II	d_r (%) IV = III : I
A	500	450	50	10 %
B	200	210	40	16 %
C	150	120	30	20 %
D	80	60	20	25 %
E	20	14	6	30 %

Lösung

Aus Verkäufersicht ist es vergleichsweise wenig reizvoll, Beata einen Satz Ohrringe A zu verkaufen. Besser wäre es, ihr zweimal B zu verkaufen, noch besser: dreimal C, am besten: 25 Einheiten E (vorausgesetzt, die Ohren sind groß genug).

Zwar interessiert man sich in der Praxis recht häufig für den relativen Deckungsbeitrag. Es muss jedoch davor gewarnt werden, ihn in einseitiger Weise zur Bewältigung produktions- und absatzwirtschaftlicher Fragen heranzuziehen[8]. Es gibt nur einen Fall, bei dem der relative De-

8 Vgl. hierzu P. Riebel, Einzelkosten- und Deckungsbeitragsrechnung, S. 192.

ckungsbeitrag die zentrale Entscheidungshilfe darstellt: den Fall der wertmäßig begrenzten Nachfrage. Immer dann, wenn ein Kunde entschlossen ist, nur einen bestimmten Geldbetrag – und nicht mehr – auszugeben, lohnt es sich, ihm zunächst jene Artikel anzubieten, deren relativer Deckungsbeitrag hoch ist.

Dem Kunden, der einen Festbetrag auszugeben plant („Binden Sie mir einen Strauß für 20 €"), bietet man bevorzugt Artikel mit hohen relativen Deckungsbeiträgen an. Dieser Fall kommt in der Praxis nicht häufig vor, denn für gewöhnlich entscheiden die Nachfrager selbst, was sie kaufen wollen. Dennoch ist es für den Anbieter von Nutzen, auch dafür gerüstet zu sein, dass ein Kunde einen fest umgrenzten Geldbetrag ausgeben möchte und sich nicht von vornherein auf bestimmte Produkte festgelegt hat.

1.3.4 Plandeckungsbeitrag und Deckungsbeitragsprovision

In der Praxis kommt es vor, dass

- die Deckungsbeitragsrechnung aus Angst nicht eingeführt wird,
- die Ergebnisse der Deckungsbeitragsrechnung geheim gehalten werden,
- die Außendienstler bestimmte Waren absichtlich nicht anbieten.

Die Angst des Unternehmers vor leichtfertigen Preiszugeständnissen der Mitarbeiter im Außendienst kann zu paradoxen Situationen führen: Da hat man für viel Geld eine moderne Deckungsbeitragsrechnung im Unternehmen eingeführt. Nach Überwindung der unvermeidlichen Anlaufschwierigkeiten läuft die Rechnung, und es liegen Ergebnisse vor, die man nutzen könnte. Was macht man damit? Man hält sie geheim! Man hat Angst, die Außendienstler könnten in Kenntnis der variablen Stückkosten (die im Regelfall unter den Vollkosten je Einheit liegen) zu kompromissbereit sein. Und so werden die Außendienstmitarbeiter weiterhin mit alten Vollkosteninformationen abgespeist.

Das ist menschlich verständlich, dennoch muss vor dieser Geheimnistuerei gewarnt werden. Denn hierbei besteht die Gefahr, dass Aufträge mit geringen oder negativen Stückgewinnen als unvorteilhaft abgelehnt werden. Die Folge ist eine Schmälerung des betrieblichen Gewinns oder eine Erhöhung des Verlustes, falls die abgelehnten Produkte positive Deckungsbeiträge erbracht hätten.

Zweckmäßiger ist es, der Verkaufsabteilung genaue Teilkosteninformationen zu übermitteln und diese Informationen durch einen Planpreis mit vorgegebenem Plandeckungsbeitrag (Solldeckungsbeitrag) zu ergänzen. Der Plan- oder Solldeckungsbeitrag gibt den Betrag an, den eine Leistungseinheit unter normalen Bedingungen zur Deckung des Fixkostenblocks oder zur Gewinnerzielung beitragen soll. Wird dieser Vorgabewert wesentlich unterschritten, so muss der verantwortliche Außendienstler eine Begründung für die Unterschreitung angeben. Ein praktikabler Wert, bei dessen Unterschreitung die Begründungspflicht einsetzt, könnte beispielsweise 50 % des Plandeckungsbeitrages sein.

Die Begründungspflicht stellt eine zweckmäßige institutionalisierte Widerstandslinie gegen willkürliche Preiszugeständnisse dar. Wenn der Außendienstler weiß, dass er bei einem Istdeckungsbeitrag unter 50 % des Plandeckungsbeitrags vor den Verkaufsleiter treten muss, um sein Preiszugeständnis zu rechtfertigen, wird er Rabatte nur geben, wenn es dafür eine gute Begründung gibt. Beispielsweise die, dass der Kunde vor kurzem ein günstiges Angebot der Konkurrenz erhalten habe und nur durch einen Preisnachlass gehalten werden könne. Zusätzlich zur Begründungspflicht sollte man das persönliche Interesse der Außendienstler zur Erfüllung der betrieblichen Gewinnziele nutzen. Ein hervorragender Weg dazu ist die Deckungsbeitragsprovision. Vor allem sollte die Deckungsbeitragsprovision die heute noch weit verbreitete Umsatzprovision ablösen. Denn die wirtschaftliche Zielsetzung der Unternehmung ist Gewinnmaximierung, nicht Umsatzmaximierung, und das Ziel der Mitarbeiter ist Einkommensmaximierung. Der Verkäufer erfüllt im Falle der Umsatzprovision sein eigenes Wirtschaftsziel, wenn er möglichst viel Umsatz macht. Da aber die Förderung von Umsatzbringern nicht automatisch mit hohen Gewinnen gekoppelt ist, stellt dies für die Unternehmung nicht die beste Verhaltensweise dar. Es ist für beide Teile vorteilhaft, wenn man durch eine Beteiligung der Verkäufer an den durch sie hereingeholten Deckungsbeiträgen dafür sorgt, dass das Gewinnziel des Betriebes und das Einkommensziel der Außendienstler miteinander harmonieren. Die Harmonisierung von Betriebsziel und Einkommensziel der Verkäufer trägt auch zur Vermeidung jenes Grundsatzfehlers bei, von dem uns aus der Praxis berichtet wurde: „Es werden häufig die teureren außengekühlten E-Motoren verkauft, obwohl ein preisgünstigerer innen gekühlter Motor die gleiche Leistung und einen höheren Deckungsbeitrag erbringen würde. Die Kunden erfahren manchmal erst durch die Konstruktionsabteilung, dass es auch innen gekühlte Motoren gibt. Der Vertriebsmann erhält seine Provision aber nach dem Umsatz, nicht nach dem erzielten Deckungsbeitrag: Das erklärt, warum die innen gekühlten Motoren so schlecht abgesetzt werden...".

Rezession und Absatzkrise haben der deckungsbeitragsorientierten Entlohnung im Vertrieb zum Durchbruch verholfen. Immer mehr Unternehmungen ersetzen die herkömmliche Umsatzprovisions- und Umsatzprämiensysteme durch Vergütungssysteme, die sich an im Vertriebsbezirk erwirtschafteten Deckungsbeitrag orientieren. Hatten bis 1990 erst fünf bis zehn Prozent der Unternehmungen eine Vergütung nach Bruttogewinnen, so erreichte die Deckungsbeitragsprovision Mitte der neunziger Jahre 25 Prozent, mit steigender Tendenz, beobachtete die Deutsche Verkaufsleiter-Schule in München[9].

BEISPIEL: ► Kranbau-Gewinn steigt durch Deckungsbeitragsprovision

Die Kranbau GmbH stellt unter anderem Baukräne in den drei Ausführungen A, B und C her. Man geht davon aus, dass ein Verkäufer pro Jahr 12 Aufträge hereinholt, die sich bislang gleichmäßig auf die drei Typen A, B und C verteilten. Die Entlohnung der Außendienstler besteht in einem Fixum zuzüglich Spesen für Fahrten und auswärtige Unterbringung. An Stelle einer fälligen Erhöhung des Fixums soll nun eine leistungsorientierte Entlohnung eingeführt werden. Zu prüfen sind

- Umsatzprovision (neues Entgelt = Fixum + v. H. vom Umsatz) und
- Deckungsbeitragsprovision (neues Entgelt = Fixum + v. H. vom Deckungsbeitrag).

Die Verkaufszahlen bleiben mit insgesamt 12 Einheiten pro Verkäufer und Jahr konstant. Jedoch kann sich durch die Aktivität der Außendienstler die Auftragszusammensetzung ändern:

- bei besonderen Bemühungen zugunsten eines bestimmten Typs können an Stelle von vier Einheiten fünf Einheiten pro Jahr verkauft werden;
- ohne besondere Bemühungen geht der auf einen Verkäufer entfallende Absatz pro Typ und Jahr auf drei Einheiten zurück.

9 Vgl. Wirtschaftswoche, Heft 22/1994, S. 77.

Untersuchen Sie die Auswirkungen beider Entlohnungsformen auf den Betriebsgewinn unter Berücksichtigung folgender Zahlen:

Ausgangssituation					
Baukran	derzeitige Absatzmenge je Verkäufer (Stück/Jahr) I	P II	k_v (T€/Stück) III	d IV = II - III	D = d · x (T€/Jahr) V = I · IV
A	4	250	125	125	500
B	4	500	400	100	400
C	4	800	750	50	200
	12	Gesamtdeckungsbeitrag je Verkäufer:			1.100

Lösung

Einführung der Umsatzprovision: Die Verkäufer favorisieren gemäß ihrer Interessenlage die Kräne, die hohe Umsätze erbringen, so dass Kran C gut abschneidet, während Kran A, der den niedrigsten Stückpreis aufweist, von jedem Verkäufer nur dreimal abgesetzt wird.

Baukran	x erwartete Absatzmenge je Verkäufer (Stück/Jahr) I	d (T€/Stück) II	D = d · x (T€/Jahr) III = I · II
A	3	125	375
B	4	100	400
C	5	50	250
	12	Gesamtdeckungsbeitrag je Verkäufer:	1.025

Einführung der Deckungsbeitragsprovision: Die Verkäufer favorisieren Kräne mit hohen Deckungsbeiträgen, so dass Kran A fünfmal und Kran C nur dreimal verkauft wird.

Baukran	x erwartete Absatzmenge je Verkäufer (Stück/Jahr) I	d (T€/Stück) II	D = d · x (T€/Jahr) III = I · II
A	5	125	625
B	4	100	400
C	3	50	150
	12	Gesamtdeckungsbeitrag je Verkäufer:	1.175

Ergebnis

Im betrachteten Fall könnte der Betriebsgewinn pro Verkäufer allein durch die richtige Form der Leistungsentlohnung (Deckungsbeitragsprovision) im Vergleich zur Ausgangssituation um 75.000 € pro Jahr gesteigert werden. Die Einführung einer Umsatzprovision dagegen brächte eine Ergebnisverschlechterung um 75.000 € pro Verkäufer und Jahr.

Das Unternehmensziel Gewinnmaximierung lässt sich mit dem Mitarbeiterziel Einkommensmaximierung in Übereinstimmung bringen, indem man anstelle der Deckungsbeitragsprovision eine nach Deckungsbeiträgen differenzierte Umsatzprovision vergütet. Hierbei werden die umsatzbezogenen Provisionssätze unterschiedlich festgesetzt: A-Produkte mit hohen Deckungsbeiträgen bringen eine höhere Umsatzprovision als B-Produkte mit mittleren und diese wiederum eine höhere als C Produkte mit niedrigen Deckungsbeiträgen.

BEISPIEL: Verkäuferentlohnung im Kfz-Handel

Beim Neuwagenverkauf spielt neben dem Angebotspreis auch der Preis für die Inzahlungnahme eines Gebrauchtwagens eine Rolle. Gelegentlich zahlt der Kfz-Händler für das Gebrauchtfahrzeug einen überhöhten Preis, um so das Neugeschäft möglich zu machen. Die nachfolgende Übersicht verdeutlicht, dass die Umsatzprovision auf unterschiedliche Verkaufsbedingungen nicht reagiert, während die Deckungsbeitragsprovision sowohl Preisnachlässe für Neuwagen als auch Überzahlungen für Gebrauchtwagen voll erfasst:

ABB. 5: Umsatz- und Deckungsbeitragsprovision im Kfz-Handel

	Verkäufer A	Verkäufer B	Verkäufer C
Verkaufspreis	20.000 €	20.000 €	20.000 €
- Skonto	0 €	600 €	0 €
- Überzahlung Gebrauchtwagen	0 €	0 €	1.000 €
- Einstandspreis	17.000 €	17.000 €	17.000 €
= Bruttogewinn	3.000 €	2.400 €	2.000 €
Umsatzprovision 3 %	600 €	600 €	600 €
Bruttogewinnprovision 20 %	600 €	480 €	400 €

Die Praxis kennt auch gestaffelte Provisionssätze, die die Außendienstler belohnen, wenn diese einen höheren als den Plandeckungsbeitrag pro Auftrag hereinbringen. Entsprechend partizipieren die Außendienstler auch an dem geringeren Bruttogewinn, wenn der Mindestdeckungsbeitrag nicht erreicht wird. In diesem Fall sinkt ihr Provisionssatz. Ein solches Vergütungssystem hat den Vorteil, den Verkäufern Aktionsfreiheit zu verleihen. Und es macht ihnen stets die finanziellen Folgen ihres Handelns bewusst. Aber es gibt auch Anlass zur Kritik: Einmal kommt die gestaffelte Deckungsbeitragsprovision in die Nähe eines Antreibersystems. Zum anderen besteht die Gefahr, dass Kunden die einen höheren Preis als andere gezahlt haben, dieses nachträglich erfahren und dem Lieferanten verübeln. Deshalb spricht einiges für einen einheitlichen Provisionssatz, der die Außendienstler nicht herausfordert, Preiserhöhungsspielräume zu sehr auszureizen. Auch bringt ein einheitlicher Satz Verwaltungsvereinfachungen gegenüber dem gestaffelten.

ABB. 6: Plandeckungsbeitrag und Deckungsbeitragsprovision

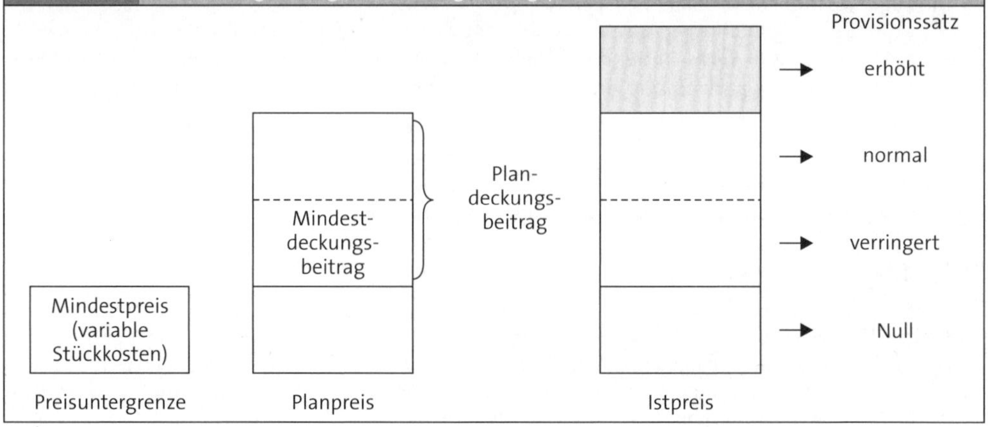

1.3.5 Gesamtdeckungsbeitrag des Unternehmens

Bei der Einproduktunternehmung (E-Werk, Zementfabrik, Mineralbrunnen) erhält man den unternehmungsbezogenen Gesamtdeckungsbeitrag, indem man den Stückdeckungsbeitrag mit der Stückzahl multipliziert. Der Gesamtdeckungsbeitrag ist ein Bruttogewinn. Zieht man die Fixkosten ab, ergibt sich der Nettogewinn.

(1.5)

$G_{br} = d \cdot x = (p - k_v) \cdot x$	Brutto- und Nettogewinn bei Einproduktunternehmen
$G_{ne} = d \cdot x - K_f$	

Bei der Mehrproduktunternehmung sind die Stückdeckungsbeiträge aller Produkte zu addieren, um den Gesamtdeckungsbeitrag zu erhalten:

(1.6)

$G_{br} = \sum_{i=1}^{n} d_i \cdot x_i$	Brutto- und Nettogewinn bei Mehrproduktunternehmung mit n Produkten
$G_{ne} = \sum_{i=1}^{n} d_i \cdot x_i - K_f$	

Symbole

G_{br} = Bruttogewinn (€/Periode)

G_{ne} = Nettogewinn (€/Periode)

d = Stückdeckungsbeitrag (€/Stück)

x = Anzahl Leistungseinheiten (Stück/Periode)

K_f = Fixkosten (€/Periode)

n = Anzahl Produkte

1.3.6 Sonstige Deckungsbeiträge

Die Deckungsbeitragsrechnung kann auch als Instrument der Absatzanalyse genutzt werden[10]. Absatz- und kundenbezogene Deckungsbeiträge bieten wertvolle Anhaltspunkte für eine erfolgreiche Steuerung des Vertretereinsatzes, der Werbung, der Preispolitik usw. So könnte man beispielsweise fragen:

- Wie hoch ist der Deckungsbeitrag pro Auftrag?
- Wie hoch ist der Deckungsbeitrag pro Kunde?
- Welche Höhe hat der Deckungsbeitrag pro Verkaufsregion?
- Welche Artikel des angebotenen Sortiments erbringen den Hauptanteil des betrieblichen Gesamtdeckungsbeitrages?
- Welche Kunden- und Abnehmergruppen erbringen den höchsten Deckungsbeitrag?
- Welchen Deckungsbeitrag erbringen einzelne Abteilungen bzw. Filialen?

Kennt man etwa den Deckungsbeitrag der Verkaufsregionen, so lassen sich diese nach ihrer Gewinnergiebigkeit ordnen. Kennt man den Deckungsbeitrag verschiedener Abnehmergruppen, dann lässt sich feststellen, ob Weiterverarbeiter, Großhändler, Behörden oder Einzelhändler für die Unternehmung als Kunden besonders interessant sind. Ein Filialunternehmen misst den Erfolg seiner Zweigniederlassungen am Filialdeckungsbeitrag.

Daneben lassen sich auch unter Berücksichtigung der spezifischen betrieblichen Gegebenheiten besondere Deckungsbeiträge ausweisen; Beispiele:

(1) Im Versandhandel interessiert man sich für den Deckungsbeitrag pro Katalogseite. Große Versender gehen von einem Mindestdeckungsbeitrag von 100.000 € pro Katalogseite aus.

(2) Bei Tiefkühlkost, aber auch bei Getränken und Backwaren wird ein Teil der Produktion durch betriebseigene Lkw ausgefahren und von den Fahrern direkt an den Endverbraucher verkauft. Hier ist der Tourendeckungsbeitrag eine sinnvolle betriebliche Kennziffer. Denn man interessiert sich nicht nur für den Deckungsbeitrag einer Packung Toastbrot oder Eis, sondern auch für den Deckungsbeitrag aller bei einer Verkaufstour abgesetzten Waren.

(3) In modernen landwirtschaftlichen Betrieben ermittelt man unter anderem den

   - Deckungsbeitrag je Hektar Ackerfläche,
   - Deckungsbeitrag je Arbeitskraft,
   - Deckungsbeitrag je Nutztier usw.

Deckungsbeiträge können auch bei der Entlohnung von Führungskräften eine Rolle spielen. Der Abteilungsleiter kann am Deckungsbeitrag seiner Abteilung, der Filialleiter am Bruttogewinn der Filiale, der Gebietsleiter am Bruttoerfolg seiner Verkaufsregion beteiligt werden. Sofern Führungskräfte auch über Durchführung oder Unterlassung von Investitionen entscheiden, beeinflussen sie langfristig die Fixkosten des Unternehmens. In diesem Fall sollten sie am Rest-

10 Vgl. P. Riebel, Einzelkosten- und Deckungsbeitragsrechnung, S. 188 ff. - F.-J. Witt, Deckungsbeitrags-Management, S. 172 ff. - G. Seicht, Moderne Kosten- und Leistungsrechnung, S. 353 ff.

deckungsbeitrag ihrer Produktgruppe oder ihres Bereichs beteiligt werden. Beim Restdeckungsbeitrag sind die der Produktgruppe oder dem Bereich zurechenbaren Fixkosten abgezogen worden (vgl. Kapitel 6: Stufenweise Fixkostendeckungsrechnung).

1.3.7 Deckungsbeiträge nach Riebel

Die umfassendste Definition des Begriffes Deckungsbeitrag stammt von Riebel, der darunter ganz allgemein jeden Überfluss des Erlöses über bestimmte Teilkosten versteht. Er weitet die Deckungsbeitragsrechnung zu einer generellen Bruttogewinnrechnung aus, bei der die Deckungsbeiträge von einzelnen Leistungseinheiten, Aufträgen, Leistungsarten, Leistungsgruppen oder andere Leistungsgesamtheiten ermittelt werden. Dabei entsteht ein System stufenförmig aufeinanderfolgender Deckungsbeiträge[11].

11 Sie finden die zahlreichen Aufsätze, die Riebel zu diesem Thema geschrieben hat, systematisiert und gesammelt in: P. Riebel, Einzelkosten- und Deckungsbeitragsrechnung. Vgl. dort insbesondere S. 35 ff. und S. 158 ff.

ABB. 7: Periodendeckungsbeitragsrechnung nach Riebel

1. Rechengang

	Erzeugnisse A	Erzeugnisse B	Erzeugnisse C	Σ
Umsatz zu Listenpreisen - Rabatte				
= Netto-Umsatz - Preisabhängige direkte Kosten a) Verkaufsprovision b) Umsatzsteuer c) Lizenzen d) Skonti				
= Reduzierter Nettoerlös I - Fracht (und Verpackung)				
= Reduzierter Nettoerlös II - Direkte, variable Stoffkosten				
= Veredelungsbeitrag - variable Arbeitskosten				
= Deckungsbeitrag über direkte, variable Kosten der Erzeugnisse				

und 2. Rechengang

	Abteilungen A	Abteilungen B	Abteilungen C	Σ
Übertrag aus 1. Rechengang: Σ Deckungsbeitrag über direkte, variable Kosten der Erzeugnisse - Direkte, variable ausgabewirksame *) Kosten der innerbetrieblichen Leistungen				
= Deckungsbeiträge über direkte, variable, ausgabenwirksame Kosten der Abteilungen - Direkte, fixe, ausgabenwirksame Kosten der Abteilungen				
= Deckungsbeiträge der Abteilungen über ihre direkten, ausgabenwirksamen Kosten - Fixe, ausgabenwirksame Kosten der innerbetrieblichen Leistung - Ausgabenwirksame, indirekte Kosten der Abteilungen (einschl. Verwaltungs- und Vertriebsgemeinkosten)				
= Liquiditätswirksamer Beitrag (verfügbarer Beitrag) - Abschreibungen und sonstige nicht ausgabenwirksame Kosten				
= Netto-Erfolg				

*) ausgabenwirksam = mit kurzperiodischen Ausgaben verbunden

Quelle: M. Radke, Die große betriebswirtschaftliche Formelsammlung, S. 729.

So bestechend dieses System auch sein mag, sein praktischer Einsatz stößt auf Schwierigkeiten. Einmal weicht Riebel von der üblichen Terminologie ab, wenn er die Begriffe fix und variabel als zu grob und unbestimmt ablehnt und den Begriffen Einzel- und Gemeinkosten andere Inhalte gibt. Vor allem aber weitet er den Aufgabenkatalog der Kostenrechnung in unzweckmäßiger Weise aus, wenn diese auch noch für finanzplanerische und investitionsrechnerische Fragen herangezogen werden soll. Der Versuch, die Kostenrechnung durch eine Differenzierung der Kosten in ausgabenwirksame und nichtausgabenwirksame Beträge zu einem Universalinstrument zu machen, ist wegen der unterschiedlichen Rechnungszwecke, die unterschiedliche Rechnungselemente bedingen, zum Scheitern verurteilt. Und so stellt Kilger[12] nach einer ausführlichen Analyse und Kritik des Riebelschen Ansatzes lapidar fest, „... dass die von P. Riebel vorgeschlagene Einzelkosten- und Deckungsbeitragsrechnung die wissenschaftliche Diskussion über die Grenzkosten- und Deckungsbeitragsrechnung zwar bereichert hat, im Übrigen aber für die praktische Anwendung nicht in Frage kommt“.

1.4 Deckungsbeitragsrechnung in der Praxis

Trotz der Kritik an der Vollkostenrechnung nimmt diese in der Praxis nach wie vor eine tragende Rolle ein. So ergab eine 1994 von Linden durchgeführte Befragung der 515 umsatzstärksten Unternehmungen in Deutschland, dass 36 % der antwortenden Unternehmungen ausschließlich die Vollkostenrechnung einsetzen. 56 % gestalten ihre Kostenrechnung sowohl als Voll- als auch als Teilkostenrechnung, führen also eine Parallelkalkulation durch. Damit erachten insgesamt 92 % eine Vollkostenrechnung (allein oder ergänzend) für erforderlich[13].

53 % der Unternehmen, die eine Deckungsbeitragsrechnung einsetzen, errechnen Stückdeckungsbeiträge. 68 % ermitteln Artikel- oder Sortendeckungsbeiträge. Ebenfalls 68 % stützen ihre Entscheidungen auch auf den relativen Deckungsbeitrag ab. Spezifische Deckungsbeiträge benötigt man, wenn ein einziger Kapazitätsengpass im Betrieb vorliegt. Sie geben an, wie viel eine Einheit des Engpasses zum Bruttogewinn beiträge, wenn ein bestimmtes Produkt den Engpass durchläuft, und werden von 19 % der Unternehmungen genutzt. Am häufigsten ist mit 74 % der kundenbezogene Deckungsbeitrag vertreten, der zeigt, wie viel ein einzelner Kunde oder eine Kundengruppe zur Fixkostendeckung oder zum Bruttogewinn beiträgt.

12 W. Kilger/J. R. Pampel/K. Vikas, Flexible Plankostenrechnung und Deckungsbeitragsrechnung, S. 85.
13 Vgl. Th. Linden, Kostenrechnungssysteme deutscher Großunternehmen, S. 56 ff.

ABB. 8: Deckungsbeiträge bei Großunternehmungen					
Branche	Stück-DB	Artikel-DB	relativer DB	spezifischer DB	kundenbezogener DB
Handel	5	8	9	2	10
Bauindustrie	1	3	2		3
Nahrungs- und Genussmittelindustrie	5	5	6	1	5
Elektrotechnik	5	5	4	1	3
Investitionsgüterindustrie	5	6	9	2	5
Chemische Industrie	12	17	14	6	16
Bergbau	2	2			1
Automobil-, Luft-, Raumfahrtindustrie	5	7	7	1	7
Energieversorgung	3	2	3	1	10
Eisen- und Stahlindustrie	3	3	3	2	4
Sonstige	4	6	7	2	6
Gesamt	50	64	64	18	70
Relatives Ergebnis bei 94 Unternehmen, die eine Teilkostenrechnung durchführen	53,19 %	68,09 %	68,09 %	19,15 %	74,47 %
Quelle: Th. Linden, Kostenrechnungssysteme deutscher Großunternehmen, S. 57.					

1.5 Zusammenfassung und Checkliste

Die **Vollkostenrechnung** stellt in der Marktwirtschaft kein sinnvolles Instrument zur Preisfindung dar. Die Vollkostenrechnung bietet keine zuverlässige Eliminierung von Verlustartikeln und versagt bei der gewinnoptimalen Steuerung des Produktionsprogramms. Das Gemeinkostenproblem, die verursachungsgerechte Zurechnung unzurechenbarer Kosten, ist seiner Natur nach unlösbar. Der Umlagefehler wächst mit wachsendem Anteil der Gemeinkosten an den Gesamtkosten.

Der **Deckungsbeitrag** ist das Kernstück der Deckungsbeitragsrechnung. Je nach Rechnungszweck und betrieblichen Gegebenheiten kann er für unterschiedliche Bezugsgrößen ermittelt werden: die einzelne Leistungseinheit, mehrere Leistungseinheiten, Produktgruppen, Abteilungen, Filialen, Gesamtbetrieb usw. Der absolute Deckungsbeitrag wird in Geldeinheiten gemessen, der relative Deckungsbeitrag ist eine dimensionslose Prozentangabe. Im Rahmen der Plankostenrechnung ist der Deckungsbeitrag ein Planwert; die der Plankostenrechnung nachfolgende Istkostenrechnung kennt ihn als Istwert.

ABB. 9: Deckungsbeitrags-Arten

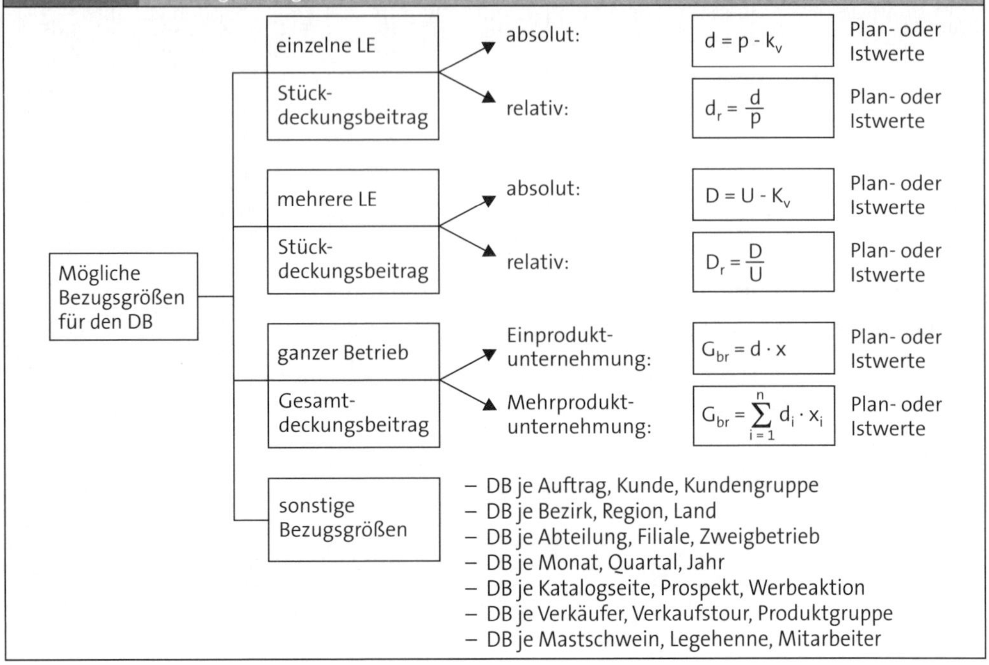

Symbole

d = Stückdeckungsbeitrag (€/Stück)

p = Stückpreis (€/Stück)

k_v = variable Stückkosten (€/Stück)

d_r = relativer Stückdeckungsbeitrag (%)

D = Deckungsbeitrag einer Produktart oder Sorte (€/Periode)

D_r = relativer Deckungsbeitrag einer Produktart oder Sorte (%)

U = Umsatz einer Produktart oder Sorte (€/Periode)

K_v = variable Kosten einer Produktart oder Sorte (€/Periode)

G_{br} = Bruttogewinn des Betriebes (€/Periode)

n = Anzahl Produkte einer Mehrproduktunternehmung (Stück)

Die **Deckungsbeitragsrechnung** vermeidet die Fehler der Vollkostenrechnung. Man zieht von den Umsätzen eines Beurteilungsobjektes dessen variable Kosten ab und vergleicht den so erhaltenen Bruttogewinn mit den dem Beurteilungsobjekt zurechenbaren Fixkosten. Das sind die fixen Kosten, die sich langfristig bei Verzicht auf das betreffende Objekt vermeiden lassen.

Die **Deckungsbeitragsprovision** bringt das Gewinnziel des Betriebes mit dem Einkommensziel der Außendienstler in Übereinstimmung und trägt so zu einer Steigerung des Gewinns bei.

Preisuntergrenze: Kurzfristig kann auch ein Preis akzeptiert werden, der unter den vollen, aber nicht unter den variablen Stückkosten liegt. Langfristig muss der Preis über den variablen Stückkosten liegen, und die Summe aller Stückdeckungsbeiträge muss mindestens die Höhe des Fixkostenblocks erreichen.

FRAGEN

1.1

Worin besteht der Fehler bei der Verrechnung von Fixkosten auf die einzelnen Erzeugnisse?

1.2

Sind Fixkosten stets gleichzeitig Gemeinkosten? Begründen Sie Ihre Antwort!

1.3

Können die Kostenträgergemeinkosten verursachungsgerecht auf die Kostenträger verteilt werden? Begründen Sie Ihre Antwort!

1.4

Wie entwickeln sich die Gemeinkostenzuschlagsätze in Unternehmungen, die fortschreitender Automatisierung unterliegen?

1.5

a) Definieren Sie den absoluten Stückdeckungsbeitrag einer Produkteinheit.
b) Erklären Sie anhand der Kostenfunktion $K = 100 + 60\,x$, weshalb Grenzkosten und variable Stückkosten bei linearem Verlauf der Gesamtkosten übereinstimmen.

1.6

Was gibt der Wert des absoluten Stückdeckungsbeitrages an? Welche Konsequenzen sind in der betrieblichen Praxis zu ziehen, wenn dieser Wert positiv (negativ) ist?

1.7

Wie kommt man vom absoluten Stückdeckungsbeitrag zum Deckungsbeitrag einer Sorte?

1.8

Was versteht man unter dem relativen Deckungsbeitrag eines Erzeugnisses (einer Sorte)? Für welche Fragestellung kann die Kenntnis dieses Wertes nützlich sein?

1.9

Erläutern Sie kurz die praktische Bedeutung von Plandeckungsbeiträgen und Mindestdeckungsbeiträgen sowie von Deckungsbeitragsprovisionen im Absatzbereich.

1.10

Ein Betriebsleiter erklärt: „Wir kalkulieren zunächst unsere Selbstkosten und bieten unser Produkt dann mit einem Aufschlag von 5 % auf die Selbstkosten am Markt an."

a) Präzisieren Sie diese Methode der Preissetzung mit Hilfe einer Gleichung.

b) Gehen Sie davon aus, der betrachtete Betrieb sei durch die Kostenfunktion

$$K = 100 + 2\,x$$

gekennzeichnet. Welcher Preis wäre dann zu setzen, wenn Produktion und Absatz in der Boomphase (in der Rezession) den Wert 250 (100) Einheiten pro Periode aufweisen? Ist diese Methode der Preissetzung realistisch?

1.11

In einer Elektrofabrik werden Staubsauger verschiedener Preisklassen hergestellt (A, B und C). Die verfügbaren Informationen sind in der folgenden Tabelle zusammengetragen:

Staubsauger	p (€/Stück)	k_v (€/Stück)	x (Stück/Periode)
A	790	690	3.000
B	510	460	11.000
C	230	200	90.000

Ermitteln Sie die absoluten und relativen Stückdeckungsbeiträge d und d_r sowie die Gesamtdeckungsbeiträge je Produktart D und D_r. Stellen Sie die jeweilige Favoritenliste auf.

1.12

Ein Betrieb ermittelte in seiner Kostenrechnung für die Abrechnungsperioden Oktober und November folgende Daten:

Monat	Oktober	November	
Gesamtkosten (K)	110.000	95.000	€/Monat
Produktions-/Absatzmenge (x)	18.000	15.000	Stück/Monat
Kapazitätsauslastung	90 %	75 %	

Die Produkte werden zu einem Preis von 8 € pro Stück verkauft (keine Lagerhaltung).

a) Wie hoch sind die variablen Stückkosten?

b) Wie hoch sind die fixen Kosten pro Monat?

c) Wie lautet die Kostenfunktion des Betriebes?

d) Wie hoch ist der Stückdeckungsbeitrag?

e) Wie viele Stück muss der Betrieb beim jetzigen Preis mindestens verkaufen, damit er keinen Verlust erleidet?

f) Gehen Sie von den Novemberdaten aus und berechnen Sie die langfristige Preisuntergrenze.

g) Was würden Sie dem Betrieb empfehlen, wenn der Preis kurzfristig auf 5 € sinkt? Begründen Sie Ihre Antwort!

h)

(1) Wie hoch ist jeweils der Gewinn im Oktober und November?

(2) Wie erklären Sie sich die Gewinnveränderung?

i) Welchen Gewinn kann der Betrieb unter den gegebenen Umständen maximal erreichen?

1.13

Der Verwaltungsleiter eines Krankenhauses erklärt bei einer Tagung: „Im Krankenhauswesen ist eine Teilkostenrechnung schon deshalb nicht sinnvoll, weil hier die Gemeinkosten über 50 % der Gesamtkosten ausmachen“. Hat er Recht?

2. Programmoptimierung bei freien Kapazitäten

2.1 Programmoptimierung

Programmoptimierung ist die Zusammenstellung der im Hinblick auf die unternehmerische Zielsetzung bestmöglichen Angebotspalette. Ist Gewinnmaximierung die unternehmerische Zielsetzung, dann besteht die Aufgabe der Programmoptimierung darin, das gewinnmaximierende Sortiment zu finden. Damit steht die Mehrproduktunternehmung im Mittelpunkt der Betrachtung. Die Einproduktunternehmung, das E-Werk, die Zementfabrik, die Mineralbrunnen-Unternehmung – bei ihm ist die Frage nach der Gewinnwirkung von Sortimentsänderungen gegenstandslos. Bei der Mehrproduktunternehmung hingegen fragt man häufig, wie sich Änderungen des Produktionsprogramms auf den Gewinn auswirken. Man sucht bewusst nach dem gewinngünstigsten Sortiment. Man trennt sich vom Denken in einzelnen Artikeln und gelangt zur Betrachtung von Artikelgruppen und kompletten Sortimenten. Und man berücksichtigt die absatzpolitischen Verflechtungen der einzelnen Artikel untereinander.

Bei der Durchführung der Programmoptimierung kommt es auf die Planungsfrist und auf die Engpasssituationen im Betrieb an. Bei kurzfristiger Planung sind die Kapazitäten und Fixkosten konstant, bei langfristiger Planung sind die Kapazitäten und Fixkosten dispositionsabhängig. Langfristig gehören auch die Fixkosten zu den relevanten Kosten.

Die Festigkeit oder Variabilität der Kosten ist nicht naturgesetzlich vorgegeben. Vielmehr ist zu fragen, in Beziehung auf welche Größe die Kosten fest oder variabel sein sollen. In der Kurzperiodenanalyse ist die Beschäftigung die entscheidende Größe. In der kurzen Periode unterscheiden wir die in Bezug auf die Beschäftigung variablen und die in Bezug auf die Beschäftigung fixen Kosten und sprechen kurz von beschäftigungsvariablen und beschäftigungsfixen (und noch kürzer von variablen und fixen) Kosten. Schon Rummel hat mit Nachdruck darauf verwiesen, dass die Feststellung, diese oder jene Kosten seien fest oder veränderlich, erst dann einen Sinn ergibt, wenn die Variable, von der die Veränderung abhängt, angegeben wird[1]. Und Schneider betont, dass die beschäftigungsfixen Kosten in der Langperiodenanalyse das Ergebnis unternehmerischer Planung, das Ergebnis der Dispositionen der Betriebsleitung sind[2].

1 Vgl. K. Rummel, Einheitliche Kostenrechnung auf der Grundlage der Proportionalität der Kosten, S. 5.
2 Vgl. E. Schneider, Industrielles Rechnungswesen, S. 217.

ABB. 10: Programmoptimierung

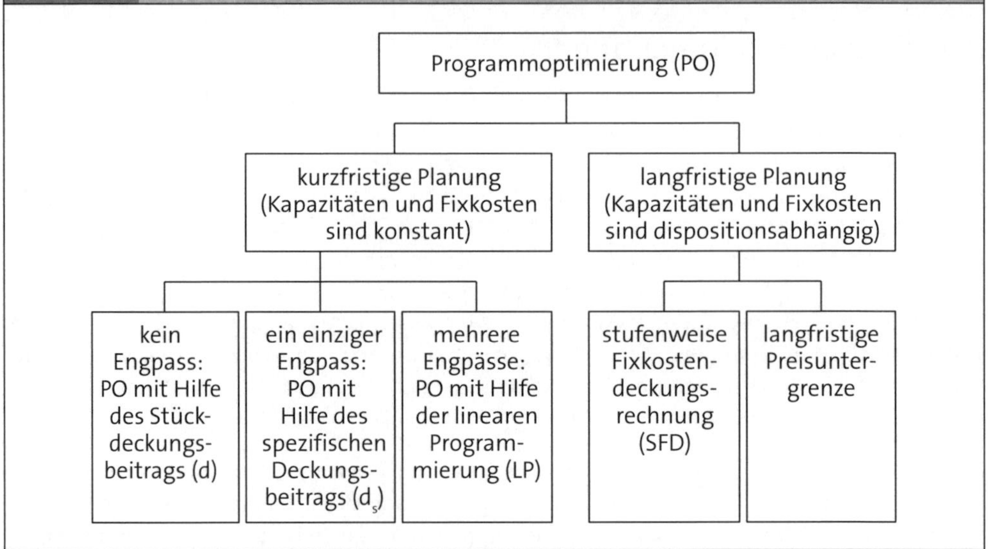

Kurzfristige Planung, das ist die Planung für jenen Zeitraum, in dem der Produktionsapparat unverändert bleibt. Auch wenn man eine neue Drehmaschine heute anzuschaffen entscheidet, sie muss bestellt, produziert, geliefert und aufgestellt werden, und es kann Wochen oder Monate dauern, bis sie mit der Arbeit beginnt. In der Zwischenzeit muss man mit dem alten Produktionsapparat auskommen. Wegen der zeitweiligen Konstanz des Produktionsapparates sind auch die beschäftigungsfixen Kosten zeitweilig (in der kurzen Periode) gleichbleibend. Sie gehören somit kurzfristig nicht zu den entscheidungsrelevanten Kosten[3] und können in der kurzfristigen Programmoptimierung vernachlässigt werden. Die Programmoptimierung auf kurze Sicht berücksichtigt also lediglich variable Kosten, nur sie sind kurzfristig entscheidungsrelevant. Daneben ist für die Ausgestaltung der kurzfristigen Programmoptimierung die jeweilige betriebliche Beschäftigungssituation von Bedeutung. Man unterscheidet drei Beschäftigungssituationen. Und jede verlangt eine eigene Methode zur Findung des gewinngünstigsten Programms, nämlich:

(1) Null Engpässe: Wenn in einem Betrieb kein einziger Produktionsfaktor knapp ist, so sind bei der Entscheidungsfindung im praktischen Fall lediglich Absatzrestriktionen (Mindest- und Höchstmengen) zu beachten. Man verfügt über ausreichende maschinelle Kapazitäten, hat genügend Mitarbeiter und kann genügend Roh-, Hilfs- und Betriebsstoffe beschaffen. Die Begrenzung erfolgt durch den Absatzbereich. Förderungswürdig sind alle Produkte mit positivem Deckungsbeitrag.

(2) Ein einziger Engpass: Ist nur ein einziger Produktionsfaktor knapp, etwa die Maschinenzeit, so sind neben den Absatzrestriktionen auch die konkurrierenden Verwendungsmöglichkeiten der knappen Maschinenzeit zu berücksichtigen. Dabei kommt es nicht nur auf die Stück-

3 Zu den relevanten Kosten vgl. W. Kilger/J. R. Pampel/K. Vikas, Flexible Plankostenrechnung und Deckungsbeitragsrechnung, S. 161 ff. und K.-D. Däumler/J. Grabe, Kostenrechnungs- und Controllinglexikon, S. 275.

deckungsbeiträge der gefertigten Güter an, sondern auch auf die jeweils benötigten Stückzeiten.

(3) Mehrere Engpässe: Wenn mehrere Produktionsfaktoren knapp sind, so findet sich die Lösung mit Hilfe einer Simultanrechnung, die alle Entscheidungsmöglichkeiten und Nebenbedingungen gleichzeitig erfasst (lineare Programmierung, lineare Optimierung).

2.2 Höchst- und Mindestmengen

Der sein Programm optimierende Unternehmer ist bei der Festlegung der zu produzierenden anzubietenden Mengen nicht frei. Er hat vielmehr einschränkende Nebenbedingungen zu beachten, nämlich Höchst- und Mindestartikelmengen, die im Folgenden erläutert werden.

(1) Höchstmengen

Grundsätzlich ist jedes Produkt mit positivem Deckungsbeitrag förderungswürdig, da eine zusätzlich verkaufte Einheit zu einer Gewinnerhöhung oder Verlustverminderung in Höhe des Stückdeckungsbeitrages führt. Die Empfehlung, Produkte mit positivem Deckungsbeitrag vermehrt zu produzieren und zu verkaufen, reicht allerdings für die praxisorientierte Optimierungsrechnung nicht aus, da die Mehrproduktion zu unerwünschten Konsequenzen führen kann, falls sie eine bestimmte Grenze überschreitet. Mit steigendem Mehrangebot wächst die Gefahr, dass die produzierte Menge nur zu geringeren Preisen abgesetzt werden kann. Auf diese Weise kann ein gewinnbringendes Produkt leicht zu einem Verlustartikel werden. Es ist daher sinnvoll und notwendig, für jedes Produkt eine Höchstgrenze anzugeben, bei der gewährleistet ist, dass die Produktion auch tatsächlich zu dem angenommenen Preis abgesetzt werden kann.

(2) Mindestmengen

Ähnliche Überlegungen gelten auch in umgekehrter Richtung, d. h. in Bezug auf Mindestmengen. Ergibt die Kostenrechnung, dass der absolute Stückdeckungsbeitrag eines Artikels negativ ist, so müsste man eigentlich auf die Erstellung des betreffenden Gutes vollständig verzichten, um so einen Verlust zu vermeiden. In der Praxis können einer derartigen Entscheidung jedoch auch Gründe entgegenstehen, von denen nachfolgend einige angeführt werden.

(a) Inkaufnahme von Anfangsverlusten

Gerade bei Neuentwicklungen, die für Wachstum und Fortbestand eines Betriebes oft unerlässlich sind, werden im Anfangsstadium oft nur geringe oder sogar negative Deckungsbeiträge erzielt: Sie sind im Produktlebenszyklus[4] charakteristisch für die Markteinführungsphase. Niemand schließt daraus, man solle auf die Entwicklung neuer Produkte verzichten. Vielmehr nimmt man die neuen Güter mit einer bestimmten Mindestmenge in das Sortiment auf, weil man im Hinblick auf die mittel- und langfristige Entwicklung erwartet, dass deren Deckungsbeiträge nach der Einführungsphase positiv werden und bis zu einem bestimmten Höchstwert ansteigen.

4 Vgl. K. Lorch, Produktlebenszyklus, S. 1723 f. – H. Chr. Weis, Marketing, S. 159 ff.

ABB. 11: Deckungsbeitrag im Produktlebenszyklus: anfangs negativ

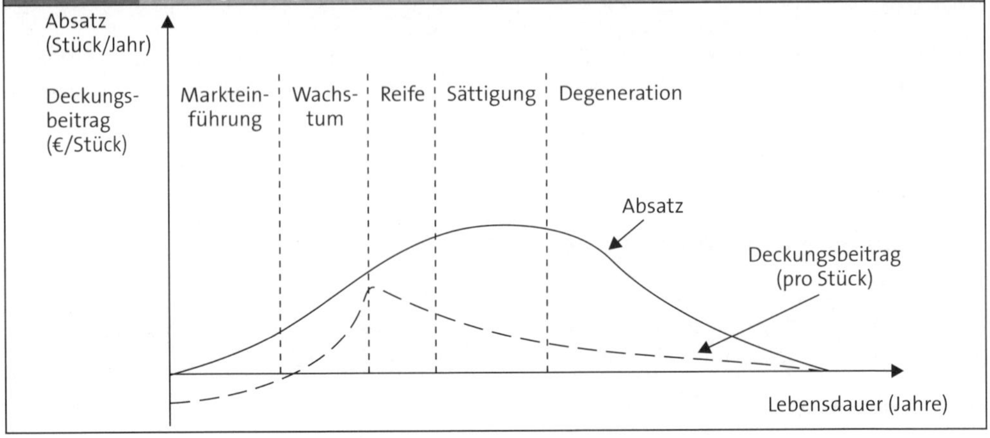

(b) Erfüllung bestehender Lieferverpflichtungen

Ein Artikel mit negativem Deckungsbeitrag kann auch deswegen mit einer Mindestmenge im Sortiment bleiben, weil die Unternehmung vertraglich verpflichtet ist, eine bestimmte Leistung zu erbringen. Neben der vertraglichen Pflicht mag es auch den Fall der freiwilligen Inkaufnahme eines negativen Stückdeckungsbeitrages zum Zweck der mittel- und langfristigen Pflege bestehender Geschäftsbeziehungen geben.

(c) Kuppelproduktion

Es kann sein, dass im Rahmen einer Kuppelproduktion[5] bei der Erstellung eines bestimmten Produktes mit technischer Notwendigkeit ein weiteres Produkt (mehrere weitere Produkte) anfällt (anfallen). So lässt sich etwa Benzin nur in Kombination mit weiteren Produkten, etwa mittlerem und schwerem Heizöl, Bitumen, bestimmten Gasen usw., herstellen. Wenn die Vermarktung von Bitumen nur unter Inkaufnahme negativer Deckungsbeiträge möglich ist, so kann die Benzinproduktion dennoch vorteilhaft sein. Für den Anbieter ist nicht der Einzeldeckungsbeitrag entscheidungsrelevant, sondern der Gesamtdeckungsbeitrag eines angebotenen Paketes von Raffinerieprodukten. Im gegebenen Fall bestimmt die Menge der gewinnbringend abzusetzenden Produkteinheiten gleichzeitig die Mindestmenge der Produkteinheiten, die unter Inkaufnahme negativer Deckungsbeiträge verkauft oder gegebenenfalls auf die Müllkippe gebracht („entsorgt“) wird.

(d) Verbundene Nachfrage

Ein in der Praxis sehr häufig vorkommender Fall ist die verbundene Nachfrage. Man spricht von verbundener Nachfrage stets dann, wenn sich technisch verschiedene Güter im Absatz gegenseitig fördern.

5 Vgl. hierzu auch: K.-D. Däumler/J. Grabe, Kostenrechnungs- und Controllinglexikon, S. 201 ff.

Komplementäre Güter sind …

Tabak und Pfeife
Klavier und Noten
Auto und Benzin
Briefpapier und Umschläge
… werden in der Regel gemeinsam verwendet.

Die verbundene Nachfrage kommt im praktischen Fall in verschiedenen Abstufungen vor. Sie kann außerordentlich eng sein, etwa bei komplementären Gütern, die sich verbrauchstechnisch derart ergänzen, dass sie am besten gemeinsam (als Paket) eingesetzt werden. So könnte etwa ein Hersteller von Polaroidkameras, die nur in Verbindung mit bestimmten Filmen zu benutzten sind, die Kamera unter Inkaufnahme eines negativen Deckungsbeitrags absetzen, um entsprechend mehr durch das Folgegeschäft, den Filmeverkauf, zu verdienen. Die verkaufsmäßig verbundenen Güter sind also rechnerisch zu einem einzigen Gut zusammenzufassen. Die Entscheidung über Förderung oder Produkteinstellung ist an Hand des Gesamtdeckungsbeitrages des Güterpakets zu fällen. Erst dann, wenn dessen Gesamtdeckungsbeitrag negativ ist, empfiehlt es sich, Produktion und Verkauf des Paketes einzuschränken oder einzustellen. Solange der Gesamtdeckungsbeitrag dagegen positiv ist, ist es für den Hersteller vorteilhaft, gerade auch für den „Verlustbringer" zu werben. Dass das Folgegeschäft den Erstabsatz eines Produktes subventioniert und damit oft erst möglich macht, kommt in der Praxis häufig vor.

Produkt (Erstabsatz)	Folgegeschäft
Loseblattsammlung	Periodische Ergänzungslieferung
Patronenfüller	Tintenpatronen
Verpackungsmaschine	Verpackungsmaterial
Getränkeautomat	Getränke

Auch bei weniger engen Arten verbundener Nachfrage ist es betriebswirtschaftlich sinnvoll, von einem Denken in Sortimenten und den damit zusammenhängenden Gesamtdeckungsbeiträgen auszugehen, die sich aus der Summe der Einzeldeckungsbeiträge von verbundenen Artikeln ergeben. In diesem Zusammenhang sind etwa die sogenannten Lockvogel-Angebote mancher Warenhäuser zu nennen. Hierbei werden einzelne Artikel (Lockvögel) groß herausgestellt und unter Umständen mit einem Verlust, also einem negativen Stückdeckungsbeitrag, verkauft. Natürlich will das Warenhaus damit keinen Verlust erzielen, sondern einen Gewinn. Und der Gewinn wird häufig auch erreicht, denn die Kunden werden neben dem Lockvogel-Artikel, der sie zum Geschäftsbesuch animierte, im Regelfall auch noch andere Waren im Rahmen von Impulskäufen erwerben. Für den Verkäufer hat sich das Lockvogel-Angebot stets dann gelohnt, wenn der Durchschnittskunde bei seinem Einkauf so viele andere Waren mit positivem Stückdeckungsbeitrag erwirbt, dass per Saldo ein positiver Gesamtdeckungsbeitrag, bezogen auf den eingekauften Gesamtwarenkorb, verbleibt.

BEISPIEL: **Pemmikan zieht Kunden an**

Die Tausendfüßler-KG, Anbieter von Trekking-Schuhen, möchte im zweiten Quartal neben den Trekking-Schuhen A, B und C kanadischen Pemmikan[6] in Dosen anbieten. Die Dose Pemmikan soll für 19 € verkauft werden, ihr Bezugspreis liegt bei 30 €. Man hofft, zusätzliche Outdoor-Kunden anzusprechen und dadurch so viele Trekking-Schuhe zusätzlich zu verkaufen, dass sich der Unter-Preis-Verkauf des Pemmikans P lohnt. Man kommentiere das in der Tabelle dargestellte Ergebnis.

Lösung

Periode	1. Quartal			2. Quartal			
Artikel	A	B	C	A	B	C	P
Preis (€/Stück)	348	298	278	348	298	278	19
variable Stückkosten (€/Stück)	178	148	138	178	148	138	30
Stückkostendeckungsbeitrag (€/Stück)	170	150	140	170	150	140	- 11
Stückzahl (Stück/Quartal)	20	30	40	24	33	42	100
Sortendeckungsbeitrag (€/Quartal)	3.400	4.500	5.600	4.080	4.950	5.880	-1.100
Gesamtdeckungsbeitrag (€/Quartal)	13.500			13.810			

Ergebnis

Der Pemmikan als Lockvogel (loss leader) kann für die Tausendfüßler-KG beides bedeuten: Gewinn oder Verlust. Es kommt darauf an, ob die durch das Lockvogel-Angebot gewonnene Zusatznachfrage einen zusätzlichen Deckungsbeitrag im Stammsortiment erbringt, der ausreicht, um den negativen Pemmikandeckungsbeitrag zu kompensieren. Hier ist das der Fall: Die Tausendfüßler-KG erwirtschaftet mit 13.810 € einen im Vergleich zum 1. Quartal um 310 € gestiegenen Gesamtdeckungsbeitrag.

Von der verbundenen Nachfrage im Rahmen von Impulskäufen profitieren insbesondere Warenhäuser mit einem breiten und tiefen Sortiment. Von daher sind auch die Bestrebungen zu verstehen, möglichst viele Güter unter einem Dach anzubieten oder alle denkbaren Produkte für einen bestimmten Verwendungszweck zusammenzufassen („alles für das Kind", „alles für den Sportler"). Häufig hat der Kunde auch eine bestimmte Sortimentserwartung, die der Anbieter erfüllen muss, will er nicht Nachteile im Gesamtverkauf hinnehmen. So kann etwa das Streben nach einem abgerundeten und den Vorstellungen der Kundschaft entgegenkommenden Sortiment bei einem Anbieter von Gartenartikeln dazu führen, dass Rasenmäher mit einer bestimmten Mindestmenge im Angebot bleiben, auch wenn ihr Stückdeckungsbeitrag negativ ist.

(e) Langfristiger Risikoausgleich

Schließlich ist noch das Streben nach einem langfristigen Risikoausgleich zu nennen, das einer zu weitgehenden Spezialisierung, d. h. Straffung des Sortimentes entgegensteht: Ein breites und tiefes Sortiment verspricht auf Dauer höhere Sicherheit, da Gewinnrückgänge und Verluste in bestimmten betrieblichen Teilbereichen durch mögliche positive Entwicklungen in anderen Teilbereichen ausgeglichen werden können. Vielleicht verzichtet man nicht nur auf die Straffung

6 Karl-May-Leser wissen: Pemmikan besteht aus getrocknetem und zerstampftem Bisonfleisch, das, mit heißem Fett übergossen und mit Beeren vermengt, den Indianern Nordamerikas als haltbares Nahrungsmittel dient.

des Sortiments, sondern weitet es bewusst aus, schafft seinem Unternehmen ein zweites oder drittes Bein und nutzt die Diversifikation (= Aufnahme neuer und andersartiger Produkte in das Programm) als Mittel der Risikopolitik.

Zusammenfassung:

Somit bleibt festzustellen, dass es in der betrieblichen Praxis sinnvoll ist, für jede Produktart vor der Optimierungsrechnung eine

- Höchstmenge und eine
- Mindestmenge festzulegen.

Man hat also nicht die Freiheit, im Rahmen der Optimierungsrechnung die Menge der zu produzierenden und abzusetzenden Güter beliebig zu variieren, sondern muss die durch die Mengenrestriktionen gesteckten Grenzen beachten. Die Festlegung der Mengenrestriktionen verlangt im praktischen Fall viel Fingerspitzengefühl und Marktkenntnis. Wie bei allen zukunftsbezogenen Rechnungen muss man den Mut zu Schätzungen aufbringen, und niemand weiß dann besser als der Schätzende, dass diese Schätzungen weder sicher noch objektiv sind. Unternehmungen werden überwiegend mit geschätzten, subjektiven und unsicheren Zahlen geführt. Sichere Zahlen, das sind die Vergangenheitswerte, die man in der Grabesruhe der Abteilungen Registratur/Betriebsstatistik findet. Für die Gestaltung der Zukunft helfen die sicheren Vergangenheitswerte nicht viel. Sie sind allenfalls tauglich als Basis für Prognosen.

2.3 Durchführung der Programmoptimierung bei freien Kapazitäten

Programmoptimierung ist die Zusammenstellung des gewinnmaximierenden Produktionsprogramms. Zur Gestaltung des gewinngünstigsten Programms gibt es zwei mögliche Entscheidungsregeln:

(1) Vollkostenrechnung: Entscheidungsregel Nettostückgewinn ($g = p - k$)

Entscheidungsregel: $g = p - k$	Entscheidung
$g > 0$	Produktion beibehalten und bis Höchstmenge ausdehnen.
$g = 0$	Produktion beibehalten oder einstellen. Mindestmenge beachten.
$g < 0$	Produktion einstellen bzw. auf Mindestmenge herunterfahren.

(2) Deckungsbeitragsrechnung: Entscheidungsregel Bruttostückgewinn ($d = p - k_v$)

Entscheidungsregel: $d = p - k_v$	Entscheidung
$d > 0$	Produktion beibehalten und bis Höchstmenge ausdehnen.
$d = 0$	Produktion beibehalten oder einstellen. Mindestmenge beachten.
$d < 0$	Produktion einstellen bzw. auf Mindestmenge herunterfahren.

Es ist zu fragen, welche Entscheidungsregel für die Praxis besser ist. Zur Beantwortung dieser Frage wird an Hand eines Beispiels untersucht, wie hoch der Gesamtgewinn eines Betriebes bei Befolgung der verschiedenen Entscheidungsregeln wird, um dann in pragmatischer Weise jene Entscheidungsregel als für die Praxis geeignet festzuhalten, bei der der Unternehmer seinen Betriebsgewinn maximiert.

BEISPIEL: Plastik AG optimiert Wannensortiment

Die Plastik AG stellt unter anderem Kunststoffwannen in verschiedenen Größen A, B und C her. In der Ausgangssituation fertigt sie von jeder Größe eine Menge von 10.000 Einheiten pro Monat. Im Übrigen sind die aus der nachfolgenden Tabelle ersichtlichen Daten bekannt.

Wanne	x (Stück/Mon)	x_{max} (Stück/Mon)	x_{min} (Stück/Mon)	p (€/Stück)	k (€/Stück)	k_v (€/Stück)
A	10.000	12.000	8.000	15	16	6
B	10.000	12.000	8.000	12	10	5
C	10.000	12.000	8.000	8	5	4

Symbole

x = Absatzmenge in Ausgangssituation (Stück/Monat)

x_{max} = Absatzhöchstmenge (Stück/Monat)

x_{min} = Absatzmindestmenge (Stück/Monat)

p = Verkaufspreis je Stück (€/Stück)

Werte für Ausgangssituation

k = gesamte Kosten je Stück (€/Stück)

k_v = variable Kosten je Stück (€/Stück)

K = Kosten je Sorte (€/Monat)

Bei der Plastik AG soll das Wannenprogramm optimiert werden. Dabei sind die aus absatz- und sortimentspolitischen Gründen vorgegebenen Mindestmengen (x_{min} = 8.000 Stück/Monat) und Höchstmengen (x_{max} = 12.000 Stück/Monat) zu beachten, die einheitlich für alle drei Wannensorten gelten.

a) Wie hoch ist der Gewinn G_1 in der Ausgangssituation

(1) nach der Vollkostenrechnung,

(2) nach der Teilkostenrechnung (Deckungsbeitragsrechnung)?

b) Welches neue Programm ergibt sich bei Anwendung der Entscheidungsregel der Vollkostenrechnung?

Wie hoch ist der erwartete Gewinn G_2?

c) Welches neue Programm ergibt sich bei Anwendung der Entscheidungsregel der Deckungsbeitragsrechnung?

Wie hoch ist der erwartete Gewinn G_3?

d) Welchen Gewinn erreicht man tatsächlich nach der Entscheidung zu b) und c)?

Lösung a) Gewinn in Ausgangssituation (G_1)

(1) Vollkostenrechnung

Wanne	X (Stück/Monat)	p - k (€/Stück)	G (€/Sorte)
A	10.000	-1	-10.000
B	10.000	2	20.000
C	10.000	3	30.000
G_1 (€/Monat)			40.000

(2) Teilkostenrechnung

Der Ausgangsgewinn lässt sich auch mit Hilfe der Bruttostückgewinne (Deckungsbeiträge je Stück) errechnen, indem man den Fixkostenblock von der Summe aller Deckungsbeiträge abzieht.

Für die Fixkosten K_f gilt:

$K_f = (k_a - k_{va}) \cdot x_a + (k_b - k_{vb}) \cdot x_b + (k_c - k_{vc}) \cdot x_c$

$K_f = (16 - 6) \cdot 10.000 + (10 - 5) \cdot 10.000 + (5 - 4) \cdot 10.000$

$K_f = 160.000$ (€/Monat)

Wanne	x (Stück/Monat)	$d = p - k_v$ (€/Stück)	D (€/Sorte)
A	10.000	9	90.000
B	10.000	7	70.000
C	10.000	4	40.000
D (€/Monat)			200.000
- Fixkosten (€/Monat)			160.000
G_1 (€/Monat)			40.000

Lösung b) Erwarteter Gewinn bei Entscheidungsregel Vollkostenrechnung

Der Vollkostenrechner multipliziert die bisher erzielten Stückgewinne mit den neuen nach g optimierten Mengen.

	g = p - k (€/Stück)	x_{neu} (Stück/Monat)	G (€/Sorte)
A	-1	8.000	- 8.000
B	2	12.000	24.000
C	3	12.000	36.000
G_2 (€/Monat)			52.000

Lösung c) Erwarteter Gewinn bei Entscheidungsregel Deckungsbeitragsrechnung

Der Teilkostenrechner multipliziert die bisher erzielten Deckungsbeiträge mit den neuen nach d optimierten Mengen.

Wanne	$d = p - k_v$ (€/Stück)	x_{neu} (Stück/Monat)	D (€/Sorte)
A	12.000	9	108.000
B	12.000	7	84.000
C	12.000	4	48.000
D (€/Monat)			240.000
- Fixkosten (€/Monat)			160.000
G_3 (€/Monat)			80.000

Lösung d) Tatsächlicher Gewinn

(1) Teilkostenrechnung

Da sich die Deckungsbeiträge pro Stück bei einer Sortimentsänderung nicht verändern (Voraussetzung: linearer Kostenverlauf), ist der tatsächlich erreichte Gewinn mit dem erwarteten identisch.

(2) Vollkostenrechnung

Da sich die Gewinne pro Stück bei einer Sortimentsänderung verändern, ist der tatsächlich erreichte Gewinn mit dem erwarteten nicht identisch. Der tatsächlich erreichte Gewinn lässt sich mit der Vollkostenrechnung nur im Nachhinein errechnen. Mit den Informationen der Teilkostenrechnung, die der Vollkostenrechner nicht hat, kann er auch im Voraus bestimmt werden.

Wanne	x_{neu} (Stück/Monat)	$d = p - k_v$ (€/Stück)	D (€/Sorte)
A	8.000	9	72.000
B	12.000	7	84.000
C	12.000	4	48.000
D (€/Monat)			204.000
- Fixkosten (€/Monat)			160.000
G_2 (€/Monat)			44.000

Ergebnis

Wir haben also drei Programme und die dazugehörigen programmbedingten Gewinne G_1, G_2 und G_3 zu vergleichen.

Produkt (Wanne)	Programm in der Ausgangssituation	Programm nach Vollkostenrechnung	Programm nach Teilkostenrechnung
A	10.000	8.000	12.000
B	10.000	12.000	12.000
C	10.000	12.000	12.000
Programmbedingter Gewinn	$G_1 = 40.000$	$G_2 = 44.000$	$G_3 = 80.000$

Die Plastik AG erzielt den maximalen Gewinn nur dann, wenn sie ihr Programm nach der Entscheidungsregel der Deckungsbeitragsrechnung zusammenstellt. Aus den Nettostückgewinnen lässt sich keine sinnvolle Aussage über die Förderungswürdigkeit der einzelnen Produkte ableiten. Nur die Bruttostückgewinne (Stückdeckungsbeiträge) kommen zur Erstellung der Favoritenliste in Frage. Der Kardinalfehler der Vollkostenrechnung liegt in der künstlichen Proportionalisierung der Fixkosten. Nach der Vollkostenrechnung müsste man von Wanne A wegen des negativen Nettostückgewinnes weniger produzieren – eine betriebliche Maßnahme, die deshalb unsinnig ist, weil man bei einer Minderproduktion von A nur variable, nicht aber fixe Kosten einsparen kann.

HINWEIS:

Bei der Gewinnermittlung wurden in jedem Fall alle Kosten – auch die fixen – abgezogen. Ein Standardargument, das von praktischer Seite gelegentlich gegen die Teilkostenrechnung vorgebracht wird, zielt darauf ab, man berücksichtige bei der Teilkostenrechnung nur Teile der Kosten (wie der Name Teilkostenrechnung suggeriert) und achte nicht auf die Deckung der Fixkosten. Dieser Vorwurf ist gegenstandslos. Sie haben am Beispiel der Plastik AG gesehen, dass der wesentliche Unterschied zwischen Voll- und Teilkostenrechnung in der Entscheidungsregel zur Zusammenstellung des Programms liegt und nicht in der Art und Weise der Gewinnermittlung: Die Teilkostenrechnung favorisiert Produkte mit positivem Stückdeckungsbeitrag, die Vollkostenrechnung solche mit positivem Nettostückgewinn.

2.4 Zusammenfassung und Checkliste

Vor der **Programmoptimierung** sind die absatz- und sortimentspolitisch bedingten Höchst- und Mindestmengen festzulegen.

Höchstmenge ist die Menge, die der Markt aufnimmt, ohne dass der vorgesehene Preis gesenkt werden muss.

Mindestmenge ist die Menge, die aufgrund rechtlicher, technischer oder absatz- und sortimentspolitischer Gegebenheiten angeboten werden muss. Mindestmengen können aus vielerlei Gründen notwendig sein: Erfüllung vertraglicher Lieferverpflichtungen, Inkaufnahme von Anfangsverlusten, Kuppelproduktion, verbundene Nachfrage, langfristiger Risikoausgleich.

Programmoptimierung ohne Engpässe liegt vor, wenn in allen betrieblichen Teilbereichen Kapazitäten frei sind. Die gewinnmaximale Zusammenstellung des Programms geschieht dann in der Weise, dass man Produkte mit positivem Stückdeckungsbeitrag forciert (Höchstmenge wird produziert), während man Produkte mit negativem Stückdeckungsbeitrag zurücknimmt (Mindestmenge wird produziert).

Gewinnermittlung: Der Gewinn kann als Brutto- oder Nettogewinn ermittelt werden. Der Unterschied zwischen Voll- und Teilkostenrechnung liegt nicht in der Art der Gewinnermittlung, sondern in der Entscheidungsregel, nach der die Hitliste der Produkte (Brutto- oder Nettostückgewinn) aufgestellt wird.

FRAGEN

2.1

Geben Sie eine betriebswirtschaftliche Begründung für die Notwendigkeit von Höchstmengen im Rahmen der optimalen Programmplanung.

2.2

Weshalb werden unter Umständen auch Produkte mit negativem Stückdeckungsbeitrag im Sortiment einer Mehrproduktunternehmung geführt?

2.3

Skizzieren Sie drei Beschäftigungssituationen und die zugehörigen Vorgehensweisen zur Programmoptimierung.

2.4

Diskutieren Sie den Satz: „Der Unterschied zwischen Teil- und Vollkostenrechnung besteht darin, dass bei der Teilkostenrechnung keine Berücksichtigung der Fixkosten erfolgt."

2.5

Die Goldstund AG stellt Wecker in verschiedenen Preisklassen her. Im laufenden Jahr sind die betrieblichen Kapazitäten nicht vollständig ausgelastet, d. h. es existiert kein innerbetrieblicher Engpass. Für die vier Weckertypen A, B, C und D gelten die folgenden Daten:

Wecker	x (Stück/Monat)	p (€/Stück)	k (€/Stück)	k_v (€/Stück)
A	20.000	50	46	35
B	20.000	40	45	20
C	20.000	30	25	20
D	20.000	20	10	8

x = produzierte und abgesetzte Menge in Ausgangssituation

x_{min} = Absatzmindestmenge (Stück/Monat)

x_{max} = Absatzhöchstmenge (Stück/Monat)

a) Wie hoch ist der Gewinn in der Ausgangssituation

(1) in der Vollkostenrechnung,

(2) in der Teilkostenrechnung?

b) Ermitteln Sie das optimale Programm bei Anwendung der Entscheidungsregel der Vollkostenrechnung, wenn von jedem Weckertyp allenfalls 5.000 Einheiten mehr oder weniger monatlich angeboten werden dürfen.

Wie hoch ist dann der erwartete Gewinn?

c) Ermitteln Sie Programm und Gewinn bei Anwendung der Entscheidungsregel der Deckungsbeitragsrechnung. Es gilt: x_{min} = 15.000 (Stück/Monat), x_{max} = 25.000 (Stück/Monat).

Wie hoch ist dann der erwartete Gewinn?

d) Wie hoch sind die tatsächlichen Gewinne nach der Entscheidung zu b) und c)?

2.6

Die Gewinne in den Beispielen wurden unter anderem mit Hilfe der Bestimmungsgleichung

$$G = (p_1 - k_{v1}) \cdot x_1 + (p_2 - k_{v2}) \cdot x_2 + (p_3 - k_{v3}) \cdot x_3 - K_f$$

ermittelt. Warum dürfen Sie, falls das Programm im Vergleich zur Ausgangssituation geändert wird, nicht die alten Nettostückgewinne verwenden (bei denen die anteiligen Fixkosten pro Stück schon berücksichtigt sind) und damit auf den Abzug des Fixkostenblocks zum Schluss verzichten?

2.7

Vervollständigen Sie die Tabelle durch die Angabe d > 0 oder d < 0.

Produktlebenszyklus	absoluter Stückdeckungsbeitrag d (€/Stück)
Einführung	d
Wachstum	d
Reife	d
Sättigung	d
Rückgang (Degeneration)	d

3. Programmoptimierung bei einem Engpass

3.1 Mögliche Engpässe

Die bisherige Form der Programmoptimierung, d. h. der Zusammenstellung des gewinngünstigsten Sortiments, unterstellte, die Unternehmung verfüge über freie Kapazitäten in allen ihren Teilbereichen. Zwar kommt dieser Fall vor, insbesondere in Rezessionszeiten. Spätestens aber in dem der Rezession folgenden Boom findet sich an irgendeiner Stelle im Betrieb ein Engpass, ein Flaschenhals, der die Produktionsausdehnung behindert. Mögliche innerbetriebliche Engpässe sind:

Maschineller Engpass: Die Produktion wird durch die knappen Maschinenzeiten auf einer bestimmten Fertigungsstufe begrenzt. Die Programmzusammenstellung muss so erfolgen, dass die knappen Maschinenstunden bestmöglich gewinnbringend genutzt werden.

Materialengpass: Steht ein bestimmter Roh-, Hilfs- oder Betriebsstoff nur in beschränkter Menge zur Verfügung, so ist das Programm unter besonders sorgfältiger Materialnutzung zusammenzustellen.

Personalengpass: Der produktionsbeschränkende Faktor kann in der Knappheit bestimmter Arbeitskräfte bestehen; sie sind möglichst effektiv einzusetzen.

Raumengpass: Die Produktion wird durch knappe Lagerkapazitäten begrenzt; über die Lagerfläche ist sorgfältig zu disponieren.

Allgemein lässt sich sagen, dass jeder beliebige Produktionsfaktor und jeder beliebige betriebliche Sektor zum Engpassfaktor bzw. -sektor werden kann.

3.2 Problemstellung

BEISPIEL: Waagenfabrik mit Flaschenhals

Die Feinwerktechnik und Gerätebau GmbH stellt unter anderem Waagen für den Einzelhandel in den Ausführungen A, B, C her. Im Bereich der Vorproduktion werden die Waagen auf den drei Maschinen M_1, M_2 und M_3 bearbeitet. Kapazitätsprobleme existieren in diesem Bereich nicht.

Die Endmontage für alle Waagen erfolgt auf Maschine 4. Maschine 4 stellt den Engpass dar. Alle Waagen konkurrieren um die knappe Maschinenzeit im Engpassbereich.

ABB. 12: Produktionsschema der Waagenfabrik

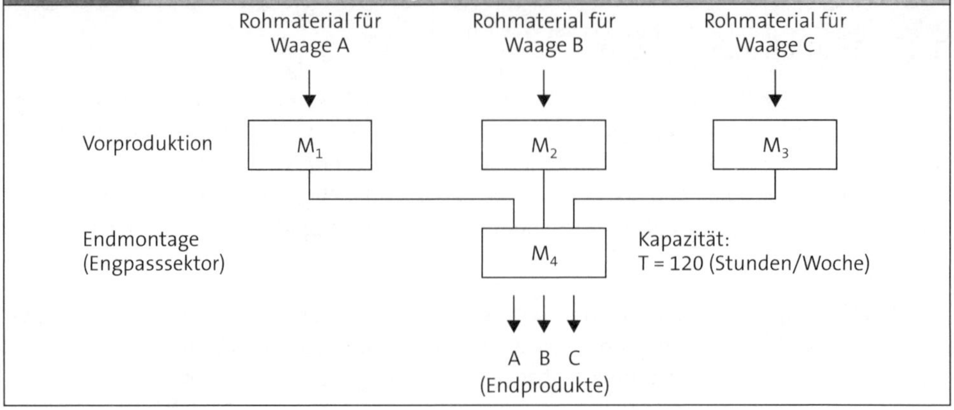

Die Programmoptimierung unter Beachtung des betrieblichen Engpasses in der Endmontage erfordert technische Informationen über den Engpasssektor wie:

- verfügbare Engpasszeit T; sie beträgt bei 5 Tagen à 3 Schichten 120 Stunden pro Woche oder 7.200 Minuten pro Woche.
- Stückzeiten t_a, t_b und t_c, die angeben, wie viele Zeiteinheiten für die Montage einer Einheit A, B und C auf dem Engpassaggregat erforderlich sind; sie betragen $t_a = 1$; $t_b = 2$; $t_c = 3$ (Stunden/Waage).

Die verfügbaren ökonomischen und technischen Informationen sind in der folgenden Tabelle zusammengefasst.

ABB. 13: Ökonomisch-technische Ausgangssituation

Ökonomische Information					Technische Information	
Waage	x (Stück/Wo) I	p II	k_v (€/Stück) III	d IV = II - III	t Engpassbelastung je Einheit (Std/Stück) V	T Engpasszeit je Produktart (Std/Woche) VI = I · V
A	20	14.000	13.000	1.000	1	20
B	20	12.000	9.000	3.000	2	40
C	20	10.000	6.000	4.000	3	60
Fixkosten K_f = 100.000 (€/Woche)					Gesamtverbrauch Engpasszeit (Std/Woche): 120	

Wie hoch ist der Gewinn in der Ausgangssituation?

Lösung

$G_1 = (d_a \cdot x_a + d_b \cdot x_b + d_c \cdot x_c) - K_f$

$G_1 = 20 \cdot (1.000 + 3.000 + 4.000) - 100.000$

$G_1 = 60.000$ (€/Woche)

Ergebnis

In der Ausgangssituation wird ein Gewinn von 60.000 € pro Woche erwirtschaftet.

3.3 Spezifischer Deckungsbeitrag

BEISPIEL: Programmumschichtung in der Waagenfabrik

Die im vorigen Beispiel beschriebene Waagenfabrik fertigt wöchentlich 20 Stück von jedem Waagentyp und nutzt die verfügbare Engpasszeit von Maschine 4 voll aus. Dabei erzielt man einen Gewinn von 60.000 €/Woche. Es ist zu fragen, ob sich dieser Gewinn erhöhen lässt, wenn wir das angebotene Sortiment anders zusammenstellen. Dabei sind die folgenden Absatzrestriktionen zu beachten:

Produkt	A	B	C
Mindestmenge (Stück/Woche)	4	5	6
Höchstmenge (Stück/Woche)	25	30	25

Lösung

Dem deckungsbeitragsorientierten Vertriebsmenschen erscheint Waage C wegen ihres hohen Stückdeckungsbeitrages von 4.000 €/Stück besonders förderungswürdig. Wir wollen deshalb probeweise ohne Beachtung der Mindest- und Höchstmengen die Konsequenzen einer massiven Förderung von C überprüfen:

Gewinn bei alleiniger Produktion von C	
Verfügbare Engpasszeit	$T = 120$ (Stunden/Woche)
Bearbeitungsdauer für eine Einheit C	$t_c = 3$ (Stunden/Stück)
Höchstmögliche Produktion von C	$x_c = \frac{T}{t_c} = \frac{120}{3} = 40$ (Stück/Woche)
Gewinn	$G_c = x_c \cdot d_c - K_f$
	$G_c = 40 \cdot 4.000 - 100.000$
	$G_c = 60.000$ (€/Woche)

Sie sehen, dass selbst eine massive Förderung des Produktes mit dem höchsten Stückdeckungsbeitrag keine Gewinnverbesserung bringt. Der Grund dafür ist die lange Bearbeitungszeit der Waagen C: Sie erbringen zwar einen hohen Stückdeckungsbeitrag, belasten aber gleichzeitig den Flaschenhals Endmontage zeitlich so stark, dass in der vorgegebenen Zeit von 120 Stunden lediglich 40 Einheiten von C gefertigt werden können.

Der stückzeitorientierte Techniker könnte vorschlagen, Waage A zu favorisieren: Damit werde der Engpass am besten genutzt, weil A die geringste Stückzeit habe. Wir überprüfen die finanziellen Konsequenzen einer massiven Förderung von A, und zwar wieder ohne Beachtung der Mindest- und Höchstmengen.

Gewinn bei alleiniger Produktion von A	
Verfügbare Engpasszeit	$T = 120$ (Stunden/Woche)
Bearbeitungsdauer für eine Einheit A	$T_a = 1$ (Stunde/Stück)
Höchstmögliche Produktion von A	$x_a = \frac{T}{t_a} = \frac{120}{1} = 120$ (Stück/Woche)
Gewinn	$G_a = x_a \cdot d_a - K_f$
	$G_a = 120 \cdot 1.000 - 100.000$
	$G_a = 20.000$ (€/Woche)

Sie erkennen, dass sich auch die einseitige Förderung von A nicht auszahlt. Der Gewinn sinkt von 60.000 € in der Ausgangssituation auf 20.000 € pro Woche.

Zwischenergebnis:

Die isolierte Betrachtung von Stückdeckungsbeiträgen oder Stückzeiten führt nicht zum gewinnmaximalen Programm. Der Weg zum bestmöglichen Programm setzt vielmehr eine gleichzeitige und gleichgewichtige Berücksichtigung von Stückdeckungsbeiträgen und Stückzeiten voraus. In der betrieblichen Praxis erhalten Sie das Optimum nur in der Weise, dass Sie sowohl Techniker als auch Wirtschaftler an einen Tisch bringen, weil technische und wirtschaftliche Informationen miteinander kombiniert werden müssen. Das gilt für die Situation mit einem Engpass und mehr noch für jene mit mehreren Engpässen.

Engpassstunden sind knapp – darum sollten Sie jenen Waagentyp favorisieren, der pro Engpassstunde den höchsten Deckungsbeitrag abwirft. Sie errechnen den Engpassstundendeckungsbeitrag für die drei möglichen Formen der Engpassnutzung, nämlich die Produktion der Waagen A, B oder C. Dieser Deckungsbeitrag heißt spezifischer Deckungsbeitrag. Er ist das Maß für die Ergiebigkeit, mit der der Engpass durch das jeweils betrachtete Produkt genutzt wird. Der spezifische Deckungsbeitrag wird in der Literatur auch bezeichnet als[1]:

- relativer Deckungsbeitrag,
- Plannutzen-Kennziffer,
- Leistungserfolgssatz,
- Bruttogewinn pro Einheit der Engpassbelastung.

In Anlehnung an die vom Bundesverband der Deutschen Industrie (BDI) benutzte Terminologie gebrauchen wir den Ausdruck spezifischer Deckungsbeitrag[2]. Allgemein erhalten Sie den spezifischen Deckungsbeitrag d_s eines bestimmten Gutes, dessen Engpassbelastung mit e Engpasskapazitätseinheiten (z. B. Stückzeit, Lagerfläche pro Stück, Rohstoffverbrauch pro Stück) anzusetzen ist, nach der Gleichung:

(3.1)

$$d_s = \frac{d}{e} = \frac{p - k_v}{e}$$ Spezifischer Deckungsbeitrag

Symbole:

d_s = spezifischer Deckungsbeitrag (€/Einheit Engpassbelastung)

d = absoluter Stückdeckungsbeitrag (€/Stück)

e = für eine Leistungseinheit benötigte Engpasskapazität (Engpasskapazitätseinheiten/Stück)

Der spezifische Deckungsbeitrag gibt den Bruttogewinn pro Engpasskapazitätseinheit an, der eingefahren wird, wenn ein bestimmtes Produkt den Engpass durchläuft. Sie errechnen ihn, indem Sie den Stückdeckungsbeitrag durch die Engpassbelastung des betreffenden Produkts dividieren. Der spezifische Deckungsbeitrag hat als Bruttogewinn pro Engpasseinheit unterschiedliche Dimensionen, je nach Art des Engpasses. Beispiele:

1 Vgl. W. Kilger/J. R. Pampel/K. Vikas, Flexible Plankostenrechnung und Deckungsbeitragsrechnung, S. 573.
2 Bundesverband der deutschen Industrie (Hrsg.), Empfehlungen zur Kosten- und Leistungsrechnung, Band 3, S. 43.

Maschineller Engpass: $\frac{€}{\text{Stück}} : \frac{\text{Min}}{\text{Stück}} = \frac{€}{\text{Min}}$

Energieengpass: $\frac{€}{\text{Stück}} : \frac{\text{kWh}}{\text{Stück}} = \frac{€}{\text{kWh}}$

Räumlicher Engpass: $\frac{€}{\text{Stück}} : \frac{m^2}{\text{Stück}} = \frac{€}{m^2}$

Rohstoffengpass: $\frac{€}{\text{Stück}} : \frac{\text{kg}}{\text{Stück}} = \frac{€}{\text{kg}}$

3.4 Problemlösung mit Drei-Schritte-Schema

BEISPIEL: **Programmoptimierung in der Waagenfabrik**

Für die oben beschriebene Waagenfabrik ist das optimale, d. h. das gewinnmaximierende Waagenprogramm zu bestimmen. Man löse diese Aufgabe mit drei Schritten und errechne den neuen Wochengewinn.

Lösung

Unter Benutzung der Gleichung zur Ermittlung des spezifischen Deckungsbeitrages können Sie für die Waagenfabrik die folgende Favoritenliste aufstellen:

Waage	d (€/Stück) I	t (Std/Stück) III	$d_s = d : t$ (€/Std) III = I : II	Rang IV
A	1.000	1	1.000 : 1 = 1.000	3.
B	3.000	2	3.000 : 2 = 1.500	1.
C	4.000	3	4.000 : 3 = 1.333	2.

Die Favoritenliste zeigt, dass es sich vor allem lohnt, die Produktion von B auszudehnen, und zwar nach Möglichkeit bis zur Höchstmenge. Danach sollten Sie C produzieren, wenn möglich wieder die Höchstmenge. Dann noch freie Maschinenzeit setzen Sie für A ein. Die Problemlösung kann im praktischen Fall nach dem im Folgenden angegebenen Drei-Schritte-Schema zuverlässig ermittelt werden. Dieses Schema können Sie generell zur Programmoptimierung bei einem Engpass einsetzen – gleichgültig, welcher Art der Engpass auch sein mag (personell, räumlich, zeitlich).

Schritt	Frage
1.	Wie viel von der insgesamt zur Verfügung stehenden Engpasskapazität wird gebraucht für die Erstellung der absatz- und sortimentspolitisch vorgegebenen Mindestmengen?
2.	Wie viel Engpasskapazität ist danach noch frei?
3.	Wie verwendet man die noch freie Engpasskapazität am besten?

1. Schritt:
Ermittlung der Engpassbelastung für die Mindestmengenproduktion

Waage	Mindestmenge (Stück/Woche) I	Engpassbelastung (Std/Stück) II	Zeit je Waagentyp (Std/Woche) III = I · II
A	4	1	4
B	5	2	10
C	6	3	18
Zeitbedarf für Erstellung der Mindestmengen:			32

2. Schritt:
Ermittlung der noch frei verfügbaren Engpasskapazität

Gesamtkapazität	-	Engpassbelastung durch Mindestmengen	=	frei verfügbare Restkapazität
120	-	32	=	88 (Std/Woche)

3. Schritt:
Belegung der frei verfügbaren Engpasskapazität nach spezifischen Deckungsbeiträgen unter Beachtung der Absatzhöchstmengen

Favoritenliste	Zusätzlich zu den Mindestmengen produziert man:	Dafür benötigt man an Engpasszeit:	Noch freie Engpasszeit:
1. Rang: B	25 Stück/Woche	50 Std/Woche	38 Std/Woche
2. Rang: C	12 Stück/Woche	36 Std/Woche	2 Std/Woche
3. Rang: A	2 Stück/Woche	2 Std/Woche	0 Std/Woche

Waage	x_{neu} (Stück/Woche)	d (€/Stück)	$D = d \cdot x_{neu}$ (€/Woche)
A	6	1.000	6.000
B	30	3.000	90.000
C	18	4.000	72.000
Bruttogewinn (€/Woche)			168.000
- Fixkosten (€/Woche)			100.000
= Nettogewinn (€/Woche)			68.000

Ergebnis

Durch die Programmumschichtung können Sie den Gewinn von 60.000 € pro Woche auf 68.000 € wöchentlich steigern, falls Sie das Drei-Schritte-Schema nutzen und die noch frei verfügbare Engpasszeit bevorzugt für solche Produkte einsetzen, die einen hohen spezifischen Deckungsbeitrag erbringen. Programmentscheidungen auf der Basis spezifischer Deckungsbeiträge sind hilfreich, wenn es um die Bewältigung kurzfristiger Engpässe beliebiger Art geht. Das folgende Beispiel zeigt das Arbeiten mit dem Drei-Schritte-Schema bei einem räumlichen Engpass.

BEISPIEL: Lagerknappheit bei Maschinenbau-Unternehmung

Die PC-Zerspanungstechnik GmbH stellt u. a. spanabhebende Maschinen in den Varianten A bis E her. Diese werden bis zum Abtransport zum Käufer in einer Halle gelagert, welche in den nächsten Wochen umgebaut und erweitert werden soll. Vor den Umbauarbeiten galten folgende Daten:

Maschine	x (Stück/Mon)	Ausgangssituation p (€/Stück)	k_v (€/Stück)	$d = p - k_v$ (€/Stück)	$D = d \cdot x$ (€/Monat)	Rang nach d
A	10	300.000	150.000	150.000	1.500.000	1.
B	10	250.000	130.000	120.000	1.200.000	2.
C	10	350.000	274.000	76.000	760.000	3.
D	10	270.000	220.000	50.000	500.000	4.
E	10	190.000	150.000	40.000	400.000	5.
Bruttogewinn (€/Monat)					4.360.000	
- Fixkosten (€/Monat)					2.000.000	
= Nettogewinn (€/Monat)					2.360.000	

In der Ausgangssituation produziert und verkauft die Maschinenbau-Unternehmung von jedem Maschinentyp 10 Einheiten pro Monat. Die zur Verfügung stehende Lagerfläche von 380 m² reicht zur Zwischenlagerung der Monatsproduktion gerade aus. In den Folgemonaten stehen bis zum Abschluss der Umbauarbeiten, die der Lagererweiterung dienen sollen, nur noch 190 m² Lagerfläche zur Verfügung. In dieser Situation schlägt die Lagerverwaltung vor, vorübergehend einfach nur noch die halbe Menge von 5 Einheiten je Produktart zu erstellen. Dann käme man mit der verfügbaren Lagerfläche doch genau aus. Die Verkaufsabteilung dagegen möchte die auf den ersten Rängen stehenden Produkte wegen ihrer hohen Deckungsbeiträge bevorzugt produzieren lassen.

Vergleichen Sie den Nettogewinn aufgrund

a) Ihres Vorschlages mit

b) jenem der Lagerverwaltung und

c) dem der Verkaufsabteilung

unter Beachtung folgender Informationen über die benötigte Lagerfläche je Maschine und die absatzpolitisch bedingten Mindest- und Höchstmengen.

Maschine	e Lagerbeanspruchung (m²/Maschine)	x_{min} Mindestmengen (Stück/Monat)	x_{max} Höchstmengen (Stück/Monat)
A	15	3	10
B	15	3	10
C	4	3	10
D	2	3	10
E	2	3	10

Lösung a) Ihr Vorschlag: Drei-Schritte-Schema

Zunächst ermitteln Sie die spezifischen Deckungsbeiträge und die daraus abzuleitende Produkt-Hitliste für die Maschinenbau-Unternehmung.

Maschine	d (€/Stück) I	e Engpassbelastung (m^2/Stück) II	$d_s = d : e$ (€/m^2) III = I : II	Rang IV
A	150.000	15	10.000	4.
B	120.000	15	8.000	5.
C	76.000	4	19.000	3.
D	50.000	2	25.000	1.
E	40.000	2	20.000	2.

Jetzt besitzen Sie alle Informationen für das Drei-Schritte-Schema.

1. Schritt:
Engpassbelastung wegen Mindestmengen

Maschine	x_{min} Mindestmengen (Stück/Monat) I	e Engpassbelastung (m^2/Stück) II	$F = x_{min} \cdot e$ Lagerfläche je Maschine III = I · II
A	3	15	45
B	3	15	45
C	3	4	12
D	3	2	6
E	3	2	6
Lagerfläche für Mindestmenge:			114 (m^2/Monat)

2. Schritt:
Frei verfügbare Restfläche

Gesamtfläche	-	Fläche für Mindestmengen	=	freie Restfläche
190	-	114	=	76 (m^2/Monat)

3. Schritt:
Belegung der freien Restfläche nach spezifischen Deckungsbeiträgen unter Beachtung der Höchstmengen

Favoritenliste	zusätzlich zu den Mindestmengen zu produzieren (Stück/Monat)	dafür benötigte Lagerfläche (m^2/Monat)	noch freie Lagerfläche (m^2/Monat)
1. Rang: D	7	14	62
2. Rang: E	7	14	48
3. Rang: C	7	28	20
4. Rang: A	1	15	5
5. Rang: B	0	0	5

Das neue Programm x_{neu} besteht aus den absatz- und sortimentspolitisch bedingten Mindestmengen plus Zusatzproduktion. Dazu gehört folgender Nettogewinn:

Maschine	x_{neu} (Stück/Monat) I	d (€/Stück) II	$D = d \cdot x_{neu}$ (€/Monat) III = I · II
A	4	150.000	600.000
B	3	120.000	360.000
C	10	76.000	760.000
D	10	50.000	500.000
E	10	40.000	400.000
Bruttogewinn (€/Monat)			2.620.000
- Fixkosten (€/Monat)			2.000.000
= Nettogewinn (€/Monat)			G_1 = 620.000

Lösung b) Vorschlag Lagerverwaltung: Halbieren

G_2 = 5 (150.000 + 120.000 + 76.000 + 50.000 + 40.000) - 2.000.000

G_2 = 2.180.000 - 2.000.000

G_2 = 180.000 (€/Monat)

Lösung c) Vorschlag Verkaufsabteilung: Maschinen mit hohen Deckungsbeiträgen forcieren

Die freie Restfläche von 76 m^2 wird bevorzugt mit A, dem Produkt mit dem höchsten Deckungsbeitrag, belegt. Es lassen sich dann 76 : 15 = 5 Einheiten A zusätzlich lagern, so dass sich folgendes Programm und folgender Gewinn ergeben:

Maschine	x_{neu} (Stück/Monat) I	d (€/Stück) II	$D = d \cdot x_{neu}$ (€/Monat) III = I · II
A	8	150.000	1.200.000
B	3	120.000	360.000
C	3	76.000	228.000
D	3	50.000	150.000
E	3	40.000	120.000
Bruttogewinn (€/Monat)			2.058.000
- Fixkosten (€/Monat)			2.000.000
= Nettogewinn (€/Monat)			G_3 = 58.000

Ergebnis

Die Maschinenbau-Unternehmung hat die Auswahl zwischen drei Programmen zur Bewältigung der Engpasssituation. Zu jedem Programm ist der zugehörige Nettogewinn zu errechnen, und es wird deutlich, dass man mit dem baubedingten Lagerengpass am besten zurecht kommt, wenn man für die Zeit, in der der Engpass andauert, das neue Programm mit Hilfe des Drei-Schritte-Schemas festlegt. Der programmbedingte Nettogewinn liegt dann mit 620.000 € deutlich über dem Betrag, der mit dem Vorschlag der Lagerverwaltung (180.000 €) oder jenem der Verkaufsabteilung (58.000 €) erzielt worden wäre.

Maschine	Drei-Schritte-Schema	Programm (St/Monat) Lagerverwaltung	Verkaufsabteilung
A	4	5	8
B	3	5	3
C	10	5	3
D	10	5	3
E	10	5	3
programmbedingter Nettogewinn (€/Monat)	620.000	180.000	58.000

Wenn, anders als bei dem Beispiel „Maschinenbau-Unternehmung", ein Engpass längere Zeit besteht, wird man bei „schlechten" Produkten, die geringe spezifische Deckungsbeiträge aufweisen, gezielt Preiserhöhungen vornehmen. Einmal könnte sich dadurch deren spezifischer Deckungsbeitrag erhöhen. Zum anderen nimmt man die geringere Nachfrage nach schlechten Produkten billigend in Kauf, weil sich dadurch die Produktionsmöglichkeiten bei den Artikeln mit hohen spezifischen Deckungsbeiträgen verbessern. Gelegentlich scheut man aus Imagegründen die Preiserhöhung; dann bietet es sich an, längere Lieferzeiten festzulegen. Im Übrigen ist stets auch die Frage des Fremdbezuges zu prüfen. Möglicherweise bietet der Fremdbezug die Möglichkeit, Produkte mit niedrigen spezifischen Deckungsbeiträgen, beispielsweise die Maschinen A und B, weiter mit Stückzahlen, die die Mindestmengen überschreiten, im Sortiment zu halten. Voraussetzung dafür ist ein entsprechend günstiger Fremdbezugspreis (vgl. Kapital 8: Eigenfertigung oder Fremdbezug). Des Weiteren stellt sich bei langfristiger Betrachtung auch die Frage, ob der Engpass durch Investitionen beseitigt werden kann und soll. Dazu ist eine auf Ein- und Auszahlungen basierende Investitionsrechnung durchzuführen[3].

BEISPIEL: Zusatzauftrag bei der Uhren AG

Die Uhren AG stellt die Armbanduhren Switch und Stop-watch her. Für den vergangenen Monat liegen folgende Daten vor:

Bezeichnung	Switch	Stop-watch
produzierte Uhren (Stück/Monat)	1.000	3.000
abgesetzte Uhren (Stück/Monat)	900	2.700
Fertigungszeit (Minuten/Stück)	4	2
Fertigungsmaterial (€/Stück)	10	5
Fertigungslohn (€/Stück)	12	5
Verkaufsprovision (% vom Preis)	2	2
Verkaufspreis (€/Stück)	50	40

3 Vgl. u. a.: K.-D. Däumler/J. Grabe, Grundlagen der Investitions- und Wirtschaftlichkeitsrechnung, S. 48 ff.

Die Gemeinkosten wurden folgendermaßen auf die Kostenstellen verteilt:

Kostenstelle	Gemeinkosten		Bezugsgröße
	fix	variabel	
Material	8.000	-	-
Fertigung	40.000	20.000	Fertigungszeit
Verwaltung und Vertrieb	15.000	-	-

a) Ermitteln Sie tabellarisch den Gesamtdeckungsbeitrag beider Produktlinien, die Stückdeckungsbeiträge sowie den Betriebsgewinn brutto und netto, wobei Sie auf die Schlüsselung nicht verursachungsgerecht zurechenbarer Fixkosten verzichten.

b) Für den kommenden Monat rechnet man mit einer Nachfragesteigerung. Es ist vorgesehen, wieder 1.000 Einheiten Switch und 3.000 Einheiten Stop-watch zu fertigen. Man nimmt an, dass die Neuproduktion sowie die Lagerbestände im kommenden Monat komplett verkauft werden können.

In dieser Situation erhält die Uhren AG das Angebot über einen Zusatzauftrag: Sie könnte im kommenden Monat 250 Einheiten einer Einfachversion Stop-watch II absetzen. Für die Fertigung von Stop-watch II ist der bestehende Produktionsapparat zwar technisch geeignet, problematisch ist es aber mit der Kapazität: Es stehen, genau wie im Vormonat, 10.000 Maschinenminuten zur Verfügung. Somit ist die Hereinnahme des Zusatzauftrages nur dann möglich, wenn entsprechende Produktionseinschränkungen bei einem anderen Uhrentyp vorgenommen werden.

Für Stop-watch II gilt:

Fertigungsmaterial (€/Stück): 3,00

Fertigungslöhne (€/Stück): 2,40

Fertigungszeit (Minuten/Stück): 2

Verkaufsprovision (% vom Preis): 2

Verkaufspreis (€/Stück): 26,00

Wie hoch ist der Stückdeckungsbeitrag von Stop-watch II? Unter welcher Voraussetzung ist die Hereinnahme des Zusatzauftrages sinnvoll? Ist diese Voraussetzung erfüllt?

Bei welchem Produkt ist gegebenenfalls die Fertigungsmenge einzuschränken? Um wie viel € ändert sich bei Hereinnahme des Zusatzauftrages das Betriebsergebnis im Vergleich zum Verzicht auf diesen Auftrag?

c) Welches ist die kurzfristige Preisuntergrenze für die Hereinnahme des Zusatzauftrages? Hinweis: Sie finden die Lösung, indem Sie den spezifischen Deckungsbeitrag von Stop-watch II mit jenem von Switch gleichsetzen und die Gleichung nach der gesuchten Größe auflösen.

Lösung a) Gesamtdeckungsbeiträge, Stückdeckungsbeiträge und Betriebsgewinn

Bezeichnung	Switch (€/Monat)	Stop-watch (€/Monat)	Gesamt (€/Monat)
Umsatz	45.000	108.000	153.000
Materialeinzelkosten	10.000	15.000	25.000
Fertigungseinzelkosten	12.000	15.000	27.000
variable Fertigungsgemeinkosten, verteilt nach Fertigungszeit	8.000	12.000	20.000
variable Herstellkosten der Produktion	30.000	42.000	72.000
- Bestandsveränderungen	3.000	4.200	7.200
variable Herstellkosten des Umsatzes	27.000	37.800	64.800
Sondereinzelkosten des Vertriebs	900	2.160	3.060
variable Selbstkosten	27.900	39.960	67.860
Gesamtdeckungsbeitrag/Bruttogewinn	17.100	68.040	85.140
- fixe Kosten			63.000
Nettogewinn			22.140

Switch: D = 17.100 (€/Monat); d = 19,00 (€/Stück)

Stop-watch: D = 68.040 (€/Monat); d = 25,20 (€/Stück)

Lösung b) Neuer Stückdeckungsbeitrag, neues Programm, neuer Gewinn

Stückdeckungsbeitrag Stop-watch II

allgemein: d = Preis - variable Stückkosten

speziell: d = 26 – (3 + 2,40 + 4 + 0,52) = 16,08 (€/Stück)

↑ ↑

variable Fertigungsgemeinkosten Provision

Hereinnahme des Zusatzauftrages:

Der Zusatzauftrag ist sinnvoll, wenn sich dadurch das Betriebsergebnis verbessern lässt. Dabei ist zu beachten, dass die Produktion von Stop-watch II andere Uhren verdrängt. Alle Uhren konkurrieren um die knappe Kapazität, gemessen in Maschinenminuten. Es ist wichtig, dass die Maschinenzeit optimal genutzt wird. Maßstab für die optimale Nutzung eines Engpasses ist der spezifische Deckungsbeitrag d_s. Er gibt an, wie viel € eine Maschinenminute erbringt, wenn Sie Switch, Stop-watch oder Stop-watch II produzieren.

Produkt	d (€/Stück) I	t (Minute/Stück) II	d_s = d : t (€/Minute) III = I : II	Rang IV
Switch	19,00	4	4,75	3.
Stop-watch	25,20	2	12,60	1.
Stop-watch II	16,08	2	8,04	2.

Symbole

d = Deckungsbeitrag je Einheit (€/Stück)

t = Stückzeit (Minuten/Stück)

d_s = spezifischer Deckungsbeitrag (€/Minute)

Die knappe Maschinenzeit wird am besten genutzt, wenn Sie Stop-watch produzieren. Sie erhalten dann 12,60 € pro Maschinenminute. Die Fertigung von Stop-watch II erbringt 8,04 € pro Minute und liegt immer noch über dem Minutenerlös von Switch mit 4,75 €. Somit lohnt es sich, den Zusatzauftrag herein zu nehmen und die Fertigung von Switch, dem Produkt mit dem niedrigsten spezifischen Deckungsbeitrag, entsprechend einzuschränken.

Zusatzauftrag Stop-watch II	250 Einheiten
Benötigte Fertigungszeit	500 Minuten
Produktionseinschränkung bei Switch	500 : 4 = 125 Einheiten

Gewinnänderung:

Mehrerlös pro Maschinenminute	8,04 - 4,75 = 3,29 (€/Minute)
Mehrerlös gesamt	500 · 3,29 = 1.645,00 (€/Monat)

Lösung c) Kurzfristige Preisuntergrenze für Zusatzauftrag Stop-watch II

Die kurzfristige Preisuntergrenze liegt dort, wo der spezifische Deckungsbeitrag von Stop-watch II jenem des verdrängten Artikels Switch gleicht.

$$\text{spezifischer Deckungsbeitrag Stop-watch II} = \text{spezifischer Deckungsbeitrag Switch}$$

$$\frac{\text{Preis} - 3 - 2{,}40 - 4 - 0{,}02 \cdot \text{Preis}}{2} = 4{,}75$$

$$0{,}98 \cdot \text{Preis} - 9{,}40 = 4{,}75 \cdot 2$$

$$0{,}98 \cdot \text{Preis} = 18{,}90$$

$$\text{Preis} = \frac{18{,}90}{0{,}98} = 19{,}29 \text{ (€/Stück)}$$

Die kurzfristige Preisuntergrenze liegt bei 19,29 (€/Stück).

Probe

Wenn unsere Rechnung stimmt, dann müsste der spezifische Deckungsbeitrag von Stop-watch II bei einem Stückpreis von 19,29 € gerade 4,75 € pro Minute betragen.

$$d_s \text{ (Stop-watch II)} = \frac{p - k_v}{t}$$

$$d_s \text{ (Stop-watch II)} = \frac{19{,}29 - 3 - 2{,}40 - 4 - 0{,}02 \cdot 19{,}29}{2} = 4{,}75 \text{ (€/Minute)}$$

3.5 Zusammenfassung und Checkliste

Engpassarten: Jeder Produktionsfaktor kann zum Engpass werden; es gibt so viele Engpassarten wie Produktionsfaktoren (zeitliche, personelle, räumliche, rohstoffbedingte usw.).

Programmoptimierung in Engpasssituationen: Sie erfordert die gleichzeitige und gleichgewichtige Berücksichtigung wirtschaftlicher und technischer Informationen. In der Betriebspraxis müssen Wirtschaftler und Techniker an einen Tisch, um über Deckungsbeiträge und Engpassbelastungen je Leistungseinheit zu sprechen.

Spezifischer Deckungsbeitrag d_s: Er ist das Kernstück der Programmoptimierung bei einem Engpass. Er gibt den Bruttogewinn pro Engpasskapazitätseinheit an. Er wird nach der Formel

$d_s = d : e$ als Quotient von Stückdeckungsbeitrag und Engpassbelastung je Leistungseinheit errechnet.

Drei-Schritte-Schema: Es bietet eine Problemlösung für den praktischen Fall, bei dem Höchst- und Mindestmengen zu berücksichtigen sind:

1. Ermittlung der Engpassbelastung für Mindestmengenproduktion,
2. Ermittlung der frei verfügbaren Engpasskapazität,
3. Belegung der Freikapazität nach spezifischen Deckungsbeiträgen unter Beachtung der Höchstmengen.

FRAGEN

3.1

Beschreiben Sie kurz die betriebliche Situation, in der die Kenntnis des spezifischen Deckungsbeitrages notwendig ist.

3.2

Wie ermittelt man den spezifischen Deckungsbeitrag? Was gibt der spezifische Deckungsbeitrag an?

3.3

Kann man den spezifischen Deckungsbeitrag auch auf andere als maschinelle Engpässe beziehen? Begründen Sie Ihre Antwort!

3.4

Die Chemiewerke GmbH stellen unter anderem Kunststoffartikel auf Ölbasis her; dazu gehört auch die Produktgruppe Campingschüsseln. Die Campingschüsseln A, B und C benötigen unterschiedliche Ölmengen pro Stück, erbringen verschiedene Stückdeckungsbeiträge und weisen verschiedene absatz- und sortimentspolitisch bedingte Mindest- und Höchstmengen x_{min} und x_{max} auf. In der Ausgangssituation beläuft sich die Absatzmenge auf x. Im Einzelnen gilt:

Produkt	d (€/Stück)	e Ölverbrauch (l/Stück)	x_{min} (Stück/Monat)	x_{max} (Stück/Monat)	x (Stück/Monat)
A	0,90	1,5	400	2.000	1.000
B	0,50	1,0	800	4.000	2.000
C	0,30	0,4	1.000	6.000	4.000

Symbole

d = Stückdeckungsbeitrag

x_{min} = Mindestmenge

x_{max} = Höchstmenge

x = Menge in Ausgangssituation

In den nächsten Monaten ist die verfügbare Ölmenge, bedingt durch eine neuerliche Ölkrise, begrenzt. Zur Campingschüsselproduktion stehen bis auf Weiteres nur noch 4.000 Liter pro Monat zur Verfügung.

a) Wie hoch waren in der Ausgangssituation Ölverbrauch und Gewinn bei monatlichen Fixkosten von 1.000 €?

b) Welches Programm empfehlen Sie den Chemiewerken unter Beachtung des Engpasses, der Absatzrestriktionen sowie der Zielsetzung Gewinnmaximierung? Wie hoch ist der Nettogewinn?

3.5

Ein klassischer Fall, das Zinkbeispiel, geht auf Schmalenbach zurück. Ein Unternehmen kann Ganzzinkgefäße, feuerverzinkte Gefäße und galvanisch verzinkte Gefäße herstellen. Sie erbringen unterschiedliche Deckungsbeiträge je Stück, benötigen unterschiedliche Zinkmengen je Stück und haben verschiedene, voneinander unabhängige Absatzobergrenzen:

Produkt	Deckungsbeitrag (€/Stück)	Zinkverbrauch (kg/Stück)	Maximale Absatzmenge (Stück/Monat)
Ganzzinkgefäße	0,40	2,0	1.000
feuerverzinkte Gefäße	0,30	0,4	2.500
galvanisch verzinkte Gefäße	0,20	0,2	10.000

Welche Mengen der verschiedenen Gefäße würden Sie herstellen und verkaufen, wenn Sie pro Monat maximal 2.800 kg Zink verbrauchen dürfen? Welchen Nettogewinn pro Monat erzielt man bei Fixkosten von 1.000 € je Monat?

3.6

Die Borste KG produziert unter anderem die Industriebürsten A, B und C. Folgende Daten liegen vom vergangenen Monat vor:

	Bürste A	Bürste B	Bürste C	Summe
Produktion (Stück/Monat)	6.000	1.500	7.500	15.000
Absatz (Stück/Monat)	6.000	1.500	7.500	15.000
Erlöse (€/Monat)	24.000	15.000	22.500	61.500
variable Materialkosten (€/Monat)	7.200	5.250	9.750	22.200
variable Fertigungskosten (€/Monat)	6.300	1.275	1.500	9.075
variable Verwaltungs- u. Vertriebskosten (€/Monat)	1.500	3.000	1.875	6.375
fixe Kosten (€/Monat)				15.000

a) Wie hoch sind die Stückpreise und das Nettoergebnis der Borste KG in der Ausgangssituation?

b) Definieren Sie die folgenden Begriffe:

- Deckungsbeitrag pro Leistungseinheit,
- Deckungsbeitrag pro Produktart,
- Deckungsbeitrag der Gesamtunternehmung.

Welchen Wert weisen diese Größen bei der Borste KG auf?

c) Was versteht man unter kurzfristiger, was unter langfristiger Preisuntergrenze? Wie weit dürfen die Stückpreise der Borste KG kurzfristig sinken, falls keinerlei betriebliche Engpässe existieren?

d) Angenommen, die Borste KG benötigt folgende Fertigungszeiten t je Stück für die Industriebürsten:

- Bürste A: $t_a = 40$ (Min/Stück)
- Bürste B: $t_b = 80$ (Min/Stück)
- Bürste C: $t_c = 20$ (Min/Stück)

Die Kapazität betrug insgesamt 10.000 Fertigungsstunden monatlich. Wie viele Fertigungsminuten und -stunden wurden im vergangenen Monat benötigt?

e) Angenommen, in der letzten Periode hätte man sich noch kurzfristig entschlossen, die verbleibenden freien Kapazitäten auszunutzen. Hätten Sie sich für die zusätzliche Produktion von A, B oder C entschieden und warum?

Um wie viel € hätte sich in diesem Fall der Gesamtgewinn erhöht (unter der Voraussetzung, dass die zusätzliche Produktion auch abgesetzt worden wäre)?

f) Bestimmen Sie das optimale Produktionsprogramm, wenn sich die Absatzmengen in folgender Weise verändern lassen:

Produkt	x_{max} (Stück/Monat)	x_{min} (Stück/Monat)
A	7.500	4.200
B	1.800	1.200
C	14.000	4.800

Wie hoch sind Brutto- und Nettogewinn der Borste KG?

4. Programmoptimierung bei mehreren Engpässen im Zwei-Güter-Fall

4.1 Entscheidungssituation

In einem Betrieb können folgende Beschäftigungssituationen auftreten:

(1) freie Kapazitäten in allen betrieblichen Teilbereichen,

(2) es besteht in einem Teilbereich ein Engpass,

(3) es liegen gleichzeitig mehrere Engpässe vor.

Mit den bisher erworbenen Kenntnissen sind Sie in der Lage, einen Betrieb mit ausschließlich freien Kapazitäten oder mit nur einem Engpass zum Gewinnmaximum zu führen. Da die betriebliche Praxis häufig durch das Vorliegen mehrerer Engpässe gekennzeichnet ist, müssen wir uns auch für diesen Fall ein Instrumentarium erarbeiten, das eine gewinnoptimale Steuerung des Unternehmens ermöglicht. Die zur Problemlösung geeigneten Techniken lassen sich übersichtlich darstellen und leicht erlernen, wenn man sich zunächst auf den Zwei-Güter-Fall beschränkt, da man im Falle der Zwei-Produkt-Unternehmung die Möglichkeit der grafischen Veranschaulichung nutzen kann. Auf der Basis der grafischen Lösung lässt sich sodann ein rein arithmetischer Lösungsweg entwickeln, der dazu dient, den für die Praxis typischen Fall der Mehrproduktunternehmung zu bewältigen. Zunächst ist es erforderlich, auf die verschiedenen Möglichkeiten der produktionsmäßigen Verknüpfung der Erzeugnisse einer Mehrproduktunternehmung einzugehen: unabhängige, gemeinsame und Kuppelproduktion[1].

4.2 Produktionsmäßige Verknüpfung von Erzeugnissen

4.2.1 Unabhängige Produktion

Unabhängige oder unverbundene Produktion ist eine Fertigungssituation, bei der die Ausbringungseinheiten nebeneinander in verschiedenen Fertigungsstellen (Maschinen) bearbeitet werden, wobei kein einziger dauerhafter Produktionsfaktor (Gebäude, Maschine, Werkzeug) gemeinsam genutzt wird. So stellen kommunale Versorgungsunternehmungen Trinkwasser und Elektrizität in vollständig getrennten Produktionsbereichen her, d. h. es liegt unabhängige Produktion vor. Oetker produziert Bier und Backpulver in getrennten Anlagen, Siemens erstellt Kraftwerke und Haushaltsgeräte unabhängig voneinander. Typisch für die unabhängige oder unverbundene Produktion ist, dass Sie die Produktion des einen Gutes forcieren oder reduzieren können, ohne dass dadurch die Produktion des anderen berührt wird.

1 Vgl. K.-D. Däumler/J. Grabe, Kostenrechnungs- und Controllinglexikon, S. 20, 201 f. und 316.

ABB. 14: Produktionsschema bei unabhängiger Produktion

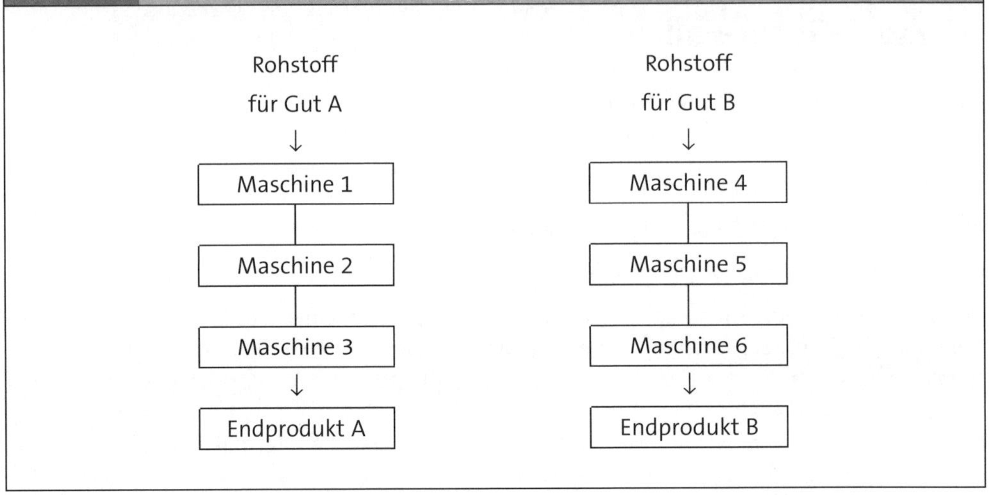

Die Gesamtheit der produktionstechnisch möglichen Mengenkombinationen x_a/x_b kann grafisch durch das Rechteck 0ABC in Abbildung 14 dargestellt werden. Dabei entspricht die Strecke 0C der maximal erstellbaren Menge x_a und die Strecke 0A der maximal erstellbaren Menge x_b. Der Linienzug 0ABC bildet die Grenzlinie des produktionstechnischen Möglichkeitsgebietes, d. h. Mengenkombinationen, die außerhalb dieses Bereiches liegen, sind produktionstechnisch nicht realisierbar. Der Punkt B entspricht der vollen Ausnutzung der Kapazitäten beider Produktionsgänge. Man nennt ihn deshalb Kapazitätspunkt.

ABB. 15: Möglichkeitsgebiet bei unabhängiger Produktion

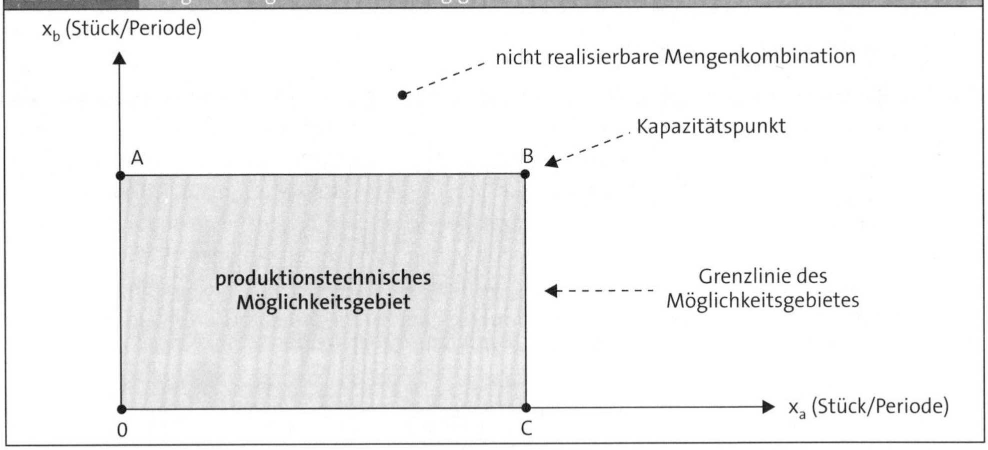

4.2.2 Gemeinsame Produktion

Gemeinsame Produktion (Alternativproduktion) ist eine Fertigungssituation, bei der zwei oder mehr Güter gleichzeitig oder nacheinander in der Weise erstellt werden, dass mindestens ein dauerhafter Produktionsfaktor (Gebäude, Maschine, Werkzeug) von allen zu produzierenden Gütern genutzt wird. Bei Vollauslastung ist die Mehrproduktion eines Erzeugnisses nur unter Inkaufnahme einer entsprechenden Minderproduktion eines anderen Erzeugnisses möglich. Eine Flaschenspül- und Abfüllanlage kann der Pils- und/oder Exportproduktion dienen. Eine Tiefkühlanlage kann Fisch und/oder Fleisch aufnehmen, eine Lackiererei Limousinen und/oder Kombis spritzen, eine Spinnmaschine die Garnsorte A und/oder B produzieren. Die Maschine kann entweder zur Erzeugung von A oder von B eingesetzt werden, d. h. die Produkte A und B konkurrieren um die Maschinenzeit. Anders ausgedrückt: Jede zusätzliche Maschinenstunde zur Erzeugung von A bedeutet eine Minusstunde für die B-Produktion. Strenggenommen ist der Ausdruck Alternativproduktion nur in der Vollbeschäftigungssituation korrekt, denn bei Unterbeschäftigung lässt sich die Produktion des einen Erzeugnisses ohne Zurückfahren des anderen ausdehnen.

ABB. 16: Produktionsschema bei gemeinsamer Produktion

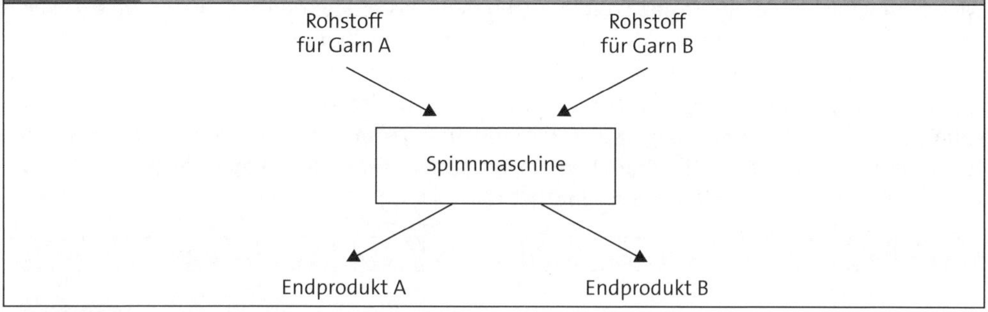

BEISPIEL: Kapazitätslinie einer Spinnmaschine

In einer Textilfabrik steht eine Spinnmaschine, auf der die beiden Garnsorten A und B mit folgenden Stückzeiten produziert werden:

$t_a = 8$ (Min/Stück),

$t_b = 12$ (Min/Stück).

Welche Mengenkombinationen von A und B sind während einer Achtstundenschicht erstellbar?

Lösung

Wenn die Produktion einer Spule des Garnes A (B) eine Zeit von 8 (12) Minuten erfordert, dann kann man während einer achtstündigen Schicht:

1. bei alleiniger Produktion von A insgesamt 480 : 8 = 60 Einheiten A erstellen;
2. bei ausschließlicher Erzeugung von B insgesamt 480 : 12 = 40 Einheiten B fertigen.

Ergebnis

Falls während der Achtstundenschicht beide Garnsorten erzeugt werden sollen, können allenfalls jene Mengenkombinationen x_a/x_b erstellt werden, die folgender Bedingung genügen:

$$480 = 8\,x_a + 12\,x_b$$ Kapazitätslinie

Allgemein gilt für die Gleichung von Kapazitätslinien:

(4.1)

vorhandene Kapazität — durch Produktion beanspruchte Kapazität

$$T = t_a\, x_a + t_b\, x_b$$

$$x_b = \frac{T}{t_b} - \frac{t_a}{t_b}\, x_a \quad \text{Kapazitätslinie}$$

Die Gerade AB in Abbildung 17 stellt die Kapazitätslinie dar. Sie repräsentiert alle x_a/x_b-Kombinationen, die in der Betrachtungsperiode maximal produziert werden können. Dabei haben wir zur Vereinfachung von Umrüstzeiten abgesehen. Das produktionstechnische Möglichkeitsgebiet wird durch das Dreieck 0AB wiedergegeben. Neben den durch die Gerade AB gegebenen Mengenkombinationen sind auch solche Kombinationen realisierbar, die unterhalb der Linie AB liegen. Die Kapazität der Maschine wird dann nur teilweise genutzt. Deshalb ist die Ungleichung $T \geq t_a \cdot x_a + t_b \cdot xb$ die allgemeine Formulierung der produktionstechnischen Möglichkeiten. Danach darf die durch die Produktion in Anspruch genommene Kapazität ($t_a \cdot x_a + t_b \cdot x_b$) nicht größer sein als die vorhandene Kapazität (T).

ABB. 17: Möglichkeitsgebiet bei gemeinsamer Produktion

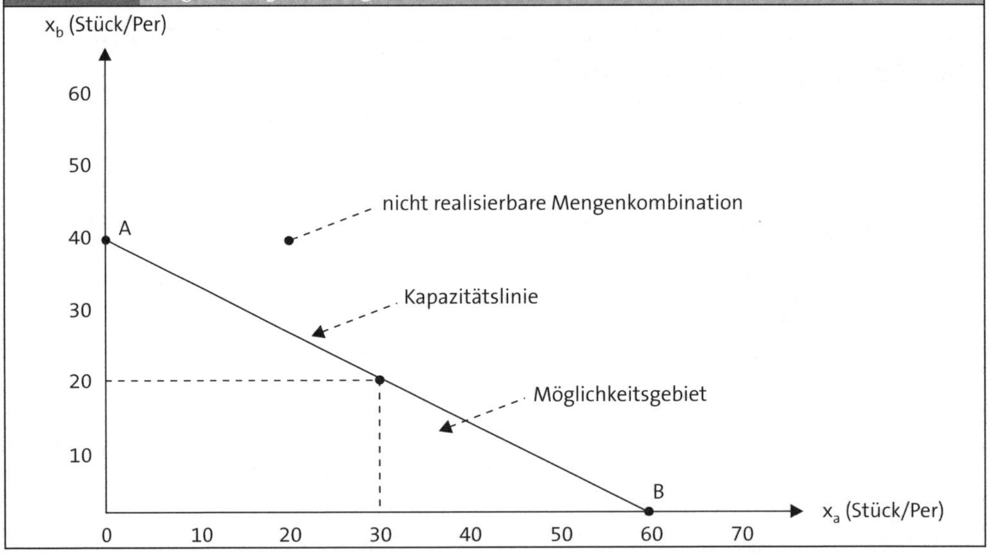

Dass die Kapazitätslinie geradlinig verläuft, können Sie sich leicht klarmachen, wenn Sie überlegen, wie viele Einheiten B gefertigt werden können, falls die zu produzierende Menge von A beispielsweise mit 30 Einheiten vorgegeben ist. Durch die vorgegebene Menge $x_a = 30$ werden $30 \cdot 8 = 240$ Maschinenminuten beansprucht. Noch frei sind mithin $480 - 240 = 240$ Maschinenminuten. In dieser Zeit können Sie $240 : 12 = 20$ Einheiten B erzeugen. Wie aus Abbildung 17 deutlich wird, liegt die Kombination $x_a = 30 / x_b = 20$ auf der Strecke AB (Punkt P).

4.2.3 Kuppelproduktion

Sind zwei oder mehr Güter produktionsmäßig in der Weise miteinander verknüpft, dass bei der Erzeugung des einen Gutes mit technischer Notwendigkeit mindestens ein weiteres Gut anfällt, so liegt Kuppelproduktion vor. Andere Bezeichnungen: Koppelproduktion, Verbundproduktion, Komplementärproduktion. Sie sollten bei der Kuppelproduktion zwei wichtige Unterfälle voneinander trennen:

(1) Kuppelproduktion mit festem Mengenverhältnis: Dafür gibt es in der chemischen Industrie viele Beispiele. Wird etwa Sauerstoff auf elektrolytischem Weg gewonnen, so fällt mit technischer Notwendigkeit auch Wasserstoff an.

Mengenverhältnis | Wasserstoff : Sauerstoff = 2 : 1 |

(2) Kuppelproduktion mit variablem Mengenverhältnis: Ein neuseeländischer Landwirt kann seine Schafherde vorwiegend zur Fleisch- oder zur Wollproduktion halten. Im ersten Fall ist das Durchschnittsalter der Herde kleiner als im zweiten.

4.2.4 Überblick

Eine Systematik der Möglichkeiten der produktionsmäßigen Verknüpfung gibt Ihnen die folgende Abbildung[2].

2 Ähnlich: A. Woll (Hrsg.), Wirtschaftslexikon, S. 566.

ABB. 18: Produktionsmäßige Verknüpfung von Erzeugnissen

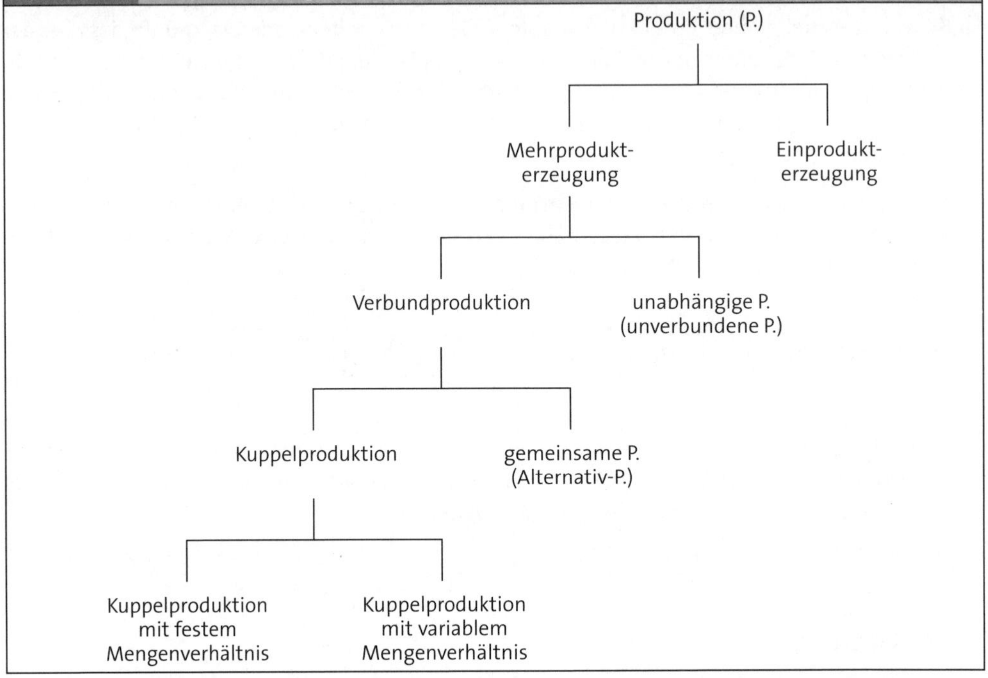

Sie kennen jetzt die verschiedenen Varianten der produktionsmäßigen Verknüpfung von Erzeugnissen. Diese Kenntnisse sind hilfreich zur Erfassung praktischer Produktionsabläufe.

4.3 Kapazitätslinie des Betriebes

Betrachten wir einmal den Produktionsablauf in einem Betrieb, der die beiden Güter A und B fertigt und über die vier Maschinen M_1, M_2, M_3 und M_4 verfügt.

ABB. 19: Produktionsschema eines Betriebes

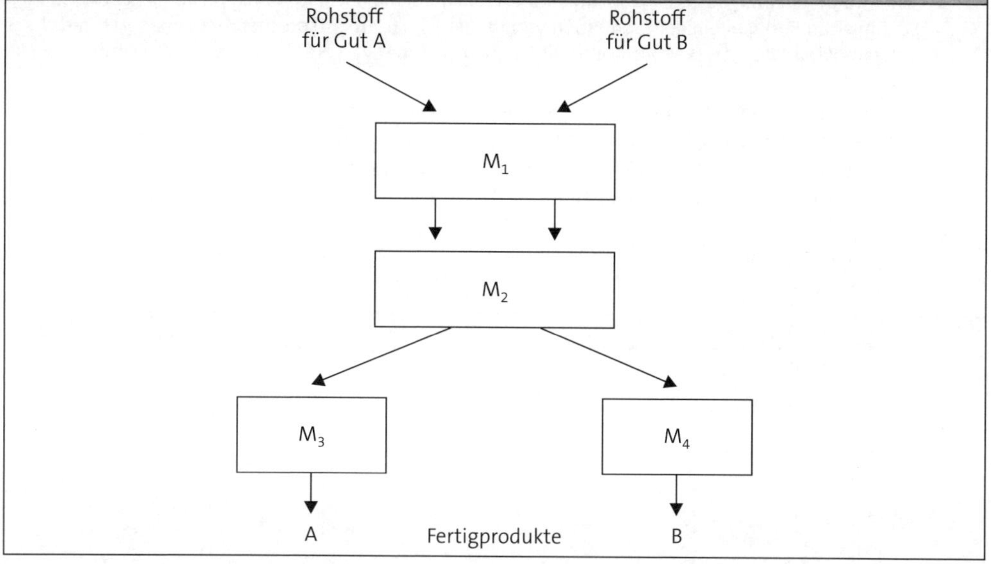

Wenn man herausfinden will, welche verschiedenen Mengenkombinationen von A und B innerhalb des nächsten Monats maximal hergestellt werden können, benötigt man genaue technische Angaben.

BEISPIEL: Kapazitätslinie für Rührfix A und B

Ein Küchengerätehersteller fertigt auf 4 Maschinen die Geräte Rührfix A und Rührfix B.

Maschinen	T zur Verfügung Maschinenzeit (Stunden/Monat)	t_a Stückzeit für eine Einheit von A (Stunden/Stück)	t_b Stückzeit für eine Einheit von B (Stunden/Stück)
1	320	2	4
2	320	5	2
3	300	6	-
4	280	-	4

Zeichnen und beschreiben Sie die Kapazitätslinie des Betriebes.

Lösung

Zu den vier Maschinen gehören die folgenden Kapazitätslinien:

Maschine	T	t_a	t_b	Kapazitätslinie
1	320	2	4	$320 = 2\,x_a + 4\,x_b$
2	320	5	2	$320 = 5\,x_a + 2\,x_b$
3	300	6	-	$300 = 6\,x_a$
4	280	-	4	$280 = x_b$

(1) Die Kapazitätslinie für Maschine 1 wird durch die Gleichung: $320 = 2\ x_a + 4\ x_b$ repräsentiert. Es lassen sich mithin maximal 320 : 2 = 160 Einheiten A (bei ausschließlicher Produktion von A) oder 320 : 4 = 80 Einheiten B (bei alleiniger Produktion von B) erstellen. Dementsprechend zeichnen wir in das Koordinatenkreuz die Strecke M_1M_1 ein, die die x_a-Achse bei $x_a = 160$ und die x_b -Achse bei $x_b = 80$ schneidet.

(2) Die Kapazitätslinie für M_2 lautet: $320 = 5\ x_a + 2\ x_b$. Sie wird im Koordinatensystem durch die Strecke M_2M_2 wiedergegeben, die die x_a -Achse bei $x_a = 64$ und die x_b -Achse bei $x_b = 160$ schneidet.

(3) Die dritte Anlage begrenzt ausschließlich die Produktion von A. Ihre Gleichung lautet: $300 = 6\ x_a$. Es lassen sich somit maximal 50 Einheiten A produzieren, was im Koordinatensystem durch die Strecke M_3M_3 angezeigt wird.

(4) Entsprechend erhalten wir aus der Gleichung $280 = 4\ x_b$ für die vierte Maschine eine Höchstmenge von $x_b = 70$, die zeichnerisch durch die Gerade M_4M_4 erfasst wird.

ABB. 20: Möglichkeitsgebiet eines Betriebes

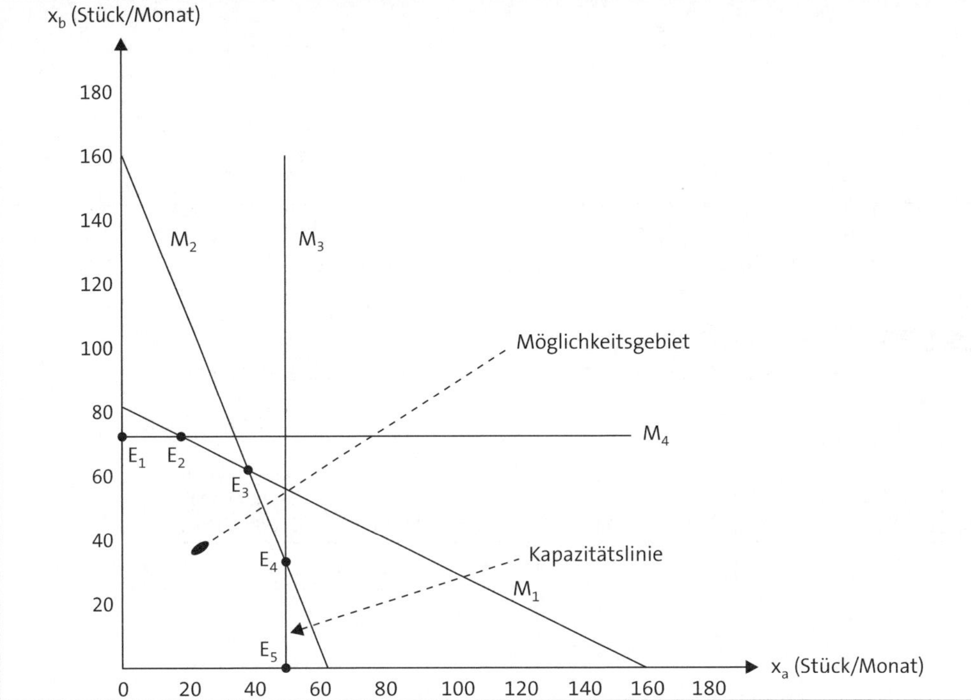

Ergebnis

Abbildung 20 zeigt, dass das Möglichkeitsgebiet durch die Koordinatenachse und den geknickten Linienzug E_1 bis E_5 begrenzt wird, weil wir die Kapazitätsbeschränkungen mehrerer Maschinen zu berücksichtigen haben. Im gegebenen Fall sind maximal die x_a/x_b-Kombinationen produzierbar, die auf dem Linienzug E_1 bis E_5 liegen. Er gibt die Höchstgrenze an. Die durch ihn repräsentierten Produktmengen-Kombinationen lasten die Kapazität einer Maschine voll aus; in den Eckpunkten E_2, E_3 und E_4 wird die Kapazität zweier Maschinen voll genutzt. Technisch realisierbar sind auch solche Mengenkombinationen, die innerhalb des Linienzuges E_1 bis E_5 liegen. Sie nutzen die Kapazität einer oder mehrerer Anlagen nur zum Teil. Der das Möglichkeitsgebiet nach rechts begrenzende geknickte Linienzug E_1 bis E_5 ist die Kapazitätslinie des Betriebs.

Mit der Ermittlung der Kapazitätslinie für den Betrieb haben Sie den ersten Schritt zur Programmoptimierung beim Vorliegen mehrerer Engpässe getan. Sie wissen jetzt, wie Sie das Möglichkeitsgebiet eines Betriebes darstellen können. Als zweiter Schritt bleibt noch die Beantwortung der Frage, welche der produktionstechnisch möglichen Mengenkombinationen die beste ist, bei welcher Kombination x_a/x_b der Gewinn maximiert wird. Diese Frage beantwortet die Isogewinn- oder Isodeckungsbeitragslinie des Betriebes.

4.4 Isogewinnlinie (Isodeckungsbeitragslinie) des Betriebes

Isogewinnlinie (Isodeckungsbeitragslinie) ist die Gerade mit denjenigen x_a/x_b Kombinationen, die zusammen, als Paket, den gleichen Nettogewinn (Bruttogewinn) abwerfen (iso, griech. = gleich).

Ein bestimmter, vorgegebener Gewinn lässt sich dadurch erzielen, dass Sie

- ausschließlich Produkt A produzieren und verkaufen,
- ausschließlich Produkt B produzieren und verkaufen,
- ein Paket, bestehend aus A und B, produzieren und verkaufen.

BEISPIEL: ► Isogewinnlinie für Rührfix A und B

Ein Küchengerätehersteller fertigt unter anderem die Geräte Rührfix A und Rührfix B mit den Deckungsbeiträgen $d_a = 12$ und $d_b = 8$ €/Stück.

Ermitteln Sie die Isodeckungsbeitragslinien für drei Bruttogewinnwerte:

$G_1^{br} = 480$;

$G_2^{br} = 960$;

$G_3^{br} = 1.440$ €/Monat.

Wie wirkt sich eine Gewinnverdopplung (Gewinnverdreifachung) auf die Lage der Isogewinnlinien aus?

Lösung

ABB. 21: Isogewinnlinien (Isodeckungsbeitragslinien)

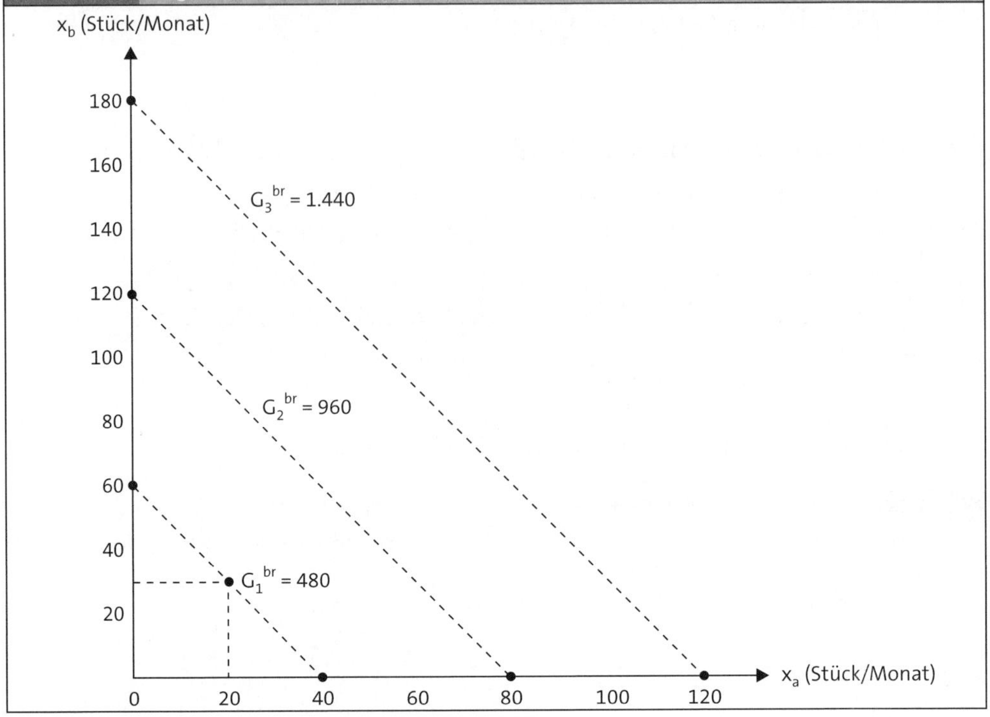

Hinweis

Isogewinnlinien werden im Unterschied zu Kapazitätslinien stets gestrichelt gezeichnet.

Den Bruttogewinn G_1 = 480 €/Monat erhalten Sie, indem Sie

- 480 : 12 = 40 Einheiten A oder
- 480 : 8 = 60 Einheiten B oder
- bestimmte Kombinationen von A und B fertigen und absetzen.

Diese Kombinationen liegen alle auf der G_1^{br}-Linie. Greift man probehalber einen beliebigen Punkt heraus, z. B. x_a = 20 und x_b = 30, so erhält man erwartungsgemäß:

$12 \cdot 20 + 8 \cdot 30 = 480 = G_1^{br}$.

Verdoppeln oder verdreifachen Sie den angenommenen Gewinn, dann verlaufen die neuen Isogewinnlinien doppelt (dreifach) so weit vom Ursprung entfernt wie die 480er-Linie. Wir sind jetzt in der Lage, die allgemein gültige Gleichung einer Isogewinnlinie aufzustellen. Die betrachtete Unternehmung erzeugt die Produkte A und B und erwirtschaftet die Deckungsbeiträge d_a und d_b. Hat der angenommene (Iso-) Gewinn brutto die Höhe G_1^{br}, so gilt:

(4.2)

$$G_1^{br} = d_a x_a + d_b x_b \qquad | - d_a x_a$$

$$d_b x_b = G_1^{br} - d_a x_a \qquad | : d_b$$

$$\boxed{x_b = \frac{G_1^{br}}{d_b} - \frac{d_a}{d_b} \cdot x_a}$$

↑ Ordinaten-abschnitt ↑ Steigung

Somit lassen sich die folgenden Eigenschaften der Isogewinnlinien zusammenfassen:

(1) Alle Isogewinnlinien eines Betriebes haben die gleiche Steigung, verlaufen also parallel. Die Steigung ergibt sich durch das negative Verhältnis der Deckungsbeiträge:

$$\boxed{\text{Steigung Isogewinnlinien} = -\frac{d_a}{d_b}}$$

(2) Je weiter entfernt vom Ursprung eine Isogewinnlinie verläuft, desto höher ist der durch sie repräsentierte Gewinn. Bei einer Abstandsverdopplung, d. h. Verdopplung des Ordinatenabschnitts, ergibt sich eine Gewinnverdopplung.

(3) Wegen der Parallelität der Isogewinnlinien genügt es, wenn Sie eine einzige Isogewinnlinie ins Diagramm einzeichnen. Die anderen erhalten Sie mittels Parallelverschiebung.

Hinweis zur Einzeichnung der Isogewinnlinien in das Diagramm:

Im praktischen Fall kann man eine Isogewinnlinienschar rasch und ohne Mühe in das Koordinatensystem einzeichnen, indem man den Deckungsbeitrag von B (oder ein geeignetes Vielfaches davon) auf der A-Achse und den Deckungsbeitrag von A (oder ein geeignetes Vielfaches davon) auf der B-Achse abträgt. Bei $d_a = 12$ und $d_b = 8$ ergibt sich demnach folgendes Bild:

ABB. 22: Isogewinnlinien und Steigungsdreieck

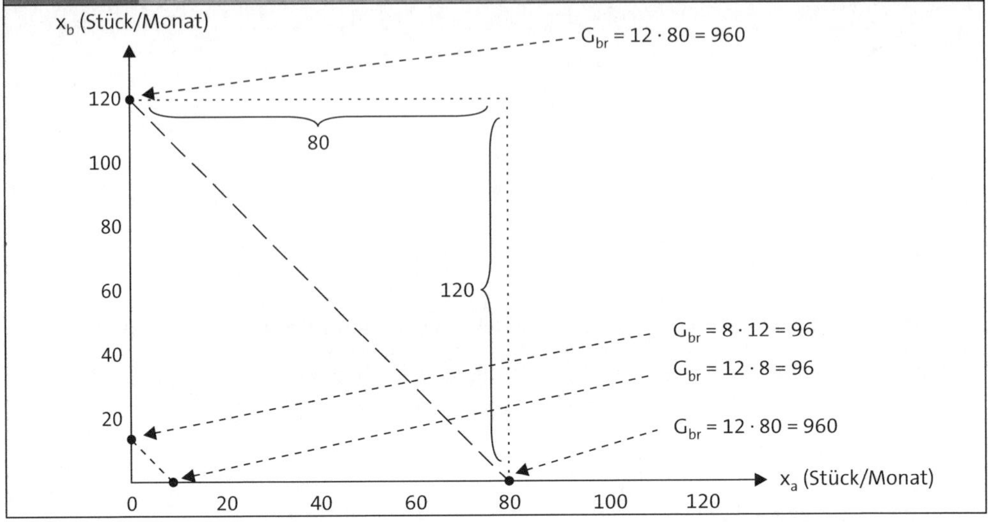

Probe: Ein Blick auf das obige Steigungsdreieck zeigt, dass die so gewonnene Isogewinnlinienschar folgende Steigung aufweist:

$$\frac{d_a}{d_b} = -\frac{12}{8} = -\frac{120}{80}$$

4.5 Durchführung der Programmoptimierung im Zwei-Güter-Fall

4.5.1 Bestimmung der gewinnoptimalen Mengenkombination (lineare Optimierung)

Die Kapazitätslinie des Betriebes begrenzt sein produktionstechnisches Möglichkeitsgebiet und zeigt uns alle x_a/x_b-Kombinationen, die maximal erstellt werden können. Die Isogewinnlinienschar gibt Auskunft über die Gewinnergiebigkeit der verschiedenen x_a/x_b -Kombinationen.

Möglichkeitsgebiet:	Welche Kombinationen sind möglich?	lineare Optimierung
Isogewinnlinienschar:	Wie gewinnträchtig sind sie?	

BEISPIEL: **Programmoptimierung für Rührfix A und B**

Wir betrachten wieder den aus den beiden letzten Beispielen bekannten Küchengerätehersteller mit seinen Rührfix-Geräten A und B, die er auf vier Maschinen herstellt.

Maschine	T (Std/Monat)	t_a (Std/Stück)	t_b (Std/Stück)	
1	320	2	4	d_a = 12 €/Stück
2	320	5	2	d_b = 8 €/Stück
3	300	6	-	K_f = 480 €/Monat
4	280	-	4	

Symbole

T = Kapazität der Maschinen (Stunden/Monat)

t_a = Stückzeit für A (Stunden/Stück)

t_b = Stückzeit für B (Stunden/Stück)

d_a = Stückdeckungsbeitrag A (€/Stück)

d_b = Stückdeckungsbeitrag B (€/Stück)

K_f = Fixkosten (€/Monat)

a) Ermitteln Sie auf grafischem Wege die gewinnmaximale x_a/x_b-Kombination.

b) Berechnen Sie die optimalen Mengen von A und B mit Hilfe zweier Gleichungen. Ermitteln Sie den zugehörigen Brutto- und Nettogewinn.

Lösung a) Grafische Bestimmung des optimalen Programms

ABB. 23: Möglichkeitsgebiet und Isogewinnlinien

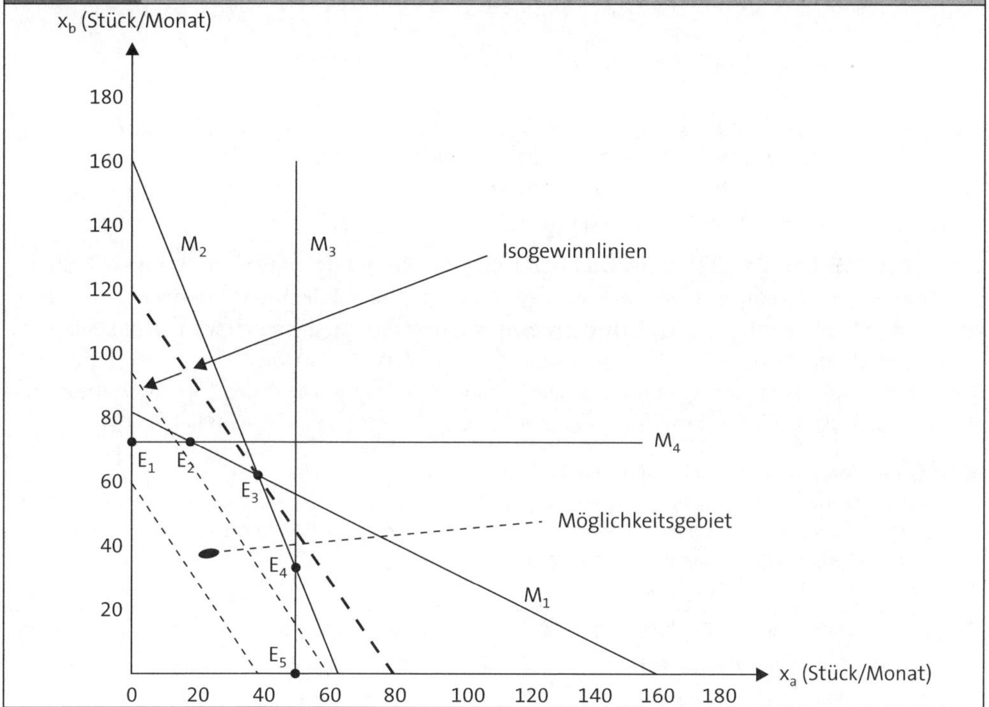

Das Gewinnmaximum finden Sie bei dem Punkt der Kapazitätslinie, der auf der am weitesten vom Ursprung entfernten Isogewinnlinie liegt. Diese Stelle ist im gegebenen Fall die Ecke E_3. Wird also die durch E_3 bestimmte Mengenkombination produziert und verkauft, so haben Sie die Programmoptimierung praktisch realisiert. Um dieses Ergebnis zu erhärten, betrachten wir die benachbarten Ecken E_2 und E_4. Die zu diesen Eckpunkten gehörenden Isogewinnlinien liegen näher beim Ursprung als die durch E_3 laufende Isogewinnlinie. Somit muss der bei E_2 oder bei E_4 erhältliche Gewinn vergleichsweise geringer sein als der bei E_3.

Lösung b) Rechnerische Bestimmung des optimalen Programms und des Nettogewinns

Die gewinnoptimale Mengenkombination lässt sich rechnerisch bestimmen, wenn man beachtet, dass sich E_3 als Schnittpunkt der zu den Maschinen 1 und 2 gehörenden Kapazitätslinien ergibt. Das heißt: Die Koordinaten von E_3 müssen beiden Kapazitätsgleichungen genügen.

$$\begin{cases} 320 = 2\,x_a + 4\,x_b & \text{(Kapazitätslinie von } M_1\text{)} \\ 320 = 5\,x_a + 2\,x_b & \text{(Kapazitätslinie von } M_2\text{)} \end{cases}$$

Zieht man von Gleichung M_2 die Hälfte der Gleichung M_1 ab, so ergibt sich:

$$\begin{array}{rll} 320 = & 5\,x_a + 2\,x_b & \mid M_2 \\ -(160 = & x_a + 2\,x_b) & \mid -\frac{1}{2}\,M_1 \\ \hline 160 = & 4\,x_a & \text{oder: } x_a = 40 \end{array}$$

Setzt man $x_a = 40$ in M_1 ein, dann erhält man:

$320 = 2 \cdot 40 + 4\,x_b$ oder: $x_b = 60$

Ergebnis: Die gewinnoptimale Mengenkombination ist demnach durch $x_a = 40$ und $x_b = 60$ (Stück/Monat) gegeben. Der bei dieser Mengenkombination erzielbare Gewinn hat den Wert:

Bruttogewinn: $G_{br} = 12 \cdot 40 + 8 \cdot 60 = 960$ €/Monat,

Nettogewinn: $G_{ne} = 960 - 480 = 480$ €/Monat.

In der betrieblichen Praxis ist die Durchführung der Rechnung meist das kleinere Problem. Schwieriger und zeitaufwendiger kann es sein, die Daten für die Rechnung zu gewinnen: Sie liegen nicht in tabellarischer oder Gleichungsform vor, und Ihre möglichen Informanten geben die verlangten Daten (Stückzeiten, Stoffverbrauch, freie Kapazitäten) nicht immer freudig preis. Stets müssen Sie aufgrund verbaler Sachverhaltsbeschreibungen zu Ihrer eigenen mathematischen Problemdarstellung kommen. Einen Eindruck davon gibt das folgende Beispiel[3].

BEISPIEL: Stolz-auf-Holz GmbH nutzt freie Teilkapazitäten

Die Möbelfabrik Stolz-auf-Holz hat freie Teilkapazitäten, die gewinnbringend genutzt werden sollen. Die Fabrik stellt mehrere Erzeugnisse her. Aber nur bei zweien, nämlich bei Tischen und Sesseln, sind Produktion und Absatz kurzfristig steigerungsfähig.

Produkt A

Verkaufserlös eines Tisches:	295 €
variable Kosten eines Tisches:	245 €
Deckungsbeitrag:	50 €

Produkt B

Verkaufserlös eines Sessels:	340 €
variable Kosten eines Sessels:	280 €
Deckungsbeitrag:	60 €

Da es sich um einen Zusatzauftrag handelt, können die Fixkosten vernachlässigt werden.

3 Vgl. J. Fay, Lineare Algebra und Optimierung, S. 51 ff.

Drei Engpässe begrenzen die Produktionsausdehnung:

(1) Eine Säge, die für beide Produkte gebraucht wird. Sie ist bislang nicht voll ausgenutzt und steht am Tag noch für 225 Minuten zur Verfügung. Jeder Tisch beansprucht die Säge für 5 Minuten, jeder Sessel für 9 Minuten.

(2) Eine Polstermaschine für die Sessel. Pro Sessel wird diese Maschine für 20 Minuten in Anspruch genommen. Sie steht am Tag noch für 400 Minuten zur Verfügung.

(3) Die Lagerkapazität. Noch verfügbar sind 300 Raumeinheiten. Der Raumbedarf je Tisch beläuft sich auf 10 Raumeinheiten, je Sessel sind 3 Raumeinheiten erforderlich.

Problem

Wie viele Tische und Sessel sind über die bisherige Produktion hinaus zu erstellen, wenn der zusätzliche Gewinn maximiert werden soll?

Lösung

Bezeichnet man die Anzahl der zusätzlich zu produzierenden Tische mit x_a und die der zusätzlich zu erstellenden Sessel mit x_b, dann kann man die Kapazitätslinien für die Engpassaggregate in Gleichungsform wie folgt ausdrücken:

Säge	225	=	$5\,x_a + 9\,x_b$	Restriktionen (Nebenbedingungen)
Polstermaschine	400	=	$20\,x_b$	
Lager	300	=	$10\,x_a + 3\,x_b$	

Diese Informationen übertragen wir in ein Koordinatensystem und erhalten die folgende Abbildung.

ABB. 24: Möglichkeitsgebiet und Isogewinnlinienschar

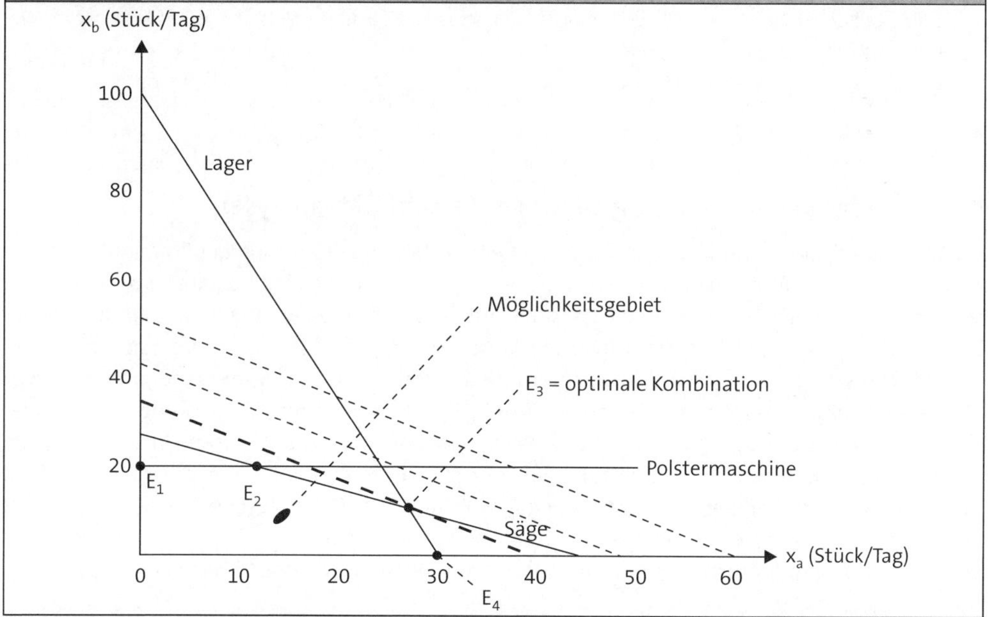

In diesem Diagramm stellt der geknickte Linienzug E_1 bis E_4 die Kapazitätslinie des Betriebs dar.

Aus der Bruttogewinnfunktion $G = 50\ x_a + 60\ x_b$ erhalten wir, wenn wir nach x_b auflösen, die Gleichung:

$$x_b = \frac{G}{60} - \frac{50}{60} \cdot x_a$$

Daraus erkennt man, dass die Steigung aller Isogewinnlinien den Wert - 50/60 haben muss. Dies berücksichtigen wir, indem wir eine entsprechende Schar von Isogewinnlinien in das Koordinatensystem einzeichnen. Damit wird deutlich, dass die Stelle der Kapazitätslinie, die das höchste Gewinnniveau verkörpert, durch E_3 gegeben ist.

Aus Abbildung 24 können Sie ablesen, dass die Koordinaten des Punktes E_3 etwa folgende Werte aufweisen: $x_a = 27$ und $x_b = 10$. Rechnerisch exakt erhalten wir die Koordinaten von E_3 durch die Lösung des Gleichungssystems

$$\begin{cases} (1)\quad 225 = 5\ x_a + 9\ x_b & \text{(Säge)} \\ (2)\quad 300 = 10\ x_a + 3\ x_b & \text{(Lager)} \end{cases}$$

Zieht man vom Doppelten der ersten Gleichung die zweite ab, so ergibt sich:

$$\begin{array}{ll} 450 = 10\ x_a + 18\ x_b & |\ (1) \cdot 2 \\ -(300 = 10\ x_a + 3\ x_b) & |\ -(2) \\ \hline 150 = \qquad 15\ x_b & \text{oder: } x_b = 10 \end{array}$$

Setzt man $x_b = 10$ in die zweite Gleichung ein, so erhält man:

$300 = 10\ x_a + 3 \cdot 10$ oder: $x_a = 27$

Ergebnis

Es sind täglich 27 Tische und 10 Sessel zusätzlich herzustellen. Dabei erzielt man einen zusätzlichen Gewinn G_{br} von

$G_{br} = 27 \cdot 50 + 10 \cdot 60 = 1.950$ (€/Tag)

4.5.2 Änderung der Deckungsbeiträge (Sensibilitätsanalyse)

Sensibilitäts- oder Empfindlichkeitsanalyse[4] ist ein Verfahren zur Prüfung der Stabilität einer gefundenen Lösung. Man fragt sich, ob und wie weit bestimmte Eingabedaten von ihrem Ursprungswert abweichen dürfen, ohne dass die gefundene Lösung revidiert werden muss. Bei der kostenrechnerischen Programmoptimierung lautet die Frage: „Wie weit dürfen sich die variablen Stückkosten und/oder die Verkaufspreise (und somit die Deckungsbeiträge) ändern, bevor ein neues Produktionsprogramm erforderlich wird?“. Das Verhältnis der Deckungsbeiträge der einzelnen Produkte ($-\ d_a/d_b$) gibt die Neigung der Isogewinnlinien an. Diesen Umstand können Sie nutzen und in einem konkreten Fall nicht nur das optimale Produktionsprogramm bestimmen, sondern auch angeben, wie weit sich das Verhältnis der Deckungsbeiträge als Folge neuer Stückpreise oder anderer Stückkosten ändern darf, ohne dass eine andere Zusammensetzung des Produktionsprogramms optimal wird. Zur Erläuterung ein einfaches Beispiel.

4 Vgl. K.-D. Däumler/J. Grabe, Kostenrechnungs- und Controllinglexikon, S. 288.

BEISPIEL: Stabilität der Lösung bei unterschiedlichen Verkaufspreisen

Ein Betrieb fertigt die Kerzenständer A und B auf zwei Maschinen. Die entscheidungsrelevanten Daten sind nachfolgend zusammengestellt.

Ökonomische Daten			
Produkt	p	k_v (€/Stück)	d
A	120	70	50
B	90	40	50

Technische Daten			
Maschine	T (Std/Wo)	t_a (Std/St)	t_b (Std/St)
1	120	4	2
2	120	2	6

a) Bestimmen Sie das gewinnoptimale Produktionsprogramm.

b) Zeigen Sie, wie weit sich die Verkaufspreise ändern dürfen, ohne dass dieses Programm revidiert werden muss.

Lösung a) Programmoptimierung

Zunächst leiten wir aus den gegebenen Informationen unser Gleichungssystem ab:

Maschine 1	120	=	$4 x_a + 2 x_b$	Restriktionen (Nebenbedingungen)
Maschine 2	120	=	$2 x_a + 6 x_b$	
Gewinnfunktion	G_{br}	=	$50 x_a + 50 x_b$	Zielfunktion

Die Abbildung stellt das Gleichungssystem grafisch dar. Der Linienzug $E_1E_2E_3$ begrenzt das Möglichkeitsgebiet.

ABB. 25: Auswirkung verschiedener Deckungsbeiträge

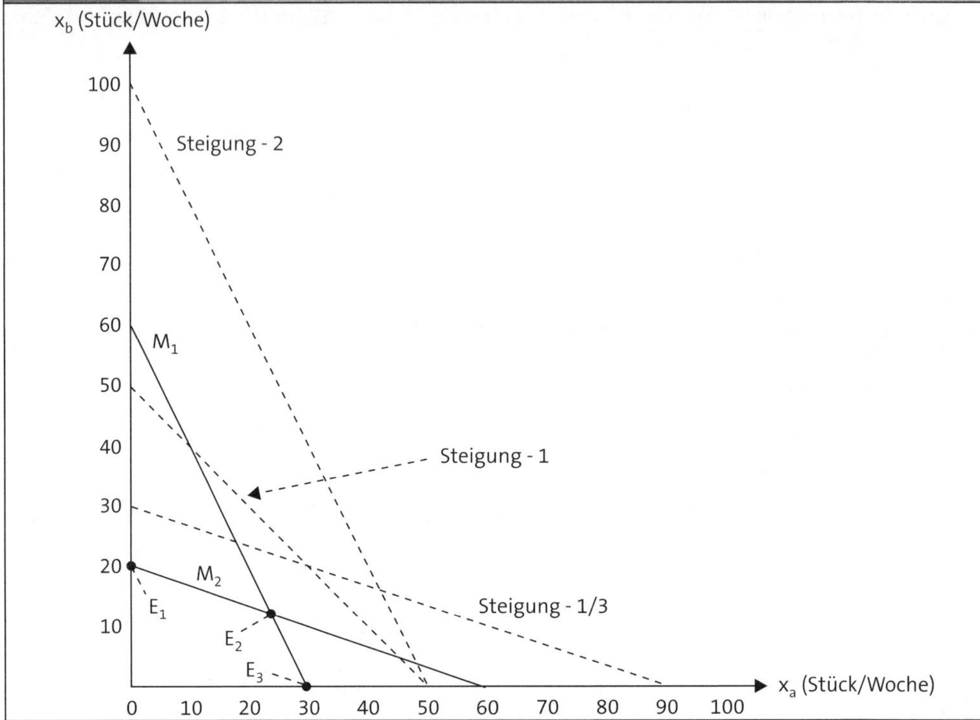

In der Ausgangssituation gilt für die Steigung der Isogewinnlinienschar:

Steigung = $- d_a/d_b$ = - 50/50 = - 1. Zur Isogewinnlinienschar mit der Steigung von - 1 gehört E_2 als optimale Ecke: Hier liegt die gewinnmaximale Mengenkombination.

Die genauen Werte für das optimale Produktionsprogramm erhalten wir, indem wir den Schnittpunkt beider Kapazitätslinien bestimmen.

$$\begin{cases} (1) \quad 120 = 4\,x_a + 2\,x_b & \text{(Maschine 1)} \\ (2) \quad 120 = 2\,x_a + 6\,x_b & \text{(Maschine 2)} \end{cases}$$

Zieht man vom Doppelten der zweiten Gleichung die erste ab, so ergibt sich:

$$\begin{array}{rll} 240 = 4\,x_a + 12\,x_b & & |\ (2) \cdot 2 \\ -(120 = 4\,x_a + \ \ 2\,x_b) & & |\ - (1) \\ \hline 120 = \qquad\quad 10\,x_b & \text{oder: } x_b = 12 & \end{array}$$

Dieser Wert wird in die zweite Gleichung eingesetzt, man erhält:

$120 = 2\,x_a + 6 \cdot 12$ oder: $x_a = 24$

Ergebnis

Die gewinnmaximale Stückzahl von Kerzenständern beläuft sich auf 24 Einheiten von A und 12 Einheiten von B.

Lösung b) Ermittlung der maximal zulässigen Preisänderungen

Ein Blick auf Abbildung 25 zeigt, dass auch bei einer flacher verlaufenden Isogewinnlinie E_2 zunächst optimal bleibt, und zwar bis zu einer Steigung von - 1/3 (eine Isogewinnlinie mit dieser Steigung verläuft parallel zur Kapazitätslinie der Maschine 2).

E_2 bleibt aber auch dann zunächst optimal, wenn die Isogewinnlinie steiler verläuft. Im Grenzfall kann die Isogewinnlinie die Steigung - 2 haben (sie verläuft dann parallel zur Kapazitätslinie der Maschine 1). Dabei ist zu beachten, dass in den beiden Grenzfällen nicht allein der Punkt E_2 optimal ist, sondern

1. bei einer Steigung von - 1/3 alle auf der Strecke E_1E_2 liegenden Mengenkombinationen,
2. bei einer Steigung von - 2 alle auf der Strecke E_2E_3 liegenden Mengenkombinationen.

Damit sind Sie in der Lage, festzustellen, wie weit sich die Preise ändern dürfen, ohne dass das durch E_2 bestimmte Produktionsprogramm revidiert werden muss.

1. Unter sonst gleichen Umständen (bei konstanten variablen Stückkosten für A und B sowie konstanten B-Preisen) gilt für A:

Höchstpreis A

$$\text{Steigung Isogewinnlinie} = \text{Steigung Kapazitätslinie}$$

$$-\frac{d_a}{d_b} = -2 \quad | \cdot (-1) \longrightarrow$$

$$\frac{p_a - 70}{90 - 40} = 2 \quad | \cdot (90 - 40) \longrightarrow$$

$$p_a - 70 = 100$$

$$p_a = 170\ (€/\text{Stück})$$

Steigt der A-Preis über 170 €, so ist es vorteilhaft, nur noch A zu fertigen: E_3 wird optimal.

Mindestpreis A

$$\text{Steigung Isogewinnlinie} = \text{Steigung Kapazitätslinie}$$

$$-\frac{d_a}{d_b} = -\frac{1}{3} \quad | \cdot (-1) \longrightarrow$$

$$\frac{p_a - 70}{90 - 40} = \frac{1}{3} \quad | \cdot (90 - 40) \longrightarrow$$

$$p_a - 70 = \frac{50}{3}$$

$$p_a = 86{,}67\ (€/\text{Stück})$$

Sinkt der A-Preis unter 86,67 €, so ist es vorteilhaft, nur noch B zu fertigen: E_1 wird optimal.

2. Unter sonst gleichen Umständen (bei konstanten variablen Stückkosten für A und B sowie konstanten A-Preisen) gilt für B:

Höchstpreis B

$$\text{Steigung Isogewinnlinie} = \text{Steigung Kapazitätslinie}$$

$$-\frac{d_a}{d_b} = -\frac{1}{3} \quad | \cdot (-1) \longrightarrow$$

$$\frac{120 - 70}{p_b - 40} = \frac{1}{3} \quad | \cdot 3\,(p_b - 40) \longrightarrow$$

$$150 = p_b - 40$$

$$p_b = 190\ (€/\text{Stück})$$

Steigt der B-Preis über 190 €, so ist es vorteilhaft, nur noch B zu fertigen: E_1 wird optimal.

Mindestpreis B

$$\text{Steigung Isogewinnlinie} = \text{Steigung Kapazitätslinie}$$

$$-\frac{d_a}{d_b} = -2 \quad | \cdot (-1) \longrightarrow$$

$$\frac{120 - 70}{p_b - 40} = 2 \quad | \cdot (p_b - 40) \longrightarrow$$

$$50 = 2\,p_b - 80$$

$$p_b = 65\ (€/\text{Stück})$$

Sinkt der B-Preis unter 65 €, so ist es vorteilhaft, nur noch A zu fertigen: E_3 wird optimal.

4.5.3 Berücksichtigung weiterer Restriktionen

Die Stabilitätsüberlegungen im vorigen Beispiel führten zu dem Ergebnis, dass bei Über- oder Unterschreitung gewisser Preisschwellen E_1 oder E_3 optimal werden. Eine analoge Überlegung ließe sich für Änderungen der variablen Stückkosten anstellen. E_1 und E_3 haben gemeinsam, dass das „Produktionsprogramm“ ausschließlich aus einem Produkt besteht.

Das ist unter Umständen betriebswirtschaftlich nicht vertretbar. Häufig werden Sie mit Blick auf die betriebliche Praxis aus absatz- und sortimentspolitischen Gründen für die Vorgabe von Mindest- und Höchstproduktionsmengen plädieren. Daneben ist zu beachten, dass Mengenbeschränkungen nicht allein infolge absatz- und sortimentspolitischer Erwägungen auftreten, sondern auch als Folge beliebiger anderer betrieblicher Gegebenheiten. Denken Sie etwa an mögliche Rohstoff- oder Arbeitskräfteengpässe. Das folgende Beispiel zeigt, wie Sie derartige Situationen, die in der Praxis recht häufig vorkommen, rechnerisch bewältigen.

BEISPIEL: Abteilungsleiter-Konferenz zur Programmoptimierung

Die Lakta KG stellt Kühltanks für die Frischmilchlagerung in den Ausführungen A (Aluminium) und B (V2A-Stahl) auf den beiden Maschinen 1 und 2 her. Folgende Informationen sind bekannt:

Ökonomische Daten			
Produkt	p	k_v (€/Stück)	d
A	180	90	90
B	200	80	120

Technische Daten			
Maschine	T (Std/Wo)	t_a (Std/St)	t_b (Std/St)
1	420	3	6
2	360	4	3

Zur Bestimmung der gewinnoptimalen Mengen wird eine Abteilungsleiter-Konferenz einberufen. Dabei erklärt der Leiter der Verkaufsabteilung, dass aus absatz- und sortimentspolitischen Gründen von Tank A mindestens 20 und höchstens 80 Einheiten pro Monat hergestellt werden sollen. Die entsprechenden Werte für Tank B belaufen sich auf 10 (Mindestmenge) und 50 (Höchstmenge). Der Leiter der Einkaufsabteilung berichtet von einer Lieferstockung bei den für die Alu-Tanks benötigten Spezialventilen. Er kann im kommenden Monat lediglich 150 Ventile beschaffen. Zur Erstellung eines Alu-Tanks sind 2 Ventile erforderlich. Die monatlichen Fixkosten belaufen sich auf 8.000 T€.

a) Formulieren Sie das zu diesen Angaben gehörende System von Gleichungen und Ungleichungen. Geben Sie anhand dieses Systems eine allgemeingültige Definition des Begriffes lineare Optimierung.

b) Ermitteln Sie zeichnerisch und rechnerisch das optimale Programm, den Brutto- und den Nettogewinn.

Lösung a) (Un-)Gleichungssystem und LO-Definition

Zunächst fassen Sie alle vorliegenden Informationen wie folgt zusammen:

ABB. 26: Aus praktischen Angaben folgt ein (Un-)Gleichungssystem

(Un-)Gleichung / lfd. Nr.		Restriktionen / Nebenbedingungen	
Maschine 1	(1)	$3x_a + 6x_b \leq 420$	maschinelle
Maschine 2	(2)	$4x_a + 3x_b \leq 360$	
Mindestmenge A	(3)	$x_a \geq 20$	absatzbedingte
Höchstmenge A	(4)	$x_a \leq 80$	
Mindestmenge B	(5)	$x_b \geq 10$	
Höchstmenge B	(6)	$x_b \leq 50$	
Rohstoffengpass	(7)	$x_a \leq 75$	rohstoffbedingte

Zielfunktion

Nettogewinn	(8)	$G_{ne} = 90.000\ x_a + 120.000\ x_b - 8.000.000 = max!$

Definition: Lineare Optimierung (lineare Programmierung, lineare Planungsrechnung) ist die Maximierung oder Minimierung einer Zielfunktion unter Beachtung von Nebenbedingungen (Restriktionen), wobei alle Funktionen, Nebenbedingungen wie auch Zielfunktion, Gleichungen erster Ordnung sein müssen.

Sie wollen für Ihren Betrieb das Bestmögliche, das Optimum. Die Realisierung des Optimums erfolgt, je nach den Umständen des Einzelfalls, durch eine Maximierungsrechnung oder eine Minimierungsrechnung. Allgemein: Wer optimiert, bestimmt die Extremwerte (Hoch- oder Tiefpunkte) einer Funktion. Die lineare Optimierung ist nicht auf den Fall der Maximierung einer Zielfunktion (Gewinnfunktion) beschränkt. Die Praxis nutzt die lineare Optimierung häufig als Minimierungsrechnung:

- Verschnittminimierung: Wer Stoffe zerschneidet, um Kleidung zu fertigen, wer Handtaschen aus Rinderleder fertigt, wer Formstücke aus Stahlblechen herausschweißt, stets hat er das Ziel, den anfallenden Verschnitt zu minimieren.
- Kostenminimierender Tourenplan: Vertreter und Reisende stellen ihre Tour so zusammen, dass die Reisekosten und/oder -zeiten minimiert werden, wenn sie Versicherungen, Staubsauger und Maschinen an Frau und Mann bringen.
- Kostenminimale Mischung: Mischfutterproduzenten, die Hund und Katz, Schwein und Rind, Huhn und Gans mit maßgeschneidertem Fertigfutter versorgen, strikt achten sie darauf, dass jeder Futtersack zu minimalen Kosten erstellt wird, wobei (das sind die Restriktionen) jede Tierart ihre eigenen Nahrungsansprüche hat: x % Eiweiß, y % Kohlehydrate, z % Fett, die und die Mineralien und Vitamine. Natürlich wird auch die für homo sapiens gedachte Pizza kostenminimal produziert, genau wie seine Lyonerwurst und die Salami. Ein Tipp für Extremsparer: Der Durchschnittsmensch lässt sich mit weniger als einem Euro täglich ernähren, wenn er Zuchtsauenschrot von Raiffeisen isst. Da die Nahrungsbedürfnisse von Zuchtsau und Mensch die gleichen sind, wird ihm nichts fehlen, außer Geschmack.

Lösung b) Programmoptimierung, Brutto- und Nettogewinn

Die Übertragung des (Un-)Gleichungssystems in die Grafik sehen Sie in der folgenden Abbildung. Die Abbildung verdeutlicht, dass von den beiden die Produktion von A betreffenden Höchstmengen-Restriktionen nur die Rohstoffbedingung als engere Nebenbedingung greift und das Möglichkeitsgebiet begrenzt. Das Möglichkeitsgebiet selbst ist jetzt wegen der Berücksichtigung von Mindest- und Höchstmengen ein von den Koordinatenachsen losgelöstes Polygon (Vieleck) mit den Ecken E_1 bis E_6.

ABB. 27: Möglichkeitsgebiet bei Höchst- und Mindestmengen

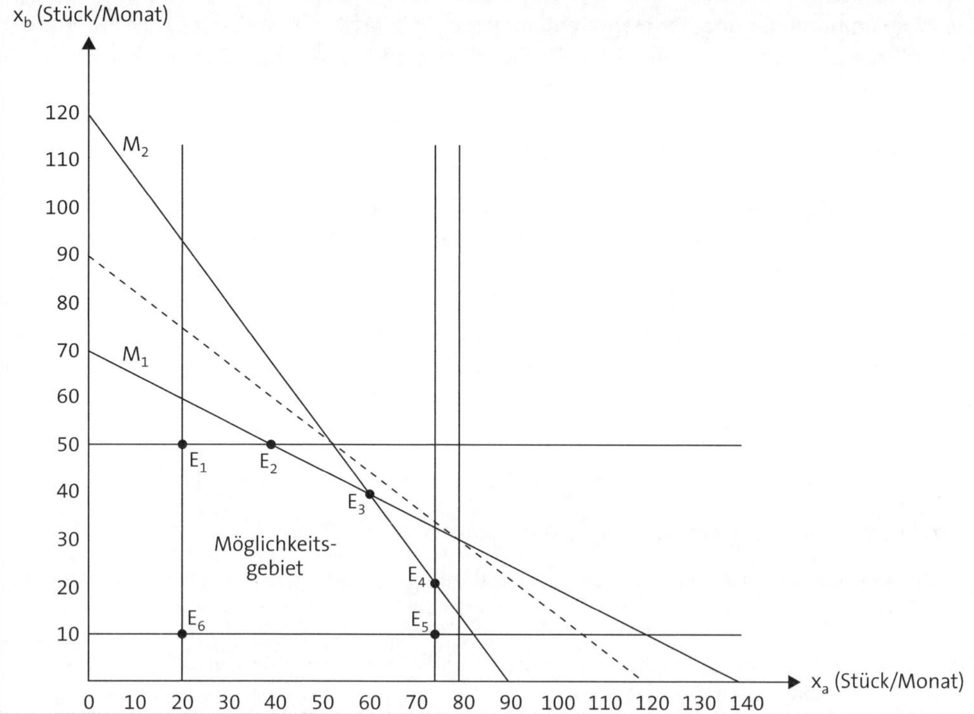

Betrachtet man die Isogewinnlinie mit der Steigung -90/120 dann erkennt man, dass die Ecke E3 gewinnoptimal ist. Wir haben also die zu dieser Ecke gehörende Maschinenkombination zu errechnen. E3 ist der Schnittpunkt der beiden maschinellen Kapazitätslinien.

$$\begin{cases} (1) \quad 420 = 3\,x_a + 6\,x_b & \text{(Maschine 1)} \\ (2) \quad 360 = 4\,x_a + 3\,x_b & \text{(Maschine 2)} \end{cases}$$

Zieht man vom Doppelten der zweiten Gleichung die erste ab, so ergibt sich:

$$\begin{array}{rl} 720 = 8\,x_a + 6\,x_b & \mid (2) \cdot 2 \\ -(420 = 3\,x_a + 6\,x_b) & \mid -(1) \\ \hline 300 = 5\,x_a & \text{oder: } x_a = 60 \end{array}$$

Setzt man $x_a = 60$ in die zweite Gleichung ein, so erhält man:

$$360 = 4 \cdot 60 + 3\,x_b \qquad \text{oder:} \qquad x_b = 40$$

Ergebnis

Es sind im kommenden Monat 60 Alu-Tanks und 40 V2A-Tanks zu fertigen. Der Bruttogewinn beläuft sich dann auf $G_{br} = 60 \cdot 90.000 + 40 \cdot 120.000 = 10.200.000$ (€/Monat).

Der Nettogewinn hat die Höhe 10.200.000 - 8.000.000 = 2.200.000 (€/Monat).

4.6 Zusammenfassung und Checkliste

Die **Programmoptimierung bei mehreren Engpässen:** Sie lässt sich im Zwei-Güter-Fall grafisch durchführen. Für jedes Gut benötigen Sie eine Achse, im Fall von drei Gütern also drei, bei n Gütern n Achsen. Der Zwei-Güter-Fall hat den Vorteil, dass Sie die Lösung zeichnerisch entwickeln und dadurch leicht verstehen können. Wenn Sie die Lösung des Zwei-Güter-Falls begriffen haben, fällt Ihnen die Lösung des n Güter-Falls leicht.

Das **Produktionsprogramm der Mehrproduktunternehmung** ist durch unabhängige (unverbundene) Produktion, gemeinsame Produktion oder Kuppelproduktion gekennzeichnet. Bei unabhängiger Produktion wird kein einziger dauerhafter Produktionsfaktor gemeinsam genutzt. Bei gemeinsamer Produktion konkurrieren die Produkte um die Kapazität eines dauerhaften Produktionsfaktors, wobei die Mehrproduktion eines Gutes die Minderproduktion eines anderen erfordern kann. Bei Kuppelproduktion entsteht mit technischer Notwendigkeit ein Bündel von mindestens zwei Produkten, wobei bei Mehrproduktion des einen auch eine Mehrproduktion des anderen erfolgen muss.

Grafische Ermittlung des optimalen Programms: Sie erfolgt in drei Schritten:

(1) Die Restriktionen ergeben das Möglichkeitsgebiet.

(2) Die Isogewinnlinienschar zeigt, wie gewinnträchtig die realisierbaren Mengenkombinationen sind.

(3) Aus dem Möglichkeitsgebiet und der Isogewinnlinienschar erkennen Sie, welche Kombination die optimale (bestmögliche) ist.

Möglichkeitsgebiet: Es erfasst sämtliche Restriktionen: maschinelle, räumliche, personelle, rohstoffbedingte Beschränkungen sowie absatz- und sortimentspolitisch begründete Höchst- und Mindestmengen.

Isogewinnlinien geben die Mengenkombinationen an, die den gleichen Brutto- oder Nettogewinn erbringen. Die Steigung ist durch das negative Verhältnis der Stückdeckungsbeiträge gegeben. Zur grafischen Darstellung der Isogewinnlinienschar tragen Sie die Stückdeckungsbeiträge (oder ein Vielfaches) vertauscht auf den Koordinatenachsen ab.

Lineare Optimierung ist die Minimierung oder Maximierung einer Zielfunktion, wobei Nebenbedingungen (Restriktionen) zu beachten sind. Zielfunktion und Nebenbedingungen müssen Gleichungen erster Ordnung sein.

FRAGEN

4.1

Was versteht man unter unabhängiger Produktion, gemeinsamer Produktion, Kuppelproduktion? Erläutern Sie jeden Begriff an Hand eines selbst gewählten Beispiels.

4.2

Was versteht man unter einer Isogewinnlinie (Isodeckungsbeitragslinie)? Welches sind die wesentlichen Eigenschaften der Isogewinnlinien eines Betriebes?

4.3

Folgende Daten sind in einem Betrieb gegeben:

Maschine	t_a (Std/Stück)	t_b (Std/Stück)	T (Std/Monat)
1	3	4	240
2	6	3	300
3	-	5	250

a) Wie lauten die Kapazitätslinien der drei Maschinen?

b) Zeichnen Sie schematisch den Produktionsablauf.

c) Zeichnen Sie die Kapazitätslinie des Betriebes.

d) Ist die Kombination ($x_a = 60$ / $x_b = 10$) produktionstechnisch realisierbar?

4.4

Ein Betrieb erstellt die Produkte A und B mit den Deckungsbeiträgen $d_a = 60$ und $d_b = 50$ €/Stück. Die monatlichen fixen Kosten belaufen sich auf $K_f = 1.000$ €/Monat.

a) Ermitteln Sie die Isogewinnlinien für die Nettogewinne

$G_1 = 0$, $G_2 = 1.000$, $G_3 = 2.000$, $G_4 = 3.000$.

b) Zeigen Sie, wie sich eine Verdopplung des Bruttogewinns auf die Lage der Isogewinnlinie auswirkt.

4.5

Ein Betrieb erstellt die Produkte A und B auf vier Maschinen. Aus der folgenden Übersicht können Sie die Kapazität der einzelnen Anlagen, gemessen in Maschinenstunden, sowie die zur Bearbeitung einer Produkteinheit notwendige Maschinenzeit entnehmen.

Maschine	t_a (Std/Stück)	t_b (Std/Stück)	T (Std/Monat)
1	2	6	420
2	3	4	330
3	6	-	360
4	5	2	340

a) In welchem Umfang sollten die beiden Produkte A und B erstellt werden, wenn Produkt A einen Deckungsbeitrag von 12 € und Produkt B einen solchen von 16 € erbringt? Wie hoch ist der Bruttogewinn?

b) Wie wäre zu entscheiden, wenn der Deckungsbeitrag von A bei unverändertem Deckungsbeitrag von B

(1) auf 14 € steigen,

(2) auf 10 € sinken würde?

Wie hoch ist in beiden Fällen der Bruttogewinn?

c) Wie weit können sich die Deckungsbeiträge in der Ausgangssituation (d_a = 12; d_b = 16 €/Stück) ändern, ohne dass die in a) gefundene Lösung E_3 (50/45) geändert werden muss?

4.6

Wir betrachten noch einmal das Beispiel „Abteilungsleiter-Konferenz zur Programmoptimierung" von Seite 79:

Ökonomische Daten			
Produkt	p	k_v (€/Stück)	d
A	180	90	90
B	200	80	120

Technische Daten			
Maschine	T (Std/Wo)	t_a (Std/St)	t_b (Std/St)
1	420	3	6
2	360	4	3

Zur Bestimmung der gewinnoptimalen Menge wird eine Abteilungsleiter-Konferenz einberufen. Dabei erklärt der Leiter der Verkaufsabteilung, dass aus absatz- und sortimentspolitischen Gründen von Tank A mindestens 20 und höchstens 80 Einheiten pro Monat hergestellt werden sollen. Die entsprechenden Werte für Tank B belaufen sich auf 10 (Mindestmenge) und 50 (Höchstmenge). Der Leiter der Einkaufsabteilung berichtet von einer Lieferstockung bei den für die Alu-Tanks benötigten Spezialventilen. Danach können im kommenden Monat lediglich 150 Ventile beschafft werden. Zur Erstellung eines Alu-Tanks sind 2 Ventile erforderlich. Die monatlichen Fixkosten belaufen sich auf 8.000 T€.

a) Die Abteilungsleiter-Konferenz ermittelte für die obigen Daten folgendes Programm und folgenden Gewinn:

A-Tanks = 60 (Stück/Monat), B-Tanks = 40 (Stück/Monat).

G_{br} = 10.200.000 (€/Monat)

G_{ne} = 2.200.000 (€/Monat)

Wie weit dürfen die variablen Stückkosten steigen oder fallen, ohne dass dieses Programm geändert werden muss?

b) Kurz vor Abschluss der Abteilungsleiter-Konferenz trifft die Nachricht ein, dass der Preis für Alu-Tanks infolge eines Mehrangebotes der Konkurrenz gefallen ist, so dass nun nur noch ein Deckungsbeitrag von 50 T€ je Tank erzielt werden kann.

Welches neue Produktionsprogramm würden Sie empfehlen, wenn alle übrigen Daten konstant bleiben? Welche Höhe hat der Bruttogewinn?

c) Nachdem Sie der Betriebsleitung das Produktionsprogramm mit $x_a = 40$ und $x_b = 50$ empfohlen haben, steigt d_a auf 170 T€. Sie erhalten den Auftrag, nachzuprüfen, ob zusätzliche Mengen der für die Alu-Tanks benötigten Ventile, von denen bislang nur 150 Stück zur Verfügung standen, beschafft werden können. Es gelingt Ihnen, eine Unternehmung ausfindig zu machen, die in der Lage ist, beliebige Ventilmengen zu liefern.

Welche Konsequenzen hat das in Bezug auf das Produktionsprogramm und den Bruttogewinn?

d) Welches Programm wäre optimal, falls für die Deckungsbeiträge folgende Werte Gültigkeit hätten:

(1) d_a = 58 (T€/Tank), d_b = 120 (T€/Tank)

(2) d_a = 90 (T€/Tank), d_b = 65 (T€/Tank)

4.7

a) Sie verfügen über die in der Grafik enthaltenen Informationen:

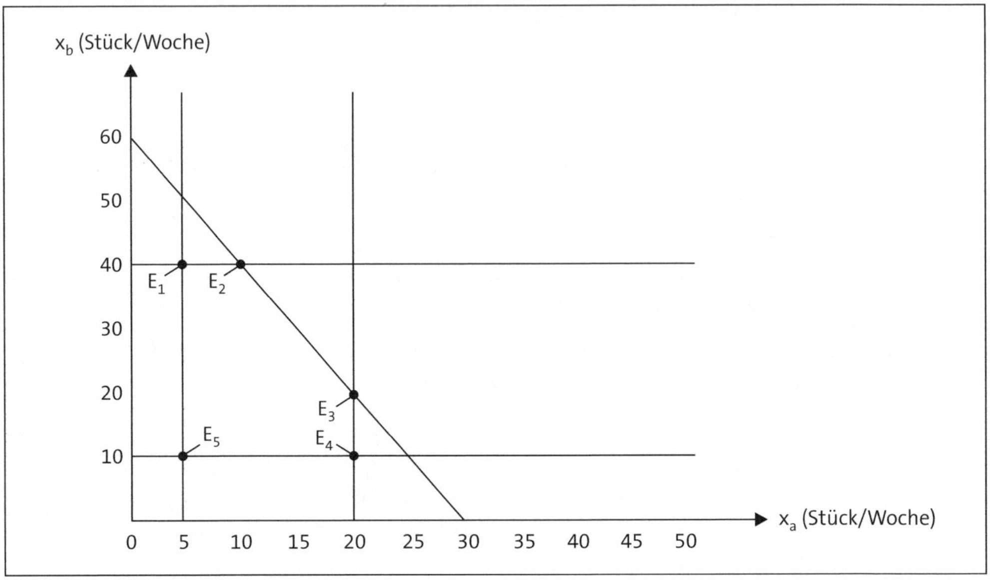

Im gegebenen Fall belaufen sich die Mindestmengen auf:

$x_a \geq$ ________ Stück/Woche; $x_b \geq$ ________ Stück/Woche.

Maschine 1 dient zur Produktion von A und B. Ihre Kapazität beträgt 120 Stunden/Woche. Also gilt für ihre Kapazitätslinie die Gleichung: ______________________________ .

Maschine 2 dient ausschließlich der Fertigung von A. Ihre Kapazität beläuft sich auf 200 Wochenstunden. Die Stückzeit für eine Einheit A ist somit t_a = ________ Stunden/Stück.

Maschine 3 dient ausschließlich der Produktion von B. Eine Einheit B benötigt 5 Stunden Fertigungszeit. Folglich hat die Maschine 3 eine Kapazität von T = ________ Stunden/Woche.

Folgende Informationen sind gegeben: (1) E_2 ist optimal; (2) der Deckungsbeitrag von A beträgt 40 €/Stück. Dann muss der B-Deckungsbeitrag mindestens $d_b \geq$ ________ €/Stück sein.

Folgende Informationen sind gegeben: (1) E_3 ist optimal; (2) der Deckungsbeitrag von B beträgt 40 €/Stück. Dann muss der A-Deckungsbeitrag mindestens $d_a \geq$ ________ €/Stück sein.

E_5 ist der optimale Punkt, wenn gilt: $d_a <$ ________ €/Stück und $d_b <$ ________ €/Stück.

Wenn E_2 und E_3 optimal sind, muss bei einem A-Deckungsbeitrag von 50 €/Stück der B-Deckungsbeitrag den Wert d_b = ________ €/Stück aufweisen.

Sind E_3 und E_4 optimal, so muss der A-Deckungsbeitrag positiv sein und für B muss gelten: d_b = ________ €/Stück.

b) Sie haben die zu bestimmten Werten der Stückdeckungsbeiträge gehörende Isogewinnlinie ins Diagramm eingetragen und vermuten, dass die Isogewinnlinien und die Kapazitätslinie der Maschine 1 ________________ verlaufen.

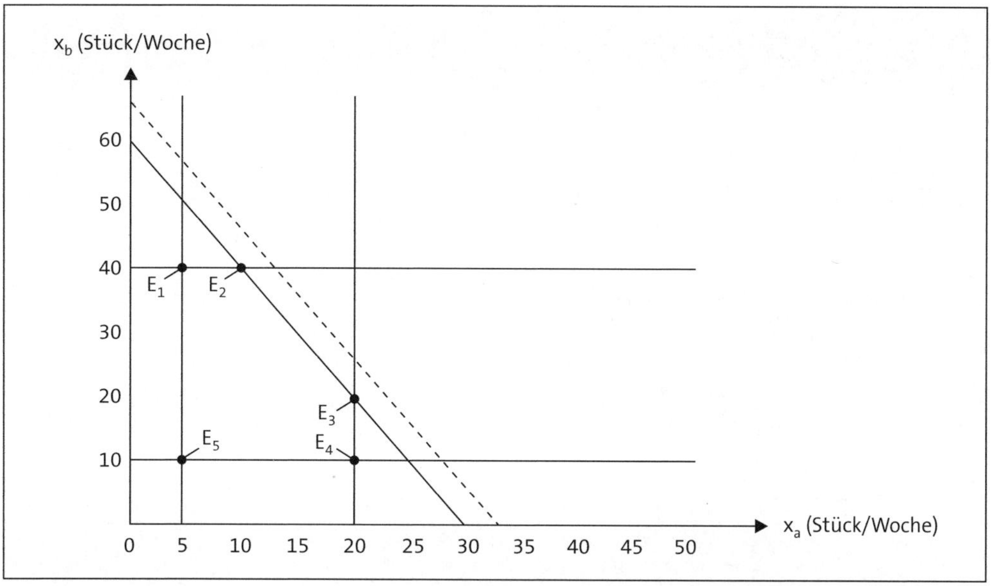

Geben Sie eine eindeutige Bestätigung oder Widerlegung Ihrer Vermutung mit Hilfe des

(1) Steigungsvergleichs (allgemeine Lösung und Anwendung auf den gegebenen Fall);

(2) Gewinnvergleichs (allgemeine Lösung und Anwendung auf den gegebenen Fall).

Es gilt: d_a = 66 €/Stück und d_b = 33 €/Stück.

4.8

Vervollständigen Sie die folgende Tabelle:

Betriebliche Engpass-situation	kein Engpass	ein Engpass	mehrere Engpässe
Programmoptimierung erfolgt mit Hilfe (nur Begriff nennen)			
Abkürzung des Begriffs			

5. Programmoptimierung bei mehreren Engpässen im Mehrgüterfall

5.1 Problemstellung

Bei grafischer Darstellung der Programmoptimierung werden auf den Koordinatenachsen die Mengen x_a und x_b der Güter A und B abgetragen. Sie benötigen also für jedes Gut eine Achse. Deshalb versagt die grafische Methode auch bei der n Produkt-Unternehmung (n > 2): Für drei Produkte benötigt man drei Achsen, bei vier Produkten wären vier Achsen erforderlich usw. Wir können das Möglichkeitsgebiet dann nicht mehr zweidimensional (d. h. als Fläche) darstellen, vielmehr ist eine drei-, vier- oder allgemein n-dimensionale Darstellung erforderlich. Es ist demnach notwendig, einen Lösungsweg zu finden, der unabhängig von der grafischen Darstellung zum Ziel führt. Dabei sind folgende Punkte zu beachten:

(1) Stellt ein Betrieb n Güter her, so ist sein Möglichkeitsgebiet durch ein n-dimensionales Gebilde gegeben. Problem: Der Mensch kann sich Ein-, Zwei- und Dreidimensionales gut vorstellen, schließlich leben wir in einer dreidimensionalen Welt. Gebilde aber, die mehr als drei Dimensionen aufweisen, sind unserer Anschauung nicht mehr unmittelbar zugänglich.

(2) Auch im n-Güter-Fall ist das gewinnoptimale Produktionsprogramm durch eine „Ecke" des Möglichkeitsgebietes darzustellen.

(3) Das zu lösende Optimierungsproblem besteht daher weiterhin in der Ermittlung der gewinnoptimalen „Ecke".

Wie aber ermittelt man die optimale „Ecke" eines n-dimensionalen Gebildes, das sich bei n > 3 der Anschauung entzieht? Um dieses Problem zu lösen, wollen wir uns zunächst die Aufgabe stellen, für einen bekannten Fall, die Abteilungsleiter-Konferenz zur Programmoptimierung (Seite 87), einen Lösungsweg ohne Benutzung der grafischen Veranschaulichung zu finden. Wir gehen also vom Sichtflug zum Blindflug über, bleiben aber aus Sicherheitsgründen vorläufig bei einem Zwei-Güter-Fall, dessen Lösung wir schon kennen.

5.2 Allgemeiner Lösungsansatz

5.2.1 Arithmetischer Weg

Wer sein Resultat ohne Grafik erhalten möchte, muss dieses ausschließlich aus den vorliegenden Gleichungen und Ungleichungen entwickeln, d. h. er muss die optimale Ecke aufgrund der Restriktionen und der Zielfunktion bestimmen. Der Lösungsweg lässt sich durch folgende drei Schritte charakterisieren:

1. Schritt: Da jede Ecke durch den Schnittpunkt zweier Geraden gegeben ist, kombinieren Sie alle vorhandenen Gleichungen miteinander und errechnen so alle vorhandenen Schnittpunkte.

2. Schritt: Die vorhandenen Schnittpunkte liegen zum Teil außerhalb des Möglichkeitsgebietes, stellen also unzulässige (weil unmögliche) Lösungen dar. Um die unzulässigen Lösungen von den zulässigen zu trennen, setzen Sie die Koordinaten aller Schnittpunkte in alle vorhandenen Restriktionsgleichungen (bzw. -ungleichungen) ein und sortieren jene Schnittpunkte, die nicht alle Bedingungen erfüllen und somit außerhalb des Möglichkeitsgebietes liegen, als unzulässige Lösungen aus.

3. Schritt: Die verbleibenden Eckenkoordinaten stellen zulässige Lösungen dar. Für jede zulässige Lösung wird der Gewinn ermittelt. Das gewinnoptimale Programm ist dann durch die Koordinaten jener Ecke bestimmt, für die der höchste Gewinn errechnet wurde.

BEISPIEL: Abteilungsleiter-Konferenz zur Programmoptimierung

Bei einem Betrieb sind folgende Daten zu beachten (vgl. Beispiel S. 87):

Mindestmenge A: 20 Stück/Monat — Höchstmenge A: 75 Stück/Monat

Mindestmenge B: 10 Stück/Monat — Höchstmenge B: 50 Stück/Monat

Die ursprüngliche Höchstmenge von $x_a \leq 80$ können wir vernachlässigen, da hier bereits eine engere Restriktion in Form des Rohstoffengpasses $x_a \leq 75$ vorliegt.

Ökonomische Daten			
Produkt	p	k_v (T€/Stck)	d
A	180	90	90
B	200	80	120

Technische Daten			
Maschine	t_a (Std/St)	t_b (Std/St)	T (Std/Mon)
1	3	6	420
2	4	3	360

Ermitteln Sie das gewinnmaximierende Programm ohne Benutzung einer Grafik.

Lösung

Aus den Tabellenangaben ergeben sich die folgenden Restriktionen sowie die Zielfunktion:

Maschine 1	(1)	$3\,x_a + 6\,x_b \leq 420$	Nebenbedingungen oder Restriktionen
Maschine 2	(2)	$4\,x_a + 3\,x_b \leq 360$	
Mindestmenge A	(3)	$x_a \leq 20$	
Mindestmenge B	(4)	$x_b \leq 10$	
Höchstmenge A	(5)	$x_a \leq 75$	
Höchstmenge B	(6)	$x_b \leq 50$	
Gewinn	(7)	$90.000\,x_a + 120.000\,x_b = G_{br}$	Zielfunktion

Wir haben, um ganz exakt zu sein, alle Nebenbedingungen als Ungleichungen formuliert. Das ist korrekt, denn die Kapazitätslinien der einzelnen Maschinen zeigen Ihnen nur, was maximal produziert werden kann. Sie stellen also eine Obergrenze dar, die zwar unter-, aber nicht überschritten werden kann. Gleiches gilt für die jeweiligen Höchstmengen, die ebenfalls unterschritten werden dürfen. Die Höchstmenge $x_a \leq 80$ haben wir vernachlässigt, da hier bereits eine engere Restriktion in Gestalt des Rohstoffengpasses $x_a \leq 75$ vorliegt.

In der folgenden Lösungstabelle sind die drei Lösungsschritte dargestellt.

ABB. 28: Programmoptimierung ist auch ohne Grafik möglich

1. Schritt			2. Schritt	3. Schritt
Die Kombination der Gleichungen	liefert das Wertepaar		erfüllt das Wertepaar alle Restriktionen?	Höhe des jeweiligen Bruttogewinnes (T€)
	x_a	x_b		
(1) und (2)	60	40	ja	**10.200**
(1) und (3)	20	60	(6) nicht	-
(1) und (4)	120	10	(2), (5) nicht	-
(1) und (5)	75	32,5	(2) nicht	-
(1) und (6)	40	50	ja	9.600
(2) und (3)	20	93,3	(1), (6) nicht	-
(2) und (4)	82,5	10	(5) nicht	-
(2) und (5)	75	20	ja	9.150
(2) und (6)	52,5	50	(1) nicht	-
(3) und (4)	20	10	ja	3.000
(3) und (5)	kein Schnittpunkt, da parallel		-	-
(3) und (6)	20	50	ja	7.800
(4) und (5)	75	10	ja	7.950
(4) und (6)	kein Schnittpunkt, da parallel		-	-
(5) und (6)	75	50	(1), (2) nicht	-

Ergebnis

(1) Es existieren insgesamt sechs zulässige Lösungen. Es gibt also sechs Lösungen, die produktionstechnisch realisierbar sind.

(2) Von den zulässigen Lösungen ist die erste mit $x_a = 60$ und $x_b = 40$ gewinnoptimal. Der dazugehörige Bruttogewinn beläuft sich auf 10.200 T€.

Das gezeigte Rechenverfahren beruht auf der Kombination jeder Restriktionsgleichung mit jeder anderen und heißt deshalb kombinatorische Methode[1]. Sie führt zuverlässig zur optimalen Lösung, und zwar ohne grafische Darstellung. Es muss jedoch beachtet werden, dass die kombinatorische Methode einen erheblichen Rechenaufwand erfordert. Sie wurde daher für praktische Zwecke weiterentwickelt, um den Rechenaufwand auf ein erträgliches Maß zu beschränken (vgl. 5.3 Simplex-Methode).

5.2.2 Grafische Überprüfung des arithmetischen Weges

Zum besseren Verständnis des kombinatorischen Verfahrens, insbesondere zur Klärung der Frage, weshalb gewisse Wertepaare die Restriktionen erfüllen und andere nicht, wollen wir unsere Rechnung grafisch überprüfen.

1 Ausführlich bei: F. J. Fay, Lineare Algebra und Optimierung, S. 75 ff.

ABB. 29: Grafische Überprüfung des arithmetischen Weges

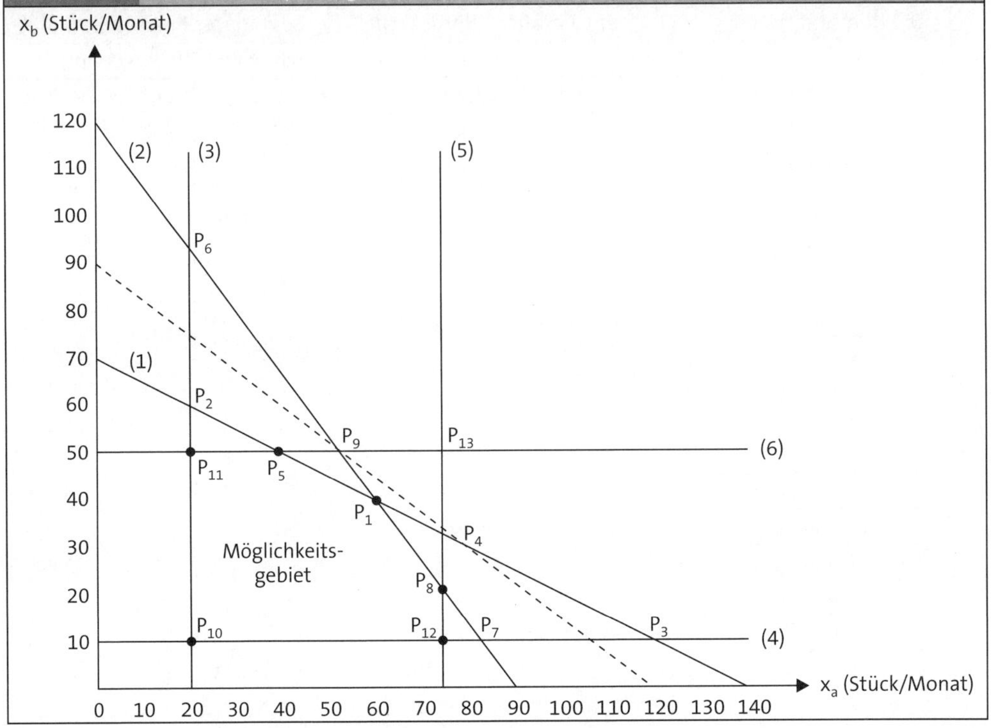

Wenn Sie die Abbildung 29 betrachten, in der alle denkbaren Schnittpunkte von P_1 bis P_{13} dargestellt sind, erkennen Sie, wie bislang bei der geometrischen Lösung vorgegangen wurde: Durch die unmittelbare Anschauung konnte man feststellen, ob ein Schnittpunkt außerhalb des Möglichkeitsgebietes liegt und ihn gegebenenfalls als irrelevant außer acht lassen. Die zur grafischen Lösung gehörenden Überlegungen wollen wir uns an Hand der folgenden Übersicht verdeutlichen.

ABB. 30: Ein Blick in die Zeichnung zeigt: realisierbar, ja oder nein?

Die Kombination der Gleichungen	wird grafisch dargestellt durch den Punkt	liegt dieser Punkt innerhalb des Möglichkeitsgebietes?
(1) und (2)	P_1 (60/40)	ja
(1) und (3)	P_2 (20/60)	nein
(1) und (4)	P_3 (120/10)	nein
(1) und (5)	P_4 (75/32,5)	nein
(1) und (6)	P_5 (40/50)	ja
(2) und (3)	P_6 (20/93,3)	nein
(2) und (4)	P_7 (82,5/10)	nein
(2) und (5)	P_8 (75/20)	ja
(2) und (6)	P_9 (52,5/50)	nein
(3) und (4)	P_{10} (20/10)	ja
(3) und (5)	kein Schnittpunkt, da Geraden parallel	
(3) und (6)	P_{11} (20/50)	ja
(4) und (5)	P_{12} (75/10)	ja
(4) und (6)	kein Schnittpunkt, da Geraden parallel	
(5) und (6)	P_{13} (75/50)	nein

Sie kennen nun den wesentlichen Unterschied zwischen der grafischen und der rein arithmetischen Lösung:

(1) Bei der grafischen Lösung gewinnen Sie die Auskunft, ob ein Punkt realisierbar ist, durch Betrachten des Möglichkeitsgebietes; bei der arithmetischen Lösung prüfen Sie, ob die Koordinaten alle Restriktionen erfüllen.

(2) Bei der grafischen Lösung erhalten Sie die optimale Ecke durch optischen Abgleich von Isogewinnlinie und Kapazitätslinie des Betriebes; bei der arithmetischen Lösung berechnen Sie den Gewinn jeder zulässigen Lösung.

5.3 Simplex-Methode

5.3.1 Vorteil der Simplex-Methode

Die kombinatorische Methode führt im Prinzip zuverlässig zum Ergebnis. Jedoch kann der Rechenaufwand bei diesem Weg so stark anwachsen, dass er nur noch mit Mühe zu bewältigen ist. Der Rechenaufwand für die Programmoptimierung steigt

- mit steigender Maschinenzahl (= größere Anzahl von Ungleichungen) und
- mit steigender Anzahl von Produkten (= längere Restriktionen).

Man hat dann sehr viele Lösungsmöglichkeiten zu ermitteln, von denen die meisten unzulässig sind. Den Vorzug einer Beschränkung auf zulässige Lösungen weist die von G. B. Dantzig 1948 erstmals beschriebene Simplex-Methode auf[2]. Probleme bis zu 10 Variablen lassen sich nach dieser Methode noch manuell lösen. Größere Probleme erfordern den Einsatz der EDV. Programme für die Simplex-Methode werden heute von vielen Software-Anbietern und EDV-Anlagen-Herstellern angeboten. Damit ist es möglich, Probleme mit mehreren tausend Variablen und Restriktionen zu lösen.

5.3.2 Grundzüge der Simplex-Methode

Im Folgenden wird – wiederum an Hand des Zwei-Güter-Falles, der grafisch überprüft werden kann – die Simplex-Methode in ihren Grundzügen dargestellt[3].

BEISPIEL: Programmoptimierung mit Simplex-Methode

Die Outdoor KG produziert unter anderem Schlafsäcke in zwei Versionen. Version 1 (2) erbringt einen Stückdeckungsbeitrag von 90 (140) €. Im Einzelnen gelten folgende Bedingungen:

(Un-)Gleichung / lfd. Nr.

Maschine 1	(1)	$3\,x_1 + 2\,x_2 \leq 3.300$	Restriktionen
Maschine 2	(2)	$4\,x_1 + 8\,x_2 \leq 6.000$	
Höchstmenge 1	(3)	$x_1 \leq 1.000$	
Höchstmenge 2	(4)	$x_2 \leq 600$	
Bruttogewinn	(5)	$90\,x_1 + 140\,x_2 = G_{br}$	Zielfunktion

Daneben sind die Nichtnegativitätsbedingungen zu berücksichtigen: $x_1 \geq 0$ und $x_2 \geq 0$. Die Nichtnegativitätsbedingungen besagen, dass das optimale Programm keine negativen Mengen enthalten darf. Sie sind deshalb notwendig, weil ein Artikel mit negativem Deckungsbeitrag - rein rechnerisch - zu einem Gewinnbringer wird, wenn man die negativen Deckungsbeiträge mit negativen Stückzahlen multipliziert. Ermitteln Sie das optimale Programm auf

a) grafischem und auf

b) arithmetischem Weg.

Lösung a) Grafische Lösung

Die realisierbaren Produktmengenkombinationen liegen im schraffierten Bereich der folgenden Abbildung. Optimal ist E_4 mit $x_1 = 900$ und $x_2 = 300$. Das optimale Programm hängt vom Verlauf der Kapazitätslinie und von der Steigung $-d_a/d_b$ der Isogewinnlinien ab. Die Fixkosten sind für die Bestimmung des Programmoptimums ohne Belang. Das Programm, das den Bruttogewinn oder Gesamtdeckungsbeitrag maximiert, maximiert auch den Nettogewinn. Deshalb kann man beim Aufsuchen des optimalen Programms die Fixkosten ausklammern.

2 Vgl. hierzu: G. B. Dantzig, Lineare Optimierung und Erweiterungen. - H. Müller-Merbach, Operations Research. - B. Runzheimer, Operations Research I, Lineare Planungsrechnung und Netzplantechnik. -K. Schick, Lineares Optimieren. - J. Schwarze, Mathematik für Wirtschaftswissenschaftler, Band 3, Lineare Algebra, Lineare Optimierung und Graphentheorie. - P. Stahlknecht/R. Ohmann, Lineare Programmierung auf dem PC. - H. Wiedling, Lineare Planungstechnik. Eine Einführung in die Nutzung der linearen Optimierung zur Lösung betriebswirtschaftlicher Probleme.

3 Vgl. hierzu insbesondere H. Müller-Merbach, Lineare Planungsrechnung, S. 365 ff. - R. Karrenberg/ A. W. Scheer, Lineare Programmierung als Hilfsmittel bei Planungsentscheidungen.

ABB. 31: Möglichkeitsgebiet

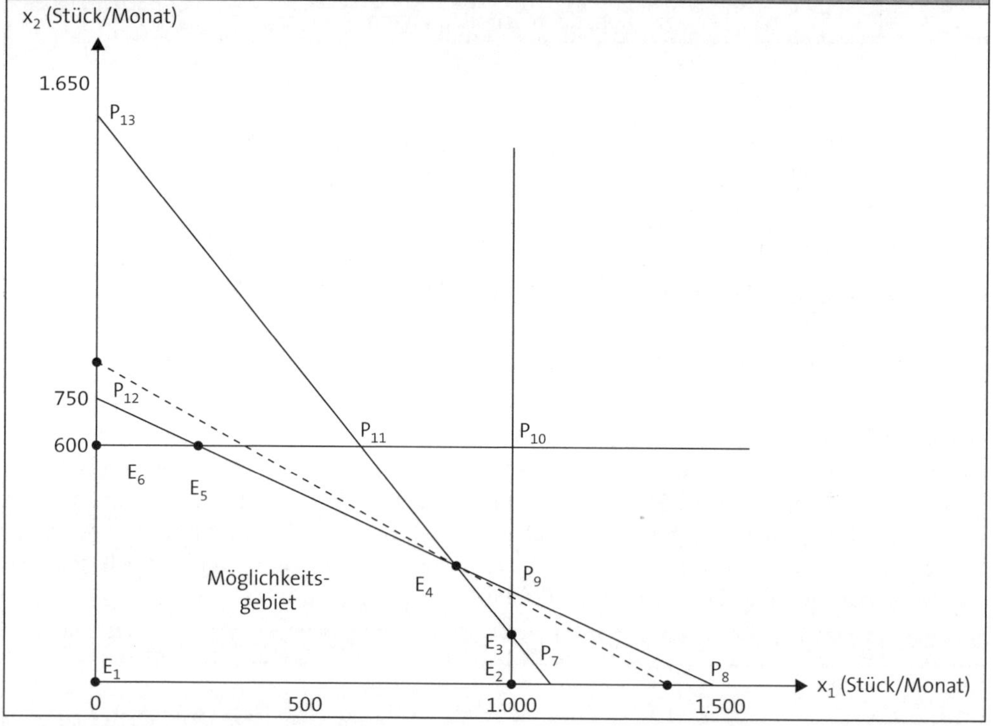

Lösung b) Arithmetische Lösung

Für die Durchführung der Rechnung ist es vorteilhaft, wenn man die Ungleichungen (1) bis (4) durch Einführung von Schlupfvariablen in Gleichungen verwandelt. Im Falle der Gleichungen (1) und (2) sind die Schlupfvariablen oder slack variables (slack = Luft) ökonomisch interpretierbar als freie (ungenutzte) Restkapazität. Bei (3) und (4) geben die Werte der Schlupfvariablen an, wie weit der tatsächliche Absatz vom Höchstabsatz entfernt ist. Auch für die Schlupfvariablen gilt die Nichtnegativitätsbedingung: Die freie Restkapazität kann genauso wenig negativ sein wie der Abstand zwischen Ist- und Höchstabsatz.

Wenn man zur Benennung der Schlupfvariablen die niedrigsten noch nicht vorkommenden Indizes (x_3, x_4, x_5 und x_6) verwendet, lässt sich das Gleichungssystem (1) bis (5) wie folgt schreiben:

lfd Nr.

(1)	$3\,x_1$	$+\,2\,x_2$	$+\,x_3$				=	3.300
(2)	$4\,x_1$	$+\,8\,x_2$		$+\,x_4$			=	6.000
(3)	x_1				$+\,x_5$		=	1.000
(4)		x_2				$+\,x_6$	=	600
(5)	$90\,x_1$	$+\,140\,x_2$					=	G_{br}

Die der Simplex-Methode zugrundeliegende Idee besteht darin, dass man die Ecken-Schnittpunkte (E_1 bis E_6) klar von den sonstigen Schnittpunkten (P_7 bis P_{13}) trennt, und zwar folgendermaßen:

Unterscheidungsmerkmal eines Eckpunktes gegenüber sonstigen Schnittpunkten

ohne Berücksichtigung von Schlupfvariablen, d. h. nach dem bisherigen (Un-) Gleichungssystem	mit Berücksichtigung von Schlupfvariablen, d. h. nach dem neuen Gleichungssystem
Bei einem Eckpunkt gilt: a) in wenigstens zwei Nebenbedingungen das Gleichheitszeichen, b) in den restlichen Nebenbedingungen das Ungleichheitszeichen.	Bei einem Eckpunkt gilt: a) wenigstens zwei Variablen haben den Wert Null, b) die anderen sind positiv.

Die vier Restriktionsgleichungen enthalten nach Einführung der Schlupfvariablen sechs Unbekannte. Damit ist das Gleichungssystem unterbestimmt: Es existieren beliebig viele verschiedene Lösungen. Da aber nur die Eckpunkte (also die zulässigen Lösungen) interessieren, machen wir uns das Unterscheidungsmerkmal zunutze, wonach bei einer Ecke wenigstens zwei Variablen gleich Null und die restlichen positiv sind. Es bleiben dann in unserem Fall vier Gleichungen mit vier Variablen übrig, die sich leicht berechnen lassen.

ABB. 32: Eckpunkte und Schlupfvariablen

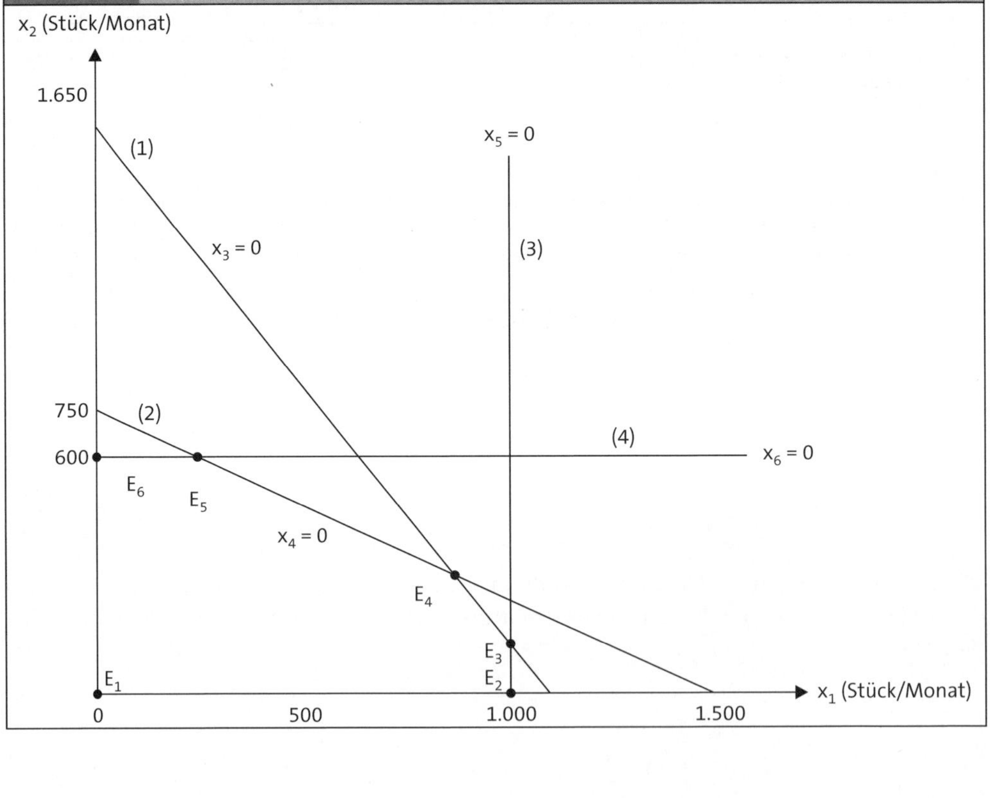

Die benachbarten Ecken unterscheiden sich dadurch, dass eine andere Variable gleich Null ist. Beispiel:

(1) Für E_3 gilt: $x_3 = 0$ und $x_5 = 0$.

(2) Für E_4 gilt: $x_3 = 0$ und $x_4 = 0$.

Beim Übergang von E_3 zu E_4 wurde also x_5 gegen x_4 getauscht. Der Weg der Simplex-Methode lässt sich durch drei Schritte beschreiben:

1. Man erhält durch die Bedingung „zwei Variablen gleich Null und restliche Variablen positiv" die zulässigen Ecken.
2. Ausgehend von einer beliebigen zulässigen Ecke (meist vom Ursprung, wenn keine Mindestmengen vorliegen) wird ein Nachbareckpunkt mit höherem Gewinn gesucht.
3. Diese Suche setzt man so lange fort, bis kein Nachbareckpunkt mit höherem Gewinn mehr existiert. Dann ist das Optimum erreicht.

5.3.3 Rechentechnik der Simplex-Methode

Zur Anwendung der Simplex-Methode können Sie das Gleichungssystem, das unserem Beispiel zugrunde liegt, nutzen.

lfd Nr.								
(1)	$3\ x_1$	$+ 2\ x_2$	$+ x_3$				=	3.300
(2)	$4\ x_1$	$+ 8\ x_2$		$+ x_4$			=	6.000
(3)	x_1				$+ x_5$		=	1.000
(4)		x_2				$+ x_6$	=	600
(5)	$90\ x_1$	$+ 140\ x_2$					=	G_{br}

(1) Aufstellen eines Simplex-Tableaus:

Um zu einer einfacheren Schreibweise zu gelangen, notieren Sie die Symbole $x_1, x_2, \ldots, x_6$ nicht mehr komplett, sondern nur noch deren Koeffizienten. Außerdem ersetzen Sie das Gleichheitszeichen durch einen senkrechten Doppelstrich. Dann ergibt sich das Simplex-Tableau 1:

ABB. 33: Simplex-Tableau 1

lfd. Nr.	x_1	x_2	x_3	x_4	x_5	x_6	
(1)	3	2	1	0	0	0	3.300
(2)	4	8	0	1	0	0	6.000
(3)	1	0	0	0	1	0	1.000
(4)	0	1	0	0	0	1	600
(5)	90	140	0	0	0	0	0

Kommen bestimmte Variablen in einer Gleichung nicht vor, werden an der betreffenden Stelle Nullen ergänzt. Eine erste zulässige - aber wahrscheinlich nicht gewinnoptimale - Lösung besteht darin, dass man x_1 und x_2 gleich Null setzt, also unterstellt, dass keine Produktion stattfindet. Für $x_1 = x_2 = 0$ können Sie die Werte der anderen Variablen aus Tableau 1 unmittelbar ablesen. So erhält man etwa für Zeile 1:

$$3 \cdot 0 + 2 \cdot 0 + 1 \cdot x_3 + 0 \cdot x_4 + 0 \cdot x_5 + 0 \cdot x_6 = 3.300$$

oder:

$$x_3 = 3.300$$

Auf analoge Weise errechnet man $x_4 = 6.000$, $x_5 = 1.000$, $x_6 = 600$, $G_{br} = 0$.

Bitte betrachten Sie noch einmal die Abbildung 32. Nimmt man als Ausgangspunkt die Ecke E_1, so wird nichts produziert. Der Bruttogewinn, die Summe aller Deckungsbeiträge, ist Null. Es entsteht ein Verlust in Höhe der Fixkosten. Es ist demnach sinnvoll, zu einem anderen Eckpunkt überzugehen, d. h. für eine der Variablen x_1 und x_2 die Nullbindung aufzuheben und stattdessen eine andere Variable gleich Null zu setzen. Man bezeichnet die der Nullbindung unterworfenen Variablen auch als Nichtbasisvariablen. Entsprechend heißen die nicht gleich Null gesetzten Variablen Basisvariablen, weil sie die Basis der Lösung darstellen.

(2) Wahl der Pivotspalte:

Will man den Gewinn erhöhen, so muss produziert werden, man muss also eine der bisherigen Nichtbasisvariablen (kurz: N) x_1 oder x_2 neu in die Basis aufnehmen. Entsprechend muss eine der bisherigen Basisvariablen (kurz: B) gleich Null werden. Wenn der Wert x_1 wächst, so steigt der Gewinn mit jeder Einheit x_1 um 90 €. Mit jeder Einheit x_2 wächst der Gewinn hingegen um 140 €. Es ist also naheliegend, die Variable mit dem größten positiven Koeffizienten (Deckungsbeitrag) in der Zielfunktion als neue Basisvariable festzulegen. Wir bewegen uns damit in der obigen Abbildung 32 von E_1 nach E_6. Die neue Basisvariable ist also x_2. Die Spalte des Simplex-Tableaus, in der die neue Basisvariable steht, heißt Pivotspalte (pivot, franz. = Angelpunkt).

ABB. 34: Simplex-Tableau 1 a

lfd. Nr.	N x_1	N x_2	B x_3	B x_4	B x_5	B x_6	
(1)	3	2	1	0	0	0	3.300
(2)	4	8	0	1	0	0	6.000
(3)	1	0	0	0	1	0	1.000
(4)	0	1	0	0	0	1	600
(5)	90	140	0	0	0	0	0

↑ Pivotspalte

(3) Wahl der Pivotzeile:

Wenn x_2 neu in die Basis aufgenommen wird, dann ist zu fragen, welche der bisherigen Basisvariablen $x_3, \ldots, x_6$ gleich Null zu setzen (aus der Basis zu nehmen) ist. Anders ausgedrückt: Wenn man - ausgehend von E_1 - eine steigende Menge x_2 produziert, dann ist zu fragen, welche Restriktion als erste bei wachsendem x_2 berührt wird. Da das Erreichen einer Restriktion dazu führt, dass die zugehörige Basisvariable gleich Null wird, ist zu untersuchen, bei welchen x_2-Werten die Basisvariablen $x_3, \ldots, x_6$ Null werden.

$x_3 = 0 \quad \rightarrow \quad 3 \cdot 0 + 2 \cdot x_2 + 1 \cdot 0 + 0 \cdot x_4 + 0 \cdot x_5 + 0 \cdot x_6 = 3.300$

oder: $2\,x_2 = 3.300$

$x_2 = 1.650$

Entsprechend ergibt:

$x_4 = 0 \quad \rightarrow \quad 8\,x_2 = 6.000$

$x_2 = 750$

$x_6 = 0 \quad x_2 = 600$

Da x_1 weiter Nichtbasisvariable und damit gleich Null ist, kann x_5 nicht aus der Basis genommen werden[4]. Somit erhält man das Ergebnis, x_6 aus der Basis zu nehmen, da hier offenbar die engste Restriktion liegt, die bei wachsendem x_2 als erste berührt wird. Der Weg, der zu diesem Ergebnis führt, kann auch wie folgt formuliert und schematisiert werden: „Man ermittle die Quotienten aus der rechten Seite des Tableaus und den positiven Koeffizienten der Pivotspalte. Der nied-

4 Es ergäbe sich sonst: $1 \cdot 0 + 0 \cdot x_2 + 0 \cdot x_3 + 0 \cdot x_4 + 1 \cdot 0 + 0 \cdot x_6 = 1.000 \Rightarrow 0 = 1.000$

rigste Quotientenwert führt zu der Variablen, die aus der Basis zu nehmen ist." Diese Überlegungen sind im Tableau 1 b zusammengefasst.

ABB. 35: Simplex-Tableau 1 b

	lfd. Nr.	N x_1	N x_2	B x_3	B x_4	B x_5	B x_6		Quotienten	Programm:
	(1)	3	2	1	0	0	0	3.300	3.300 : 2 = 1.650	$x_1 = 0$
	(2)	4	8	0	1	0	0	6.000	6.000 : 8 = 750	$x_2 = 0$
	(3)	1	0	0	0	1	0	1.000	entfällt	E_1 in Abb. 32
Pivotzeile →	(4)	0	1	0	0	0	1	600	600 : 1 = 600	programmbedingter Gewinn:
	(5)	90	140	0	0	0	0	0		$G_{br} = 0$
			↑ Pivotspalte							

Im Kreuzpunkt von Pivotspalte und -zeile steht das Pivotelement (kurz: Pivot), das für die Weiterführung der Rechnung von besonderer Bedeutung ist.

(4) Tableau-Umformung:

a) Tableau 1 b ist nun umzuformen, und zwar so, dass das Ergebnis (die Werte der Basisvariablen) wieder unmittelbar auf der rechten Seite abgelesen werden kann. Dazu sind zwei Schritte erforderlich:

(1) Division der Pivotzeile durch das Pivotelement, so dass an Stelle des bisherigen Pivots eine 1 steht (= Herstellung der „Basiseins").

(2) Herstellung von Nullen oberhalb und unterhalb der Basiseins, so dass bis auf das Pivot nur Nullen in der Pivotspalte stehen. Zu diesem Zweck sind geeignete Vielfache der Pivotzeile zu den anderen Zeilen zu addieren oder von ihnen zu subtrahieren.

Schritt 1:

Im Simplex-Tableau 1 b ist das Pivotelement schon 1, so dass eine Division der Pivotzeile nicht mehr erforderlich ist.

Schritt 2:

Zeile (1) → doppelte Pivotzeile subtrahieren,

Zeile (2) → achtfache Pivotzeile subtrahieren,

Zeile (3) → unverändert lassen,

Zeile (5) → 140fache Pivotzeile subtrahieren.

Sie erhalten dann Tableau 2:

ABB. 36: Simplex-Tableau 2

lfd. Nr.	N x_1	B x_2	B x_3	B x_4	B x_5	N x_6		Quotienten	Programm:
(1)	3	0	1	0	0	- 2	2.100	2.100 : 3 = 700	x_1 = 0
Pivotzeile → (2)	4	0	0	1	0	- 8	1.200	1.200 : 4 = 300	x_2 = 600
(3)	1	0	0	0	1	0	1.000	1.000 : 1 = 1.000	E_6 in Abb. 32
(4)	0	1	0	0	0	1	600	entfällt	programmbedingter Gewinn:
(5)	90	0	0	0	0	- 140	84.000		G_{br} = 84.000
	↑ Pivotspalte								

Sie erkennen aus Tableau 2, dass der Bruttogewinn beim neuen Programm (x_1 = 0/x_2 = 600) mit 84.000 € wesentlich höher ist als in der Ausgangssituation.

b) Wir versuchen, den Gewinn durch eine weitere Tableauumformung (grafisch: Wahl eines neuen Eckpunktes) zu erhöhen. Dazu sind die Schritte 1 und 2 auf Tableau 2 anzuwenden.

Tableau 2 zeigt:

- Pivotspalte ist Spalte 1 (größter positiver Koeffizient der Zielfunktion),
- Pivotzeile ist Zeile 2 (kleinster Quotient, also engste Restriktion).

Schritt 1:

Division der Pivotzeile durch 4

→ (2)	1	0	0	1/4	0	-2	300

Schritt 2:

Herstellung von Nullen in der Pivotspalte

Zeile (1) → dreifache Pivotzeile subtrahieren,

Zeile (3) → Pivotzeile subtrahieren,

Zeile (4) → unverändert lassen,

Zeile (5) → 90fache Pivotzeile subtrahieren.

Damit ergibt sich Tableau 3:

ABB. 37: Simplex-Tableau 3

	lfd. Nr.	B x_1	B x_2	B x_3	N x_4	B x_5	N x_6		Quotienten	Programm:
Pivotzeile →	(1)	0	0	1	- 3/4	0	4	1.200	1.200 : 4 = 300	x_1 = 300
	(2)	1	0	0	1/4	0	- 2	300	entfällt	x_2 = 600
	(3)	0	0	0	- 1/4	1	2	700	700 : 2 = 350	E_5 in Abb. 32
	(4)	0	1	0	0	0	1	600	600: 1 = 600	programmbedingter Gewinn:
	(5)	0	0	0	- 90/4	0	40	111.000		G_{br} = 111.000

↑ Pivotspalte

Aus Tableau 3 lässt sich ablesen, dass der Bruttogewinn mit dem neuen Programm (x_1 = 300/x_2 = 600) weiter gesteigert werden konnte (von 84.000 € auf 111.000 €).

c) Ausgehend von Tableau 3 wollen wir den Gewinn durch eine neuerliche Umformung erhöhen:

- Pivotspalte ist Spalte 6
- Pivotzeile ist Zeile 1

Schritt 1:

Division der Pivotzeile durch 4

→ (1)	0	0	1/4	-3/16	0	1	300

Schritt 2:

Herstellung von Nullen in der Pivotspalte

Zeile (2) → doppelte Pivotzeile addieren,

Zeile (3) → doppelte Pivotzeile subtrahieren,

Zeile (4) → einfache Pivotzeile subtrahieren,

Zeile (5) → 40fache Pivotzeile subtrahieren.

Sie erhalten dann Tableau 4:

ABB. 38: Simplex-Tableau 4

lfd. Nr.	B x_1	B x_2	N x_3	N x_4	B x_5	B x_6		Programm:
(1)	0	0	1/4	- 3/16	0	1	300	$x_1 = 900$
(2)	1	0	1/2	- 1/8	0	0	900	$x_2 = 300$
(3)	0	0	- 1/2	1/8	1	0	100	E_4 in Abb. 32 und 39
(4)	0	1	- 1/4	3/16	0	0	300	programmbedingter Gewinn:
(5)	0	0	- 10	- 15	0	0	123.000	$G_{br} = 123.000$

Tableau 4 lässt sich nicht mehr weiter umformen; es enthält keine Pivotspalte mehr, da in der letzten Zeile (Zielfunktion) ausschließlich negative Koeffizienten stehen. Das Optimum ist erreicht.

Ergebnis:

Den maximalen Bruttogewinn von 123.000 €/Monat erzielen Sie beim Programm x_1= 900 Stück/Monat und x_2 = 300 Stück/Monat.

5.4 Ergebnis und Zusammenfassung

5.4.1 Der Weg der Simplex-Methode

Die grafische Überprüfung zeigt, dass die Simplex-Methode auf ökonomische Weise und rasch zum Ergebnis führt.

ABB. 39: Weg der Simplex-Methode

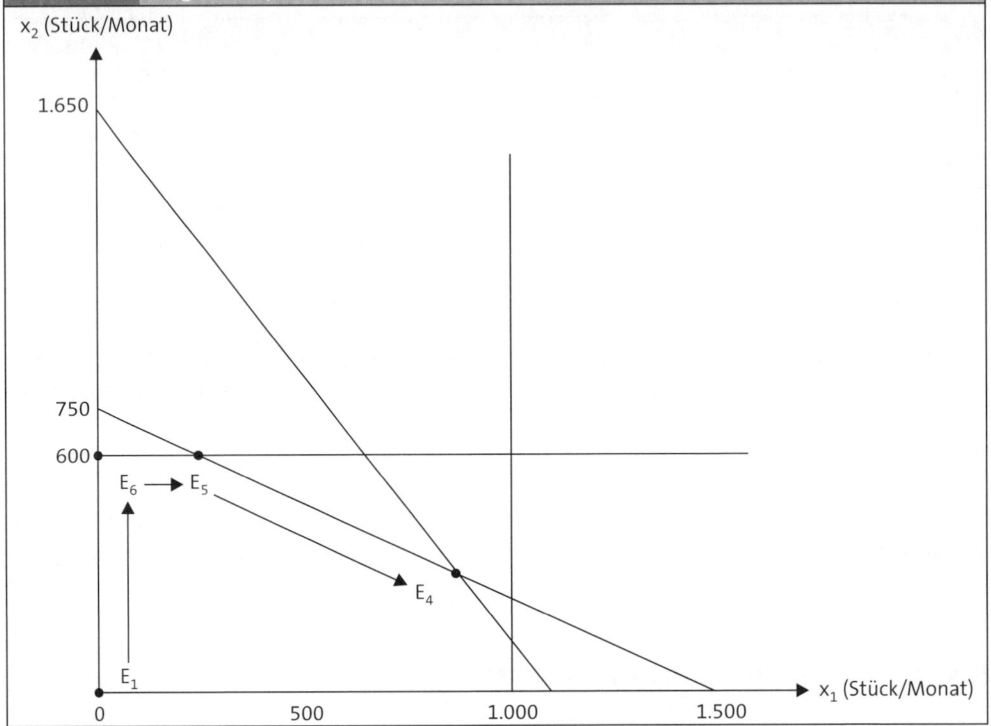

Die Pfeile verdeutlichen, wie man sich durch die Tableau-Umformungen der optimalen Ecke nähert. Dabei sind die Stationen auf dem Weg zur optimalen Ecke stets produktionstechnisch zulässige Eckpunkte, nämlich E_1, E_6, E_5, E_4. Im Ausklammern der produktionstechnisch nicht machbaren Kombinationen liegt der Vorzug der Simplex-Methode gegenüber dem kombinatorischen Verfahren.

5.4.2 Praktische Durchführung der Simplex-Methode

Die Programmoptimierung mit Hilfe der Simplex-Methode vollzieht sich in folgenden Schritten, falls der Ursprung eine zulässige Lösung darstellt[5]:

1. **Aufstellen von Zielfunktion und Nebenbedingugen.**
2. Umformen der Nebenbedingungen in Gleichungen.
3. Herstellen eines ersten Simplex-Tableaus.
4. Festlegen der Pivotspalte (Spalte mit dem größten positiven Koeffizienten der Zielfunktionszeile).
5. Festlegen der Pivotzeile (Zeile mit dem kleinsten Quotienten = engste Restriktion).

5 Vgl. hierzu auch: H. Wiedling, Lineare Planungstechnik, S. 36 f.

6. Tableau-Umformung
   a) Division der Pivotzeile durch das Pivotelement, um die neue Basiseins zu erhalten.
   b) Herstellen von Nullen ober- und unterhalb der neuen Basiseins durch Addition oder Subtraktion geeigneter Vielfacher der Pivotzeile zu bzw. von den anderen Zeilen.
7. Wiederholen der Schritte 4 bis 6, bis die Zielfunktionszeile keine positiven Koeffizienten mehr enthält. Dann ist das Optimum erreicht.
8. **a) Ablesen der optimalen Lösung aus dem Endtableau.**
   b) Interpretation des Ergebnisses.
   c) Erarbeitung von Konsequenzen.

Die Schritte 2 bis 7 enthalten rein mechanische Tätigkeiten, die ohne weiteres durch die EDV erledigt werden können. Dagegen können die Schritte 1 und 8 ohne die Arbeit eines qualifizierten Fachmannes nicht vollzogen werden. So setzt Schritt 1 unter anderem voraus:

- Kenntnis der Stückpreise und Ermittlung der variablen Stückkosten,
- Ermittlung der Stückdeckungsbeiträge,
- Kenntnis der Stückzeiten der einzelnen Produkte und der verfügbaren Kapazitäten der betrieblichen Teilbereiche,
- Quantifizierung und Formulierung der maschinellen Restriktionen,
- Kenntnisse der Absatz- und Beschaffungsmöglichkeiten der Unternehmung,
- Quantifizierung und Formulierung weiterer Restriktionen (Rohstoffengpässe, räumliche Engpässe, Mindest- und Höchstmengen des Produktabsatzes).

Die Anwendung der Simplex-Methode auf die Programmplanung bei mehreren Engpässen zwingt also zu einer Analyse des Betriebsgeschehens und der Verflechtungen zwischen den betrieblichen Abteilungen sowie der Beziehungen zwischen Betrieb und Umwelt. Vor ähnliche Anforderungen sieht man sich auch bei Schritt 8 gestellt. Das Ergebnis ist genau zu interpretieren. Die aus dem Ergebnis zu ziehenden Konsequenzen sind zu formulieren und in die Tat umzusetzen. Abschließend und zusammenfassend soll anhand eines nicht mehr grafisch lösbaren Beispieles gezeigt werden, in welcher Weise in der betrieblichen Praxis ein EDV-Programm zur Durchführung der Schritte 2 bis 7 eingesetzt werden kann.

BEISPIEL: **Praktischer Einsatz der Simplex-Methode**

In einem gewinnmaximierenden Unternehmen können vier Güter auf drei Maschinen erzeugt werden. Sie haben folgende Daten ermittelt:

Produkt	d (€/St)
1	7,0
2	9,0
3	2,5
4	8,0

Maschine	t_1	t_2	t_3	t_4	T
	(Min/Stück)				(Min/Tag)
1	3	2	-	4	700
2	2	4	2	-	1.000
3	-	2	1	4	750

Weiter ist Ihnen bekannt:

(1) Für das Produkt 2 liegt ein Rohstoffengpass vor. Pro Tag können höchstens 200 Rohstoffeinheiten bezogen werden. Zur Herstellung einer Einheit des Produktes 2 wird eine Rohstoffeinheit benötigt.

(2) Von Produkt 4 lassen sich höchstens 40 Einheiten täglich absetzen.

a) Bestimmen Sie das gewinnoptimale Produktionsprogramm und den dazugehörigen Bruttogewinn mit Hilfe der Simplex-Methode. Welche Kapazitäten bleiben ungenutzt? Welchen Wert haben die Schattenpreise?

b) Interpretieren Sie die Ergebnisse.

Lösung a) Einsatz der Simplex-Methode

Die Ermittlung des gewinnmaximierenden Programms, der freien Kapazitäten sowie der Schattenpreise erfolgt mit Hilfe der EDV. Das im Folgenden vorgeführte Programm erlaubt den Ausdruck der einzelnen Simplex-Tableaus. Das hat den Vorteil, dass man die einzelnen Lösungsschritte nachvollziehen kann. Bei umfangreicheren Problemen und bei Routineanwendungen verzichtet man auf den Ausdruck der einzelnen Simplex-Tableaus als Zwischenschritte.

ABB. 40: Dialog zur Durchführung eines Simplex-Programms

Anzahl der Nebenbedingungen (ohne Zielfunktion) - (max. 50):

Anzahl der Variablen (max. 30): 4

1. Nebenbedingung:

x_1 * 3
x_2 * 2
x_3 * 0
x_4 * 4
≤ 700

2. Nebenbedingung:

x_1 * 2
x_2 * 4
x_3 * 2
x_4 * 0
≤ 1.000

3. Nebenbedingung:

x_1 * 0
x_2 * 2
x_3 * 1
x_4 * 4
≤ 750

4. Nebenbedingung:

x_1 * 0
x_2 * 1
x_3 * 0
x_4 * 0
≤ 200

5. Nebenbedingung:

x_1 * 0
x_2 * 0
x_3 * 0
x_4 * 1
≤ 40

Zielfunktion:

x_1 * 7
x_2 * 9
x_3 * 2,5
x_4 * 8
Maximierung!

Simplex-Tableau 1

1	3,0	2,0	0,0	4,0	1,0	0,0	0,0	0,0	0,0	=	700,00
2	2,0	4,0	2,0	0,0	0,0	1,0	0,0	0,0	0,0	=	1.000,00
3	0,0	2,0	1,0	4,0	0,0	0,0	1,0	0,0	0,0	=	750,00
4	0,0	1,0	0,0	0,0	0,0	0,0	0,0	1,0	0,0	=	200,00
5	0,0	0,0	0,0	1,0	0,0	0,0	0,0	0,0	1,0	=	40,00
ZF	7,0	9,0	2,5	8,5	0,0	0,0	0,0	0,0	0,0	=	0,00

Simplex-Tableau 2

1	3,0	0,0	0,0	4,0	1,0	0,0	0,0	- 2,0	0,0	=	300,00
2	2,0	0,0	2,0	0,0	0,0	1,0	0,0	- 4,0	0,0	=	200,00
3	0,0	0,0	1,0	4,0	0,0	0,0	1,0	- 2,0	0,0	=	350,00
4	0,0	1,0	0,0	0,0	0,0	0,0	0,0	1,0	0,0	=	200,00
5	0,0	0,0	0,0	1,0	0,0	0,0	0,0	0,0	1,0	=	40,00
ZF	7,0	0,0	2,5	8,0	0,0	0,0	0,0	- 9,0	0,0	=	1.800,00

Simplex-Tableau 3

1	3,0	0,0	0,0	0,0	1,0	0,0	0,0	- 2,0	- 4,0	=	140,00
2	2,0	0,0	2,0	0,0	0,0	1,0	0,0	- 4,0	0,0	=	200,00
3	0,0	0,0	1,0	0,0	0,0	0,0	1,0	- 2,0	- 4,0	=	190,00
4	0,0	1,0	0,0	0,0	0,0	0,0	0,0	1,0	0,0	=	200,00
5	0,0	0,0	0,0	1,0	0,0	0,0	0,0	0,0	1,0	=	40,00
ZF	7,0	0,0	2,5	0,0	0,0	0,0	0,0	- 9,0	- 8,0	=	2.120,00

Simplex-Tableau 4

1	1,0	0,0	0,0	0,0	0,3	0,0	0,0	- 0,7	- 1,3	=	46,67
2	0,0	0,0	2,0	0,0	- 0,7	1,0	0,0	- 2,7	2,7	=	106,67
3	0,0	0,0	1,0	0,0	0,0	0,0	1,0	- 2,0	- 4,0	=	190,00
4	0,0	1,0	0,0	0,0	0,0	0,0	0,0	1,0	0,0	=	200,00
5	0,0	0,0	0,0	1,0	0,0	0,0	0,0	0,0	1,0	=	40,00
ZF	0,0	0,0	2,5	0,0	- 2,3	0,0	0,0	- 4,3	1,3	=	2.446,67

Simplex-Tableau 5

1	1,0	0,0	0,0	0,0	0,3	0,0	0,0	- 0,7	- 1,3	=	46,67
2	0,0	0,0	1,0	0,0	- 0,3	0,5	0,0	- 1,3	1,3	=	53,33
3	0,0	0,0	0,0	0,0	0,3	- 0,5	1,0	- 0,7	- 5,3	=	136,67
4	0,0	1,0	0,0	0,0	0,0	0,0	0,0	1,0	0,0	=	200,00
5	0,0	0,0	0,0	1,0	0,0	0,0	0,0	0,0	1,0	=	40,00
ZF	0,0	0,0	0,0	0,0	- 1,5	- 1,3	0,0	- 1,0	- 2,0	=	2.580,00

Ergebnis

Bei Herstellung von:	Produkt 1 mit:	47 Stück
	Produkt 2 mit:	200 Stück
	Produkt 3 mit:	53 Stück
	Produkt 4 mit:	40 Stück
ergibt sich ein Optimum von:		2.580,00 €
Freie Kapazitäten bei Nebenbedingung 3:		137 Kapazitätseinheiten
Dualvariable/Schattenpreise	bei Nebenbedingung 1:	1,50 €
	bei Nebenbedingung 2:	1,25 €
	bei Nebenbedingung 4:	1,00 €
	bei Nebenbedingung 5:	2,00 €

Hinweis: In den Tableaus wird aus Raumgründen auf der linken Gleichungsseite nur eine Stelle hinter dem Komma ausgedruckt. Beim Ergebnis werden zwei Kommastellen angegeben. Dadurch sind rundungsbedingte Unterschiede möglich.

Lösung b) Interpretation der Ergebnisse

(1) Ausführliches Endtableau

lfd. Nr.	B x_1	B x_2	B x_3	B x_4	N x_5	N x_6	B x_7	N x_8	N x_9	
(1)	1	0	0	0	0,3	0,0	0	- 0,7	- 1,3	46,67
(2)	0	0	1	0	- 0,3	0,5	0	- 1,3	1,3	53,33
(3)	0	0	0	0	0,3	- 0,5	1	- 0,7	- 5,3	136,67
(4)	0	1	0	0	0,0	0,0	0	1,0	0,0	200,00
(5)	0	0	0	1	0,0	0,0	0	0,0	1,0	40,00
(6)	0	0	0	0	- 1,5	- 1,3	0	- 1,0	- 2,0	2.580,00

(2) Gewinn

Das errechnete Produktionsprogramm erbringt einen Gesamtdeckungsbeitrag von 2.580 €/Tag.

(3) Schlupfvariable (Kapazitätsauslastung)

$x_5 = 0$; Maschine 1 wird bei gewinnmaximaler Planung voll ausgelastet.

$x_6 = 0$; Maschine 2 wird bei gewinnmaximaler Planung voll ausgelastet.

$x_7 = 137$; bei Maschine 3 existiert eine freie Kapazität von 137 Einheiten pro Tag.

$x_8 = 0$; Nebenbedingung 4, wonach wegen des Rohstoffengpasses maximal 200 Einheiten des Produktes 2 gefertigt werden können, wird voll ausgeschöpft.

$x_9 = 0$; die durch Nebenbedingung 5 gegebene Grenze wird wirksam. Danach ist bei Produkt 4 eine Absatzrestriktion von 40 Einheiten pro Tag zu beachten.

(4) Dualvariable (Schattenpreise)

Nebenbedingung 1: 1,50 €/Min. Somit würde eine zusätzlich verfügbare Maschinenminute bei Maschine 1 den maximal erzielbaren Periodengewinn um 1,50 € erhöhen. Bei geplanter Anmietung zusätzlicher Maschinenkapazität könnte man also allenfalls 1,50 € pro Minute (= Höchstpreis) bezahlen.

Nebenbedingung 2: 1,25 €/Min. Eine zusätzlich verfügbare Maschinenminute bei Maschine 2 erhöht den Gewinn um 1,25 €. Der Höchstsatz bei Anmietung weiterer Kapazitäten des Typs Maschine 2 beträgt 1,25 €/Min.

Nebenbedingung 3: 0,00 €/Min. Zusätzliche maschinelle Kapazität bei Maschine 3 könnte den Periodengewinn nicht steigern. Grund: Bei Maschine 3 sind noch Kapazitäten frei.

Nebenbedingung 4: 1,00 €/Rohstoffeinheit. Eine zusätzliche Rohstoffeinheit bringt einen Mehrgewinn von 1 €. Die Erschließung neuer Rohstoffquellen wäre lohnend, wenn pro Rohstoffeinheit nicht mehr als 1 € aufgewendet werden müssten. Umgekehrt führt der Verzicht auf die Nutzung einer Rohstoffeinheit dazu, dass der Gewinn um 1 € sinkt. Eine teilweise Abtretung des Rohstoffkontingentes an Dritte würde sich dann lohnen, wenn dabei mindestens 1 € pro Rohstoffeinheit erzielt werden könnten.

Nebenbedingung 5: 2,00 €/abgesetzter Produkteinheit. Ein Mehrabsatz einer Einheit des Produktes 4 bringt einen Mehrgewinn von 2 €. Eine Erhöhung des Etats für absatzfördernde Maßnahmen würde sich dann lohnen, wenn ein zusätzliches Werbe-Zweieurostück einen Mehrabsatz von mindestens einer Einheit des Produktes 4 bewirkt.

(5) **Sensibilitätsanalyse** (nur bei aufwendigeren Programmen vorgesehen)

Die Sensibilitätsanalyse[6] (Empfindlichkeitsanalyse) ist ein Verfahren, um die Stabilität der gefundenen Lösung zu prüfen. Sie fragt, ob und wie weit sich Eingabedaten ändern dürfen, ohne dass die bisher gefundene Lösung revidiert werden muss, d. h. sie fragt, wie sensibel die Lösung auf Datenänderungen reagiert.

- Wie müssten sich die Daten für bisherige Nichtbasis-Güter ändern, damit diese Eingang in das optimale Produktionsprogramm finden?
- Wie wirken sich Änderungen der variablen Stückkosten auf die Optimallösung aus?
- Wie wirken sich Änderungen der Verkaufspreise auf die Optimallösung aus?
- Wie wirkt sich die Veränderung eines Maschinenengpasses auf die Optimallösung aus?
- Innerhalb welcher Kapazitätsgrenzen hat die Bewertung der Engpässe durch Dualvariablen Gültigkeit?

Die Summe dieser Auswertungsmöglichkeiten[7] zeigt, dass die Programmplanung mit Hilfe der Simplex-Methode für den Betrieb wertvolle Erkenntnisse bringen kann. Der vorgeführte Dialog in Abbildung 40 verdeutlicht, dass sich heute jeder Betrieb dieses Verfahrens bedienen kann, da die benötigten Programme einfach zu fahren und preiswert zu beschaffen sind. Viele LO-Programme bieten über die Programmoptimierung hinaus weitere Anwendungsmöglichkeiten (Verfahrenswahl, Eigenfertigung/Fremdbezug, Investitions- und Finanzplanung, Tourenoptimierung, Verschnittminimierung).

5.5 Zusammenfassung und Checkliste

Praktische Optimierungsprobleme: Hier kommen Sie mit der grafischen Lösung nicht mehr aus, wenn die Unternehmung mehr als zwei Produkte herstellt. Sie benötigen dann eine rein arithmetische Lösung.

Der **allgemeine Lösungsansatz** ist in der kombinatorischen Methode zu sehen, bei der jede Restriktionsgleichung mit jeder anderen kombiniert wird. Die kombinatorische Lösung ist bei größeren Problemen meist zu rechenaufwendig.

Die **Simplex-Methode** hat sich mittlerweile in Theorie und Praxis bewährt. Sie beschränkt sich im Unterschied zur kombinatorischen Methode auf zulässige Lösungen, was den Rechenaufwand reduziert.

Durchführung der Simplex-Methode: Sie kann bei kleineren Problemen bis zu 10 Variablen manuell erfolgen. Bei größeren Problemen sollten Sie sich der EDV bedienen.

Der **Anwendungsbereich der Simplex-Methode** ist verhältnismäßig breit: Sie kön-nen Programme optimieren, Mischungen zusammenstellen, Verschnitte minimieren, Touren planen, Verfahren wählen usw.

6 Häufig wird anstelle der Bezeichnung Sensibilitätsanalyse der Begriff Sensitivitätsanalyse verwendet. Sensitivität bedeutet aber Überempfindlichkeit oder Gefühlszartheit, und man fragt sich, was das mit einer Optimierungsrechnung zu tun hat. Es wäre besser, man bliebe bei den Ausdrücken Sensibilitäts- oder Empfindlichkeitsanalyse. Vgl. auch: K.-D. Däumler/J. Grabe, Kostenrechnungs- und Controllinglexikon, S. 288 f.

7 Eine ausführliche Darstellung der Auswertungsmöglichkeiten mit eingehender Erörterung der Dualvariablen findet sich bei: H. Wiedling, Lineare Planungstechnik, S. 89 ff.

FRAGEN

5.1

Weshalb ist die grafische Lösung zur Programmoptimierung in einem Betrieb, der mehr als zwei Güter erstellt, nicht anwendbar?

5.2

Definieren Sie den Begriff lineare Programmierung (Linearplanung, lineare Planungstechnik, lineare Optimierung).

5.3

Welche rechentechnischen Vorteile bietet die Simplex-Methode gegenüber der kombinatorischen Lösung, bei der die Lösung aller möglichen Gleichungskombinationen ermittelt wird?

5.4

Geben Sie eine Definition für den Begriff „Schlupfvariable", die verdeutlicht, was man unter Schlupfvariablen

a) mathematisch und

b) betriebswirtschaftlich zu verstehen hat.

5.5

Was versteht man unter Basisvariablen und Nichtbasisvariablen?

5.6

Zeigen Sie das grundsätzliche Vorgehen der Simplex-Methode beim Zwei-Güter-Fall an Hand von drei Schritten.

5.7

Erläutern Sie Pivotspalte und Pivotzeile.

5.8

Begründen Sie kurz die folgende Behauptung: „Im praktischen Fall der Programmoptimierung kann man sich auf die Aufstellung der Restriktionsgleichungen und der Zielfunktion beschränken."

5.9

Ein Betrieb erstellt die Produkte A, B und C auf vier Maschinen. Aus der folgenden Übersicht können Sie die Kapazität der einzelnen Anlagen, gemessen in Maschinenstunden, sowie die zur Bearbeitung einer Produkteinheit notwendige Maschinenzeit entnehmen:

Maschine	t_a	t_b	t_c	T
	(Std/Stück)			(Std/Monat)
1	2	6	4	480
2	3	4	6	420
3	3	-	2	360
4	5	2	4	400

a) In welchem Umfang sollen die Produkte A, B und C erstellt werden, wenn folgende Deckungsbeiträge erzielt werden:

Produkt	d (€/Stück)
A	12
B	16
C	20

Wie hoch ist der maximale Bruttogewinn des Unternehmens?

b) Bestimmen Sie die Werte für die Schlupfvariablen, wenn die gewinnoptimale Mengenkombination hergestellt wird.

c) Bestimmen Sie die Werte für die Dualvariablen.

6. Stufenweise Fixkostendeckungsrechnung (SFD)

6.1 Entscheidungssituation

Bei allen Überlegungen, die die Zusammensetzung des Produktions- und Absatzprogramms zum Inhalt haben, unterscheiden wir sorgfältig zwischen langfristiger und kurzfristiger Planung. Unter der kurzen Periode versteht man die Zeit, in der die in Bezug auf die Ausbringung festen Kosten unverändert bleiben. Der technische Apparat einer Unternehmung lässt sich nicht beliebig schnell verkleinern, vergrößern oder umstrukturieren. Grundsätzlich vergeht eine gewisse Zeit zwischen Entscheidungen bezüglich des betrieblichen Produktionsapparates und deren technischen sowie kostenmäßigen Auswirkungen. Innerhalb dieser Zeitspanne, die von Betrieb zu Betrieb unterschiedlich ist und von der Geschwindigkeit abhängt, mit der der Produktionsapparat verändert werden kann, sind die Fixkosten konstant. Alle unternehmerischen Dispositionen, die von einem gegebenen Produktionsapparat ausgehen, also kurzfristiger Natur sind, lassen die Fixkosten unbeeinflusst. Die Fixkosten sind für derartige Dispositionen somit nicht entscheidungsrelevant[1].

Anders verhält es sich bei Entscheidungen, die auf lange Sicht getroffen werden. Je länger die Planungsperiode wird, desto geringer wird der Anteil der Fixkosten an den Gesamtkosten. Auf lange Sicht sind die Fixkosten vollständig dispositionsbestimmt, d. h. auf lange Sicht gibt es keine beschäftigungsfixen Kosten[2], weil der Unternehmer den Produktionsapparat durch Investitionen oder Desinvestitionen verändern kann. Bitte beachten Sie, dass die Fixkosten immer nur fest sind

- in Bezug auf die Produktionsmenge,
- bei gegebenem Produktionsapparat (kurzfristig).

Folgende Kostenarten sind im Regelfall kurzfristig beschäftigungsfix:

- kalkulatorische Mieten und Pachten,
- kalkulatorische Zinsen auf das Grundstücke, Bauten, technische Anlagen und Maschinen,
- kalkulatorische Abschreibungen auf Bauten, technische Anlagen und Maschinen,
- Kosten für Beratung und Versicherung, Kosten für Beleuchtung, Bewachung und Reinigung.

1 Vgl. W. Kilger/J. Pampel/K. Vikas, Flexible Plankostenrechnung und Deckungsbeitragsrechnung, S. 191 ff.
2 Vgl. E. Schneider, Industrielles Rechnungswesen, S. 203 ff.

ABB. 41: Beschäftigungsfixe Kosten: kurzfristig konstant, langfristig variabel

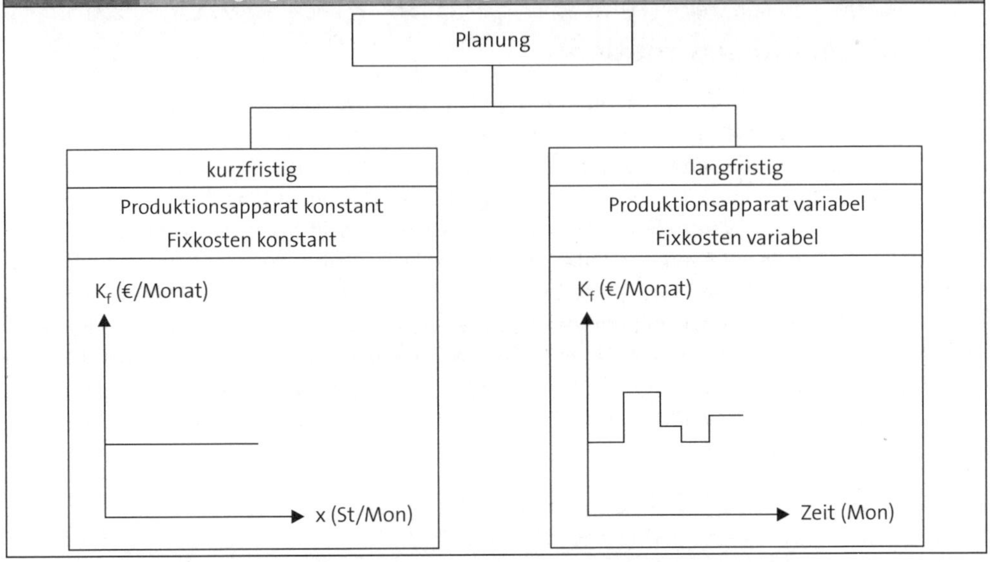

Langfristig können kalkulatorische Mieten und Pachten, kalkulatorische Zinsen und Abschreibungen sowie Gehälter und sonstige Fixkosten steigen (fallen), wenn man den Produktionsapparat erweitert (verkleinert). Ergänzt man die kurzfristige Programmoptimierung (Kapitel 2 bis 5) durch eine langfristige, werden auch fixe Kosten entscheidungsrelevant. Das verdeutlicht das folgende Beispiel einer einstufigen Deckungsbeitragsrechnung, bei der die Fixkosten von der Summe aller Deckungsbeiträge abgezogen werden.

BEISPIEL: 5-Produkt-Unternehmung mit positiven Sortendeckungsbeiträgen

ABB. 42: Sortendeckungsbeiträge positiv, Nettogewinn negativ

Erzeugnisse	A	B	C	D	E	Summe
Umsatz (€/Monat)	200.000	150.000	230.000	300.000	450.000	1.330.000
- variable Kosten (€/Monat)	150.000	110.000	200.000	280.000	440.000	1.180.000
Deckungsbeitrag (€/Monat)	50.000	40.000	30.000	20.000	10.000	150.000
- Fixkosten (€/Monat)	200.000					200.000
Nettogewinn (€/Monat)	- 50.000					- 50.000

Ergebnis

Die einstufige Deckungsbeitragsrechnung der 5-Produkt-Unternehmung zeigt, dass alle Sortendeckungsbeiträge positiv sind, so dass alle Erzeugnisse förderungswürdig erscheinen. Gleichzeitig aber weist die Unternehmung einen Verlust von 50.000 € pro Monat auf. Damit kommt man zu folgender Doppelentscheidung:

- kurzfristig weiterproduzieren;
- langfristig Betrieb stilllegen.

Vor einer Betriebsstilllegung sollten Sie den Fixkostenblock genau betrachten, und ihn daraufhin untersuchen, ob und welche Fixkosten bei einer Änderung des Produktionsprogramms langfristig vermeidbar sind, d. h. abgebaut werden können. Die Gleichbehandlung so verschiedener in Bezug auf die Ausbringung fixer Kosten wie Kantinenkosten, kalkulatorische Abschreibungen und kalkulatorische Zinsen auf Maschinen und Gebäude, Meister- und Angestelltengehälter, Forschungs- und Entwicklungskosten ist bei langfristiger Planung nicht aufrechtzuerhalten, sondern durch eine Analyse der Abbaufähigkeit zu ersetzen.

Die Analyse der Abbaufähigkeit bestimmter Fixkostenteile ist Inhalt der stufenweisen Fixkostendeckungsrechnung (auch mehrstufige Deckungsbeitragsrechnung, mehrstufiges direct costing, Fixkostendeckungsrechnung, Schichtkostenrechnung). Die stufenweise Fixkostendeckungsrechnung (SFD) ist ein Verfahren zur langfristigen Programmoptimierung, das den Fixkostenblock in mehrere Schichten aufspaltet und bestimmten Bezugsgrößen (Einzelerzeugnis, Erzeugnisgruppe, Betriebsbereich, Gesamtunternehmung) verursachungsgerecht, also ohne Schlüsselung, zurechnet. Die SFD untersucht, welche Fixkosten sich auf lange Sicht einsparen oder abbauen lassen, wenn man auf bestimmte Produkte, Produktgruppen oder Bereiche verzichtet.

ABB. 43: Zerlegung des Fixkostenblocks

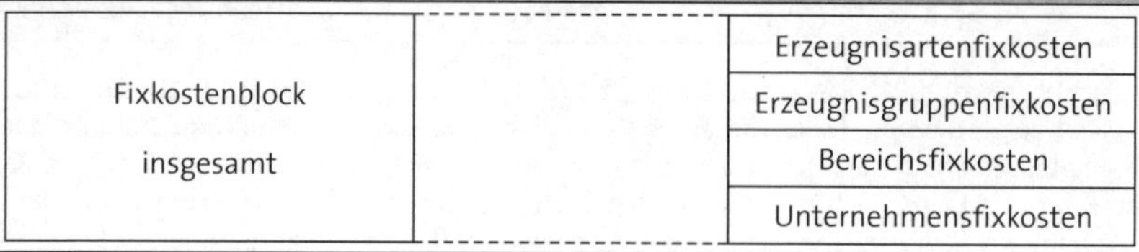

BEISPIEL: Fixkostenzurechnung bei 5-Produkt-Unternehmung

Eine genaue Untersuchung der Produktions- und Kostensituation in der 5-Produkt-Unternehmung bringt das Ergebnis, dass die beschäftigungsfixen Kosten bestimmten Maschinen – und damit bestimmten Produkten – zugeordnet werden können.

ABB. 44: Produktionsschema und Fixkostenzurechnung

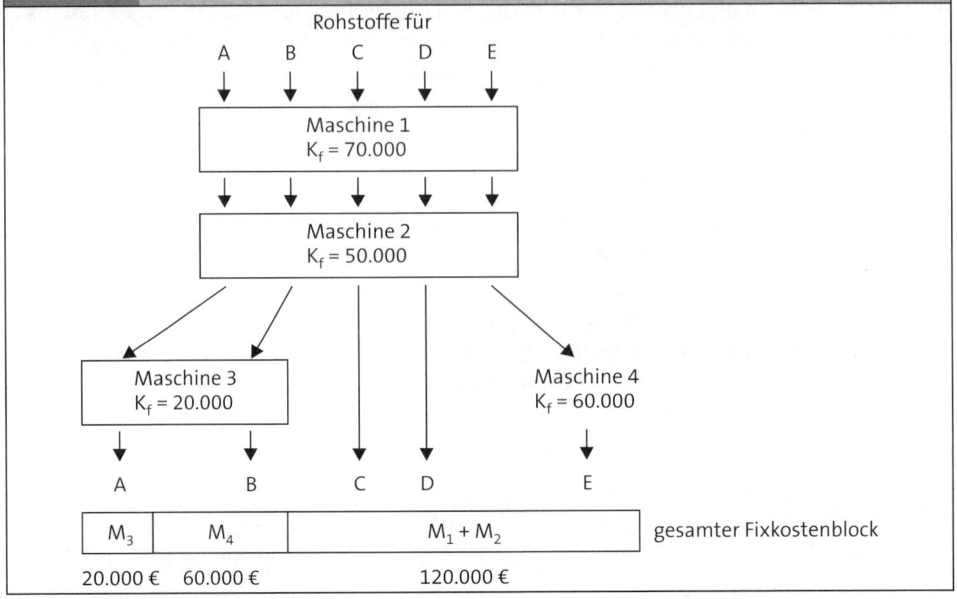

Die Übersicht zeigt, dass die Fixkosten der ersten beiden Maschinen allen Produkten und damit der Unternehmung insgesamt zuzurechnen sind. Die Fixkosten der dritten Maschine fallen für die Produktgruppe A und B an und lassen sich verursachungsgerecht den beiden Produkten zurechnen, denn wenn Sie auf die Erstellung von A und B verzichten, können Sie Maschine 3 verkaufen und auf lange Sicht die mit ihr verbundenen Fixkosten einsparen. Ebenso verhält es sich bei Maschine 4: Ihre Fixkosten sind in voller Höhe dem Produkt E verursachungsgerecht zurechenbar. Insgesamt kann man vom gesamten Fixkostenblock von 200.000 € 80.000 € den Produkten oder Produktgruppen zurechnen, die übrigen 120.000 € sind der Unternehmung insgesamt anzulasten. Diese Informationen lassen sich in der Erfolgsrechnung verwerten:

ABB. 45: Erfolgsrechnung mit zugerechneten Fixkosten

Erzeugnisse	A	B	C	D	E	Summe
Umsatz (€/Monat)	200.000	150.000	230.000	300.000	450.000	1.330.000
- variable Kosten (€/Monat)	150.000	110.000	200.000	280.000	440.000	1.180.000
Deckungsbeitrag (€/Monat)	50.000	40.000	30.000	20.000	10.000	150.000
- zurechenbare Fixkosten (€/Monat)	20.000				60.000	80.000
- nicht zurechenbare Fixkosten (€/Monat)			120.000			120.000
Nettogewinn (€/Monat)			- 50.000			- 50.000

Ergebnis

Aus dieser Darstellung wird deutlich, dass die Einstellung der Produktion von E sinnvoll wäre. Sie könnten dann Maschine 4 stilllegen oder verkaufen und Fixkosten von 60.000 € künftig vermeiden. Bitte beachten Sie, dass wir durch diese Überlegung zu einer Doppelentscheidung gelangen:

1. Anlage 4 kann im Regelfall nicht sofort veräußert oder stillgelegt werden. Solange sie im Betrieb verbleibt, ist es sinnvoll, Gut E weiter zu produzieren, da dessen Deckungsbeitrag von 10.000 € wenigstens einen Teil der Fixkosten trägt.
2. Langfristig wird man Maschine 4 veräußern oder stilllegen und auf die Erstellung von E verzichten. Damit verliert man zwar einen Deckungsbeitrag von 10.000 €, vermindert jedoch gleichzeitig die Fixkosten um 60.000 €. Das Betriebsergebnis verbessert sich also um 50.000 € und weist danach weder Gewinn noch Verlust aus.

Diejenigen Fixkosten, die bestimmten Produkten oder Produktgruppen oder Betriebsbereichen zurechenbar und im Zeitablauf abbaubar sind, sind im Rahmen der langfristigen Planung wichtig, werden entscheidungsrelevant und müssen berücksichtigt werden. Festzuhalten ist ferner, dass die Ausdrücke „Zurechenbarkeit" und „Abbaufähigkeit" der Fixkosten in ihrem Kern dasselbe bedeuten: Man kann einer Anlage (einem Produkt, einer Produktgruppe, einem Bereich) nur jene Fixkosten zurechnen, die nach Verkauf oder Stilllegung der betreffenden Anlage (nach einem Verzicht auf die Erstellung des betreffenden Produkts, der Produktgruppe, des Bereichs) eingespart, d. h. abgebaut werden können.

6.2 Einteilung der Fixkosten

In der Praxis ist man oft außerstande, jedem einzelnen Produkt quantitativ bedeutsame Fixkostenteile zuzurechnen. So geht aus Übersicht 6.3 hervor, dass man die Fixkosten der dritten Maschine nur den Produkten A und B gemeinsam anlasten kann. Den Produkten C und D lassen sich überhaupt keine Fixkosten verursachungsgerecht zurechnen. Bei Produkt E fallen Fixkosten in Höhe von 60.000 € an, die durch den Einsatz der Maschine 4 entstehen.

Es bietet sich daher im praktischen Fall an, Erzeugnisgruppen zu bilden, wobei man produktionstechnische Gesichtspunkte zugrunde legt. So können etwa bei einem Chemieunternehmen die Forschungs- und Entwicklungskosten für die Produktgruppe „Waschmittel" zwar nicht den einzelnen Produkten dieser Produktgruppe, jedoch der Gruppe als Ganzes zugerechnet werden. Denn diese Kosten würden wegfallen, wenn man auf die Erstellung von Waschmitteln insgesamt verzichtete. Entsprechend lassen sich in einem Lebensmittelgeschäft die mit dem Betrieb einer Tiefkühltruhe verbundenen Kosten zwar nicht dem einzelnen Päckchen Gefrierspinat, wohl aber der gesamten Artikelgruppe Tiefkühlkost zuordnen. Je nach Größe der Unternehmung und Umfang des Produktionsprogramms kann es sinnvoll sein, den Fixkostenblock in drei, vier oder fünf Schichten einzuteilen:

ABB. 46: Einteilung des Fixkostenblocks hängt ab von der Betriebsgröße

		Erzeugnisartenfixkosten
	Erzeugnisartenfixkosten	Erzeugnisgruppenfixkosten
Erzeugnisartenfixkosten	Erzeugnisgruppenfixkosten	Kostenstellenfixkosten
Erzeugnisgruppenfixkosten	Bereichsfixkosten	Bereichsfixkosten
Unternehmungsfixkosten	Unternehmungsfixkosten	Unternehmungsfixkosten

Agthe und Mellerowicz, die die stufenweise Fixkostendeckungsrechnung entwickelt haben, schlagen die Fixkostengliederung in fünf Schichten vor:

- Erzeugnisfixkosten,
- Erzeugnisgruppenfixkosten,
- Kostenstellenfixkosten,
- Bereichsfixkosten,
- Unternehmungsfixkosten.

Kilger kommt mit vier Schichten aus und möchte grundsätzlich auf die Kostenstellenfixkosten verzichten, da diese nicht in die Systematik passen:

- Erzeugnisfixkosten,
- Erzeugnisgruppenfixkosten,
- Bereichsfixkosten,
- Unternehmungsfixkosten.

Schwarz begnügt sich mit zwei Schichten:

- spezielle Fixkosten (Erzeugnis- und Erzeugnisgruppenfixkosten),
- allgemeine Fixkosten (restlicher nur schwer verrechenbarer Fixkostenblock)[3].

Wir vertreten die Meinung, dass die Zahl der in einer stufenweisen Fixkostendeckungsrechnung zu berücksichtigenden Schichten von den Umständen des Einzelfalls abhängt: Bei einem Lebensmittelfilialisten wird man mit drei oder vier Schichten auskommen, bei einem großen E-Technik-Unternehmen kann es sinnvoll sein, fünf Schichten zu nutzen. Ob man dann von Kostenstellenfixkosten oder von Fixkosten der Hauptgruppen oder Teilbereiche spricht, ist zweitrangig. Allerdings muss man sich stets der Abgrenzungsschwierigkeiten wegen möglicher Überschneidungen bewusst sein[4].

3 Vgl. hierzu: K. Mellerowicz, Neuzeitliche Kalkulationsverfahren, S. 171. - K. Agthe, Stufenweise Fixkostendeckungsrechnung im System des Direct Costing, S. 404 ff. - W. Kilger, Flexible Plankostenrechnung und Deckungsbeitragsrechnung, S. 86 ff. u. S. 129. - H. Schwarz, Kostenrechnung als Instrument der Unternehmensführung, S. 73 ff.

4 So auch: K. Serfling, Fälle und Lösungen zur Kostenrechnung, S. 258.

ABB. 47: Definitionen und Beispiele für Fixkostenschichten

Fixkostenschicht	Definition
Erzeugnisartenfixkosten (EFK)	fallen beim Verzicht auf eine Erzeugnisart künftig weg.
Erzeugnisgruppenfixkosten (EGFK)	fallen beim Verzicht auf eine Erzeugnisgruppe künftig weg.
Kostenstellenfixkosten (KSF)	fallen beim Verzicht auf eine oder mehrere Kostenstellen künftig weg.
Bereichsfixkosten (BFK)	fallen bei Schließung eines betrieblichen Teilbereiches künftig weg.
Unternehmungsfixkosten (UFK)	fallen erst dann weg, wenn die ganze Unternehmung verkauft oder stillgelegt wird.

Fixkostenschicht	Beispiel
Erzeugnisartenfixkosten (EFK)	Patentkosten für ein bestimmtes Erzeugnis, Werbung für einen Artikel, kalkulatorische Abschreibungen und Zinsen für Spezialmaschine.
Erzeugnisgruppenfixkosten (EGFK)	Kalkulatorische Abschreibung und Zinsen für Gefrieranlage, für Transportfahrzeuge, für Tiefkühltruhe bei Produktion von Tiefkühlkost.
Kostenstellenfixkosten (KSF)	Gehalt des Kostenstellenleiters, Raumkosten der Kostenstelle.
Bereichsfixkosten (BFK)	Gehalt des Bereichsdirektors, Fixkosten der Bereichsverwaltung.
Unternehmungsfixkosten (UFK)	Fixkosten im Bereich Lohnbuchhaltung, Fixkosten der zentralen EDV, Vorstandsgehälter, Beleuchtung, Kosten der Betriebssicherung.

Die zentrale Frage bei der schichtweisen Aufteilung des Fixkostenblocks lautet: Welche Fixkosten lassen sich beim Verzicht auf ein bestimmtes Objekt (Erzeugnis, Gruppe, Bereich usw.) künftig einsparen? Einem Kalkulationsobjekt darf nur das zugerechnet werden, was beim Verzicht auf das Objekt künftig tatsächlich wegfällt. Auf eine Kostenschlüsselung ist dabei zu verzichten.

6.3 Durchführung der stufenweisen Fixkostendeckungsrechnung

Die stufenweise Fixkostendeckungsrechnung (SFD) ist eine mehrstufige Betriebserfolgsrechnung, die zunächst die Deckungsbeiträge der einzelnen Produktarten ermittelt. Von den Produktartendeckungsbeiträgen zieht sie die den Erzeugnissen zurechenbaren Erzeugnisfixkosten ab und gelangt so zu einem ersten Restdeckungsbeitrag (RDB I). Danach fasst sie die Produkte zu Produktgruppen zusammen und zieht vom RDB I je Gruppe die Erzeugnisgruppenfixkosten

(EGFK) ab. Das Ergebnis ist der Restdeckungsbeitrag II (RDB II). Fasst man die Gruppen zu Bereichen zusammen und zieht vom RDB II je Bereich die Bereichsfixkosten (BFK) ab, ergibt sich der Restdeckungsbeitrag III (RDB III). Nach Abzug der Unternehmensfixkosten (UFK) vom RDB III der beiden Bereiche ergibt sich der Nettogewinn[5].

Das folgende Beispiel zeigt die stufenweise Fixkostendeckungsrechnung (SFD) in einem 8-Produkt-Unternehmen.

BEISPIEL: Stufenweise Fixkostendeckungsrechnung in 8-Produkt-Unternehmen

Die Maschinenbau GmbH stellt holzbearbeitende Maschinen (Bereich A) und metallbearbeitende Maschinen (Bereich B) her. Innerhalb der Bereiche A und B sind die beiden Maschinengruppen Bohr- und Fräsmaschinen zu unterscheiden, die in zwei Ausführungen mit unterschiedlicher Kapazität gefertigt werden.

ABB. 48: Produkte, Gruppen und Bereiche

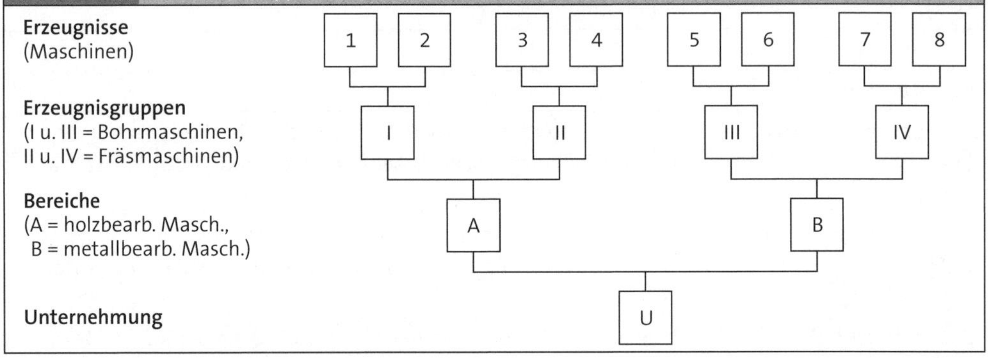

Aufgrund dieser Einteilung der Produkte in Gruppen und Bereiche erstellen wir das folgende Formular zur Durchführung der stufenweisen Fixkostendeckungsrechnung.

5 Vgl. auch: K. Serfling, Fälle und Lösungen zur Kostenrechnung, S. 255 ff.

ABB. 49: Formular für die stufenweise Fixkostendeckungsrechnung (SFD)

Produkte	1	2	3	4	5	6	7	8	Summe
DB	+ 10	+ 25	+ 3	+ 12	+ 8	+ 22	+ 7	+ 13	+ 100
- EFK	–	–	5	–	–	2	–	4	11
RDB I	+ 10	+ 25	- 2	+ 12	+ 8	+ 20	+ 7	+ 9	+ 89
Produktgruppe	I		II		III		IV		
RDB I je Produktgruppe	+ 35		+ 10		+ 28		+ 16		+ 89
- EGFK	8		5		8		28		49
RDB II	+ 27		+ 5		+ 20		- 12		+ 40
Bereiche	A				B				
RDB II je Bereich	+ 32				+ 8				+ 40
- BFK	25				5				30
RDB III	+ 7				+ 3				+ 10
RDB III der Unternehmung	+ 10								+ 10
- UFK	20								20
Nettogewinn	- 10								- 10

DB = Deckungsbeitrag je Produktart (T€/Jahr)
RDB = Restdeckungsbeitrag (T€/Jahr)
EFK = Erzeugnisfixkosten (T€/Jahr)
EGFK = Erzeugnisgruppenfixkosten (T€/Jahr)
BFK = Bereichsfixkosten (T€/Jahr)
UFK = Unternehmungsfixkosten (T€/Jahr)

Ergebnis

Das Formular zeigt nicht nur, dass der Nettogewinn in der Ausgangssituation mit - 10 T€ negativ ist, es macht auch deutlich, dass daraus nicht zwangsläufig die Betriebsstilllegung folgt. Vielmehr setzt Sie die stufenweise Fixkostendeckungsrechnung in die Lage, Programm und Fixkosten zu analysieren, um Möglichkeiten zur Gewinnverbesserung aufzuspüren. Dabei erkennen Sie:

1. Der Verzicht auf die Erstellung der Maschine 3 mit dem Deckungsbeitrag von + 3 T€ ermöglicht langfristig den Abbau einer ausschließlich der Fertigung von 3 dienenden Anlage, wodurch Fixkosten von 5 T€ eingespart werden können. Per Saldo verbessert sich das Betriebsergebnis nach der Herausnahme von Maschine 3 um 2 T€. Der neue Nettogewinn beläuft sich dann auf - 8 T€.

2. Die Maschinengruppe IV erbringt als Gruppe einen RDB II von - 12 T€. Verzichtet man auf die gesamte Gruppe und ihre Produktion, so kann das Betriebsergebnis per Saldo um 12 T€ verbessert werden. Der neue Nettogewinn beträgt dann 4 T€. Prüfen Sie bitte genau nach, weshalb das Betriebsergebnis um 12 T€ verbessert wird:

   a) man verliert einen Deckungsbeitrag von 7 + 13 = 20 T€,

   b) man spart Fixkosten ein von 4 + 28 = 32 T€.

   Der neue Nettogewinn beträgt dann 4 T€.

Es muss beachtet werden, dass die Entscheidung, das Programm zu reduzieren, nur langfristig gilt. Kurzfristig, d. h. vor Stilllegung oder Verkauf der entsprechenden betrieblichen Spezialabteilungen oder -werkzeuge oder -maschinen, wird man die Produktion aller Erzeugnisse aufrechterhalten, da keine Produktart negative Deckungsbeiträge aufweist. Unsere Entscheidung lautet also: Langfristig werden die betrieblichen Teilbereiche, die ausschließlich der Erstellung von Maschine 3 und jene, die der Erzeugung von Maschinengruppe IV dienen, stillgelegt oder verkauft. Danach wird das Sortiment um die Maschinen 3, 7 und 8 bereinigt.

Entscheidungen, die vollständige Produktionsverzichte bei bestimmten Gütern zum Inhalt haben, werden salopp gern als Verschlankung oder Straffung des Sortiments bezeichnet, um der Entscheidung auf diese Weise wenigstens sprachlich etwas von ihrer Schwere zu nehmen (vgl. auch: Entlassung = Freisetzung; Atommüllplatz = Entsorgungspark). Es muss betont werden, dass langfristige Produktionsverzichte genau zu überlegen sind. Nicht selten stoßen solche Entscheidungen auf den Widerstand der Verkaufsabteilungen, die meist sortiments- und absatzpolitische Argumente ins Feld führen, wonach es unzweckmäßig wäre, die betreffenden Produkte aus dem Programm zu nehmen.

Einschnitte in das Produktionsprogramm und Stillegung betrieblicher Teilbereiche gehen meist mit Entlassungen einher, die für den sozialen Frieden (ein wichtiger Produktionsfaktor) meist schädlich sind. Vielleicht ist die vorläufige Weiterproduktion einer Produktgruppe billiger als ein die Entlassungen abfedernder Sozialplan.

Bitte beachten Sie auch, dass Produktionsverzicht nicht Angebotsverzicht bedeuten muss. Bei Artikeln, die nur mit Verlust selbsterstellt werden können, bleibt stets noch die Alternative Fremdbezug zu prüfen (vgl. Kapitel 8).

6.4 Rahmenbedingungen der stufenweisen Fixkostendeckungsrechnung

Die stufenweise Fixkostendeckungsrechnung ist die ideale Ergänzung der Deckungsbeitragsrechnung. Das Tandem Deckungsbeitragsrechnung plus Fixkostendeckungsrechnung stellt das ideale Kostenrechnungssystem dar, weil die Deckungsbeitragsrechnung zur kurzfristigen Programmoptimierung dient, während die Fixkostendeckungsrechnung langfristigen Charakter hat. Einige Rahmenbedingungen sind zu beachten:

Mehrproduktunternehmung: Die stufenweise Fixkostendeckungsrechnung oder mehrstufige Deckungsbeitragsrechnung setzt definitionsgemäß die Mehrproduktunternehmung voraus. Bei der Einproduktunternehmung ist sie überflüssig. Da die meisten Unternehmungen mehrere Produkte erstellen, ist die Zahl der möglichen Anwender einer stufenweisen Fixkostendeckungsrechnung groß.

Hoher Fixkostenanteil: Sinnvoll ist eine stufenweise Fixkostendeckungsrechnung auch bei der Mehrproduktunternehmung nur dann, wenn die Fixkosten einen erheblichen Anteil an den Gesamtkosten ausmachen. Da ein moderner Betrieb aber gerade dadurch charakterisiert ist, dass der Fixkostenanteil im Vergleich zum Anteil der variablen Kosten hoch ist, gewinnt die stufenweise Fixkostendeckungsrechnung zunehmend an Bedeutung.

Planungshorizont: Die Programmplanung in der Mehrproduktunternehmung hat zwei Fragen zu beantworten:

(1) Mit welchem Programm werden die betrieblichen Kapazitäten in den nächsten Wochen am besten genutzt? Das ist die Frage nach dem optimalen Programm bei gegebenem Produktionsapparat in der kurzen Periode.

(2) Mit welchem Programm kommt die Unternehmung am besten durch die kommenden Jahre? Das ist die Frage nach dem optimalen Programm bei (möglicherweise) verändertem Produktionsapparat in der langen Periode.

Für die Unternehmung sind beide Fragen wichtig. Deshalb ist es in der Praxis notwendig, dass man

- in kurzen Abständen (monatlich/vierteljährlich) eine Deckungsbeitragsrechnung zur kurzfristigen Programmoptimierung und
- in längeren Abständen (jährlich/zweijährlich) eine stufenweise Fixkostendeckungsrechnung zur langfristigen Programmoptimierung durchführt.

Kurz- und langfristige Programmoptimierung stehen nicht in einem Konkurrenzverhältnis, sie ergänzen einander in sinnvoller Weise.

Kalkulationsobjekte: Die mehrstufige Deckungsbeitragsrechnung, die ursprünglich nur produktbezogene Fixkostenschichten kannte, wird durch die Erweiterung auf beliebige Kalkulationsobjekte zu einem universellen Instrument. Die betriebliche Praxis greift den Grundgedanken der mehrstufigen Deckungsbeitragsrechnung auf und belastet beliebige Rechnungsobjekte mit ihren variablen sowie direkt zurechenbaren fixen Kosten. So ordnet die Vertriebserfolgsrechnung (auch Absatzsegmentrechnung) einem vertrieblichen Bezugsobjekt (z. B. Kunden, Kundengruppen, Absatzgebiete, Absatzwege, Absatzgrößenklassen) dessen Umsätze und Einzelkosten (= variable plus zurechenbare fixe Kosten) zu. Die dem Bezugsobjekt zurechenbaren Fixkosten sind diejenigen Fixkosten, die beim Verzicht auf das betreffende Objekt künftig abgebaut werden können. Man erhält dann beispielsweise den Deckungsbeitrag von

- Kunden und Kundengruppen,
- Aufträgen und Auftragsgruppen,
- Bezirken, Regionen, Ländern, Kontinenten,
- betriebliche Abteilungen, Bereichen, Filialen,
- Absatzkanälen.

Filialen: Ein weiteres sinnvolles Anwendungsfeld für die mehrstufige Deckungsbeitragsrechnung existiert bei filialisierten Unternehmungen, die sich ein Bild von der Wirtschaftlichkeit ihrer Zweigbetriebe machen wollen. Die mehrstufige Deckungsbeitragsrechnung zeigt die Höhe des Bruttogewinnes je Filiale und gibt Anhaltspunkte, welche Filialen geschlossen und welche erweitert werden sollten. Die mehrstufige Deckungsbeitragsrechnung ist dabei branchenübergreifend einsetzbar. Sie taugt genauso zur Beurteilung einer Stadtsparkasse mit ihrem Filialnetz wie zur Überprüfung eines Reifendienst-Unternehmens mit seinen Montagebetrieben.

Zurechenbarkeit der Fixkosten: Für die Erstellung einer stufenweisen Fixkostendeckungsrechnung ist es notwendig, dass ins Gewicht fallende Fixkostenanteile verursachungsgemäß einzelnen

- Erzeugnissen,
- Erzeugnisgruppen,
- Kostenstellen und
- Bereichen

zugerechnet werden können. Die Höhe der zurechenbaren Fixkostenanteile ist von Fall zu Fall verschieden. Es wird immer wieder Fälle geben, bei denen der Großteil der Fixkosten lediglich der Unternehmung oder größeren Teilbereichen der Unternehmung zugerechnet werden kann. Beachten Sie jedoch, dass eine zweckmäßige Kostenstellen- und Bereichsbildung den Anteil der zurechenbaren Fixkosten unter Umständen erhöhen kann. Mit anderen Worten: Der Wunsch nach einer aussagefähigen stufenweisen Fixkostendeckungsrechnung bildet gelegentlich den Ausgangspunkt bestimmter organisatorischer Konsequenzen.

6.5 Stufenweise Fixkostendeckungsrechnung und Betriebsorganisation

Es liegt auf der Hand, dass die organisatorischen Konsequenzen darin bestehen, einen Betrieb so in Kostenstellen aufzuteilen, dass möglichst viele Kostenstellen nur von einem Produkt (einer Produktgruppe) durchlaufen werden. Man kann dann den betreffenden Produkten oder Produktgruppen die in den einzelnen Kostenstellen anfallenden Fixkosten eindeutig und verursachungsgerecht zurechnen. Allgemein kann man sagen: Je produktbezogener ein Betrieb organisiert und in Kostenstellen gegliedert ist, desto aussagefähiger wird die stufenweise Fixkostendeckungsrechnung. Wir stoßen hier auf eine bedeutsame Nahtstelle zwischen Organisation[6] und Kostenrechnung, die wir kurz betrachten wollen.

Bei der funktionalen Betriebsorganisation sind die Abteilungen auf der zweithöchsten Organisationsebene nicht nach Geschäftsbereichen, sondern nach speziellen Verrichtungen (Funktionen genannt) folgendermaßen gegliedert:

ABB. 50: Funktionale Betriebsorganisation

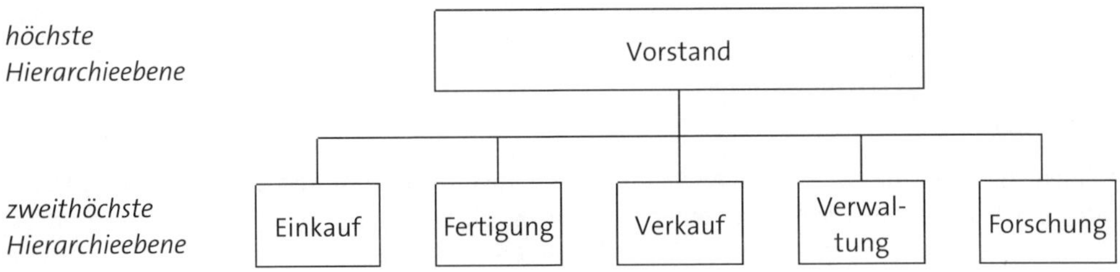

Die funktionale Organisation lässt sich bei größer werdenden Unternehmungen meist nicht in reiner Form durchhalten und wird dann durch Elemente divisionaler Organisation ergänzt oder ganz durch die divisionale Organisation ersetzt. Diese gliedert die Abteilungen der zweithöchsten Hierarchieebene nicht nach betrieblichen Funktionen, sondern nach Geschäftsbereichen (Divisions, Gewinnzentren, Profit-Center, Sparten). Diese Geschäftsbereiche können nach Produkten, Abnehmergruppen oder Verkaufsregionen gebildet werden und umfassen beispielsweise die Funktionen Einkauf, Fertigung, Verkauf jeweils für das betreffende Produktbündel. Bei der Siemens AG kennt man unter anderem folgende Sparten: Energietechnik, Nachrichtentechnik, Datenverarbeitung und Medizintechnik. Die Hüls AG, heute zur Degussa gehörig, ist ebenfalls divisional gegliedert und besteht aus folgenden Gewinnzentren:

6 Vgl. hierzu: K.-D. Däumler/J. Grabe, Kostenrechnungs- und Controllinglexikon, S. 250.

ABB. 51: Divisionale Betriebsorganisation

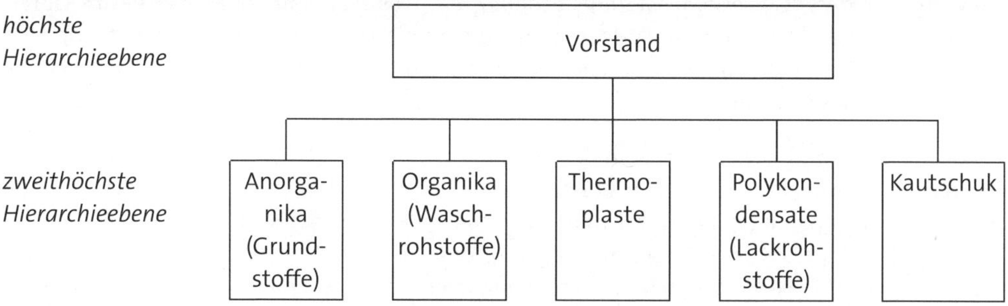

Die divisionale Gliederung ist grundsätzlich günstiger für die stufenweise Fixkostendeckungsrechnung, da hier wesentliche Fixkostenanteile den einzelnen Divisionen (Produktgruppen) zugerechnet werden können. So lassen sich etwa alle mit dem Einkauf, der Fertigung und dem Verkauf anfallenden Fixkosten im Bereich Anorganika eindeutig der Sparte Grundstoffe zurechnen. Bei einer funktionalen Gliederung dagegen, bei der eine einzige Einkaufsabteilung für die Beschaffung aller Roh-, Hilfs- und Betriebsstoffe für alle Produkte zuständig ist, können den Produktgruppen nur vergleichsweise geringe Fixkostenbestandteile zugerechnet werden. Damit kann die divisionale Organisationsform als Hilfsmittel zur Realisierung einer aussagefähigen Erfolgsrechnung und -analyse angesehen werden. Diesen Gesichtspunkt sollten Sie im Auge haben, wenn Sie in der betrieblichen Praxis einmal aufgerufen sind, Ihre Stimme für oder gegen eine derartige Organisationsform abzugeben. Natürlich ist der hier erörterte Gesichtspunkt nur einer von vielen, die vor der Einführung einer divisionalen Gliederung beachtet werden müssen.

6.6 Stufenweise Fixkostendeckungsrechnung und Kostenschlüsselung

Gelegentlich sieht man in der stufenweisen Fixkostendeckungsrechnung auch die Chance, Voll- und Teilkostenrechnung miteinander zu verbinden, um so die Vorteile beider Rechnungen zu vereinen. Die stufenweise Fixkostendeckungsrechnung „... drängt geradezu zu einer Ergänzung durch die Vollkostenrechnung, die auf einfache Weise in einem Arbeitsgang erreichbar ist“, meint Mellerowicz und bezeichnet die Kombination von Voll- und Teilkostenrechnung als die „vollkommenste Form der Kostenrechnung“[7]. Ein Mittel, die beiden Rechnungen miteinander zu verbinden, bestehe in der Schlüsselung der Unternehmungsfixkosten, um diese den Produkten oder Produktgruppen zuzurechnen.

Hinter der Deckungsbeitragsrechnung steht aber die Idee, dass man auf die Umlage solcher Kosten, die nicht verursachungsgemäß zugerechnet werden können, grundsätzlich verzichtet. Denn die Umlage von nicht zurechenbaren Kostenbestandteilen mittels Schlüsselung ist die Ursache gefährlicher Fehlentscheidungen. Deshalb haben wir auch bei der stufenweisen Fixkostendeckungsrechnung nur jene Fixkosten den Produkten, Produktgruppen und Bereichen angelastet, die direkt, also ohne Schlüsselung, zugerechnet werden können. Dass man bei der stufen-

7 Vgl.: K. Mellerowicz, Neuzeitliche Kalkulationsverfahren, S. 193 ff.

weisen Fixkostendeckungsrechnung den Fixkostenblock in Schichten gliedert und diese Schichten bestimmten Bezugsobjekten verursachungsgerecht zurechnet, stellt keinen Widerspruch zur Teilkostenidee der Deckungsbeitragsrechnung dar, sondern hat seine Ursache im Unterschied der Länge der Planungsperiode: Kurzfristig sind die Fixkosten konstant, langfristig sind sie zu großen Teilen abbaufähig und können denjenigen Bezugsobjekten zugerechnet werden, deren Erstellung sie dienen.

Es soll nicht verkannt werden, dass in der betrieblichen Praxis gelegentlich Situationen auftreten, die die Kenntnis der vollen Selbstkosten eines Produktes erforderlich machen. Das gilt beispielsweise im Rahmen der Preisermittlung bei öffentlichen Aufträgen, falls nach den Grundsätzen der LSP (Leitsätze für die Preisermittlung aufgrund von Selbstkosten) zu kalkulieren und abzurechnen ist[8]. Man sollte die Vollkostenrechnung in derartigen Fällen jedoch ausschließlich zur Erfüllung ihres (Ausnahme-)Zweckes einsetzen und sie nicht zur Lenkung und Steuerung des Betriebsgeschehens gebrauchen. Praktisch bewährt hat sich die sogenannte Parallel- oder Doppelkalkulation[9], eine Kombination von Voll- und Teilkostenrechnung, die nebeneinander durchgeführt werden. Dabei ist die Teilkostenrechnung als Hauptrechnung und die Vollkostenrechnung als Nebenrechnung auszulegen. Das folgende Beispiel zeigt mögliche Gefahren bei der Schlüsselung der Unternehmungsfixkosten (UFK).

BEISPIEL ▸ Schlüsselung der UFK bei 8-Produkt-Unternehmung

Betrachten Sie bitte noch einmal die Abbildung 49 auf der Seite 121. Wir wollen nun die Unternehmungsfixkosten von 20 T€ nach irgendeinem Kriterium (jedes Kriterium ist so gut oder schlecht wie irgendein anderes) auf die Produktgruppen umlegen. Man könnte dabei folgendermaßen argumentieren: Die Maschinengruppe IV, die ohnehin einen negativen RDB von 12 T€ aufweist, kann nicht auch noch mit Unternehmungsfixkosten belastet werden. Für die Unternehmungsfixkosten-Umlage bleiben also die Gruppen I, II und III. Die UFK werden den Gruppen I, II und III nach Maßgabe der Mitarbeiterzahl (24 : 32 :24) zugerechnet. Wir erhalten dann das folgende Aufteilungsschema.

8 Vgl.: K.-D. Däumler/J. Grabe, Kalkulationsvorschriften bei öffentlichen Aufträgen, S. 47 ff.
9 Vgl.: K.-D. Däumler/J. Grabe, Kostenrechnungs- und Controllinglexikon, S. 251.

ABB. 52: Schlüsselung der Unternehmungsfixkosten

Produkte	1	2	3	4	5	6	7	8	Summe
DB	+ 10	+ 25	+ 3	+ 12	+ 8	+ 22	+ 7	+ 13	+ 100
- EFK	-	-	5	-	-	2	-	4	11
RDB I	+ 10	+ 25	- 2	+ 12	+ 8	+ 20	+ 7	+ 9	+ 89
Produktgruppen	I		II		III		IV		
RDB I je Produktgruppe	+ 35		+ 10		+ 28		+ 16		+ 89
- EGFK	8		5		8		28		49
RDB II	+ 27		+ 5		+ 20		- 12		+ 40
- geschlüsselte UFK	6		8		6		-		20
Differenz	+ 21		- 3		+ 14		- 12		+ 20
RDB je Bereich	+ 18				+ 2				+ 20
- BFK	25				5				30
Differenz	- 7				- 3				- 10
Nettogewinn	- 10								- 10
Anmerkung: Alle Werte in T€									

Ergebnis

Die Verteilung der Unternehmungsfixkosten nach der Mitarbeiterzahl (24 : 32 : 24) auf die gewinnträchtigen Produktgruppen I, II und III unter Verschonung der Gruppe IV bewirkt, dass zwei Produktgruppen (II und IV) ein negatives Ergebnis aufweisen. Der Verzicht auf Gruppe IV verbessert das Betriebsergebnis langfristig um 12 T€. Wer daraus ableitet, man müsse, um die Situation weiter zu verbessern, auch auf Gruppe II verzichten, der verschlimmert die Not des Unternehmens. Die Herausnahme der Gruppe II bedeutet, dass man auf ihren positiven RDB II von 5 T€ verzichtet, so dass Gruppe II mit einer Differenz von - 8 T€ abschließt. Die der Gruppe II zugerechneten Unternehmungsfixkosten bleiben in voller Höhe bestehen, gleichgültig, ob Gruppe II eingestellt oder weiterproduziert wird. Es ist auch gleichgültig, ob man die Unternehmungsfixkosten jetzt, nachdem Gruppe II eine negative Differenz ausweist, einer anderen Produktgruppe zurechnet.

Dieses Ergebnis zeigt uns deutlich, dass die bei einer Vollkostenrechnung durchzuführende Schlüsselung der Unternehmungsfixkosten keinesfalls nur ein Schönheitsfehler ist, sondern als Quelle möglicher Fehlentscheidungen eine Bedrohung für die Existenz des Betriebes darstellt. Eine gewillkürte Zurechnung von Fixkostenbestandteilen macht es unmöglich, die wahren Verlustquellen aufzuspüren und zu beseitigen. Die Praxis muss sich dafür entscheiden, die Fixkostenzurechnung ausschließlich verursachungsgerecht vorzunehmen. Mit dieser Entscheidung ist der Grundgedanke der Teilkostenrechnung beachtet und weitergeführt: Ein beliebiges Rechnungsobjekt (Produkt, Produktgruppe oder Bereich) wird nur mit jenen Kosten belastet, die dem betreffenden Rechnungsobjekt eindeutig zurechenbar sind. Da Fixkosten kurzfristig nicht beeinflussbar sind, ist ein bestimmtes Rechnungsobjekt bei einer kurzfristigen Planung allein mit seinen variablen Kosten zu belasten. Bei einer langfristigen Rechnung sind einem Rechnungsobjekt neben seinen variablen Kosten auch jene Fixkosten anzulasten, die beim dauerhaften Verzicht auf das betreffende Objekt künftig wegfallen.

6.7 Vertriebsorientierte mehrstufige Deckungsbeitragsrechnung

Die stufenweise Fixkostendeckungsrechnung, die ursprünglich bei Agthe und Mellerowicz nur produktbezogene Fixkostenschichten kannte, wird durch die Erweiterung auf beliebige Kalkulationsobjekte zu einem universellen Instrument. Die betriebliche Praxis greift den Grundgedanken der stufenweisen Fixkostendeckungsrechnung auf und belastet beliebige Rechnungsobjekte mit ihren variablen und ihren direkt zurechenbaren fixen Kosten[10]. So ordnet die Vertriebserfolgsrechnung (auch Absatzsegmentrechnung) einem vertrieblichen Bezugsobjekt (z. B. Kunden, Kundengruppen, Absatzgebiete, Absatzwege, Absatzgrößenklassen) dessen Umsätze und Einzelkosten (= variable plus zurechenbare fixe Kosten) zu[11]. Die dem Bezugsobjekt zurechenbaren Fixkosten sind diejenigen Fixkosten, die beim Verzicht auf das betreffende Objekt künftig abgebaut werden können. Man erhält dann beispielsweise den Deckungsbeitrag von

- Kunden und Kundengruppen,
- Aufträgen und Auftragsgruppen,
- Bezirken, Regionen, Ländern, Kontinenten,
- betrieblichen Abteilungen, Bereichen, Filialen,
- Absatzkanälen.

Die folgende Übersicht zeigt, wie man den Periodenerfolg unterschiedlicher Artikelgruppen ermittelt, die im gemischten Geschäft vertrieben werden. Gemischtes Geschäft liegt vor, wenn die Ware sowohl im Streckengeschäft als auch im Lagergeschäft vertrieben wird. Beim Streckengeschäft erhält der Abnehmer die Ware direkt vom Hersteller, ohne dass sie das Händlerlager berührt; der Händler übt nur die Vermittlungsfunktion aus. Beim Lagergeschäft erfolgt die Warenverteilung über die Lager der beteiligten Händler (z. B. Groß- und Einzelhandel).

10 Vgl. unter anderem: Artikel Absatzsegmentrechnung, in: Vahlens Großes Controlling Lexikon, S. 4. - G. Seicht, Moderne Kosten- und Leistungsrechnung, S. 353 ff. - F.-J. Witt, Deckungsbeitragsmanagement, S. 171 ff. - Chr. Weigand, Vertriebskostenrechnung, S. 820 ff.

11 Ein Praxisbeispiel für eine gut ausgebaute stufenweise Fixkostendeckungsrechnung bei einem mittelständischen Bürostuhlhersteller, die als Bezugsobjekte Produktgruppen, Absatzwege, Branchen und Absatzgebiete nutzt, findet sich bei: K.-D. Däumler, Stufenweise Fixkostendeckungsrechnung, S. 488 ff.

ABB. 53: Stufenweise Erfolgsermittlung bei gemischten Aufträgen

Geschäftsarten	Streckengeschäft		Lagergeschäft					
Versandart			Selbst- abholer		Eigen- zusteller		Fremd- transporte	
Artikelgruppen	a	b	a	b	a	b	a	b
Bruttoerlöse - Rabatte	... ...	... ...	... ...	... ...	... ...	... ...	... ...	... ...
Nettoerlöse - Skonti	... ...	... ...	... ...	... ...	... ...	... ...	... ...	... ...
„Bar"erlöse - umsatzwertabhängige EK - mengenabhängige EK	... ...	... ...	... ...	... ...	... ...	... ...	... ...	... ...
Artikelgruppen-Umsatzbeiträge - Fremdfrachten - Versandpackung - sonstige Kosten der Auftragsbearbeitung	Σ ...		Σ		Σ		Σ	
Auftragsbeiträge der Artikelgruppen - Toureneinzelkosten	...		...		... ...		...	
Deckungsbeitrag über spezifische Leistungskosten - Perioden-EK Fuhrpark	...		...		... ...		...	
Periodenbeiträge Eigenzustellung					...			
- Perioden-EK Lagergeschäft Warenannahme Lager Expedition - Perioden-EK Streckengeschäft	 ...		Σ					
Periodenbeiträge der Geschäftsarten	...		...					
- gemeinsame Ersparnis aus empfangenen Gesamtzusatzrabatten usw. - gemeinsame Perioden-EK	Σ							
Gemeinsamer Periodenbeitrag	...							

Quelle: P. Riebel, Einzelkosten- und Deckungsbeitragsrechnung, S. 408.

Ein weiteres sinnvolles Anwendungsfeld findet die stufenweise Fixkostendeckungsrechnung bei Unternehmungen, die Filialen unterhalten und sich ein Bild von deren Wirtschaftlichkeit machen wollen.

BEISPIEL: SFD im Filialunternehmen

Die Reifendienst KG betreibt 14 Filialen in Bayern. Ihre bislang durchgeführte einstufige Deckungsbeitragsrechnung zeigt einen Nettogewinn von 52.500 € pro Monat.

ABB. 54: Einstufige Deckungsbeitragsrechnung

	Südbayern								Nordbayern						Gesamtbetrieb
	Schwaben			Niederbayern		Oberbayern			Oberpfalz		Franken				
Filiale	1	2	3	4	5	6	7	8	9	10	11	12	13	14	–
Umsatz	75,0	120,0	105,0	180,0	97,5	120,0	112,5	165,0	142,5	120,0	82,5	135,0	97,5	75,0	1.627,5
- variable Kosten	37,5	52,5	45,0	90,0	45,0	60,0	52,5	90,0	67,5	60,0	30,0	67,5	51,0	45,0	793,5
= Deckungsbeitrag (DB)	37,5	67,5	60,0	90,0	52,5	60,0	60,0	75,0	75,0	60,0	52,5	67,5	46,5	30,0	834,0
- Fixkosten															781,5
= Nettogewinn															52,5

Anmerkung: Alle Werte in T€ pro Monat

Allerdings lässt sich aus dem Nettogewinn des Gesamtbetriebs nicht erkennen, wie viel die einzelne Filiale und wie viel die unterschiedlichen Verkaufsregionen zum Betriebsergebnis beitragen. Deshalb gibt die Geschäftsleitung eine Analyse der Fixkosten in Auftrag. Sie soll zeigen, wie hoch die Fixkosten je Filiale, je Bezirk und je Verkaufsgebiet sind. Daraus ergibt sich die folgende stufenweise Fixkostendeckungsrechnung als Filial-Ergebnisrechnung für die Reifendienst KG:

ABB. 55: SFD als Filial-Ergebnisrechnung

	Südbayern								Nordbayern						Gesamtbetrieb
	Schwaben			Niederbayern		Oberbayern			Oberpfalz		Franken				
Filiale	1	2	3	4	5	6	7	8	9	10	11	12	13	14	–
Umsatz	75,0	120,0	105,0	180,0	97,5	120,0	112,5	165,0	142,5	120,0	82,5	135,0	97,5	75,0	1.627,5
- variable Kosten	37,5	52,5	45,0	90,0	45,0	60,0	52,5	90,0	67,5	60,0	30,0	67,5	51,0	45,0	793,5
= Deckungsbeitrag (DB)	37,5	67,5	60,0	90,0	52,5	60,0	60,0	75,0	75,0	60,0	52,5	67,5	46,5	30,0	834,0
- Fixkosten Filiale	15,0	22,5	18,0	30,0	15,0	22,5	30,0	37,5	30,0	22,5	22,5	30,0	45,0	36,0	376,5
= Filial-DB	22,5	45,0	42,0	60,0	37,5	37,5	30,0	37,5	45,0	37,5	30,0	37,5	1,5	- 6,0	457,5
Σ Filial-DB		109,5		97,5			105,0		82,5			63,0			
- Fixkosten Bezirk		45,0		30,0			45,0		22,5			67,5			210,0
= Bezirks-DB		64,5		67,5			60,0		60,0			- 4,5			247,5
Σ Bezirks-DB				192,0								55,5			
- Fixkosten Verkaufsgebiet				60,0								45,0			105,0
= Gebiets-DB				132,0								10,5			142,5
								142,5							
- Fixkosten Zentrale								90,0							90,0
= Nettogewinn								52,5							52,5

Anmerkung: Alle Werte in T€ pro Monat

Ergebnis

Die Filial-Ergebnisrechnung bringt durch die Zurechnung der Fixkosten zu den Bezugsobjekten Filiale, Bezirk und Verkaufsgebiet eine Übersicht über Gewinn- und Verlustbringer. So liegt das Verkaufsgebiet Südbayern mit einem Bruttogewinn von 132.000 € pro Monat weit vor Nordbayern mit 10.500 € monatlich. Die Filiale 14 zeigt sich als Verlustbringer; ihre Schließung würde den Nettogewinn langfristig um 6.000 € monatlich verbessern. Filiale 13, die nur einen Filial-Deckungsbeitrag von 1.500 € monatlich erbringt, muss auf mögliche Umsatzverbesserungen und/oder Kostensenkungen überprüft werden.

BEISPIEL: Stufenweise Fixkostendeckungsrechnung eines Bürostuhlherstellers

Ein mittelständischer Bürostuhlhersteller verkauft leichte, mittlere und schwere Drehstühle, sonstige Stühle, Möbel, Handelswaren und Ersatzteile an diverse Kundengruppen in verschiedenen Verkaufsregionen. Der Bürostuhlhersteller möchte wissen:

- Wie viel tragen einzelne Produkte und einzelne Produktgruppen zum Bruttogewinn bei?
- Wie viel tragen einzelne Kundengruppen zum Bruttogewinn bei?
- Wie viel tragen einzelne Absatzgebiete zum Bruttogewinn bei?

Der Drehstuhlhersteller ist in Profit Center (nachfolgend PC genannt) eingeteilt. Jedes Profit Center enthält eine Produktgruppe. Darauf baut die für dieses Unternehmen entwickelte stufenweise Fixkostendeckungsrechnung auf, die sich gleichzeitig mehrerer Absatzsegmente bedient[12].

Der Bürostuhlhersteller kommt mit der Einteilung des Fixkostenblocks in nur zwei Schichten aus: direkte Fixkosten der Produktgruppe (= Erzeugnisgruppenfixkosten) und Unternehmungsfixkosten. Der Deckungsbeitrag I ergibt sich als Differenz von Nettoumsatz und variablen Kosten. Er wird als €-Betrag und als Prozentsatz ausgewiesen. Der Deckungsbeitrag II ist die Differenz DB I minus direkte Fixkosten der Produktgruppen. Beide Deckungsbeiträge werden ergänzt durch den jeweiligen relativen Deckungsbeitrag (DBU I und DBU II), der angibt wie viel Prozent des Nettoumsatzes als Bruttogewinn beim Unternehmen verbleiben.

12 Vgl. S. Reupert, Erfolgsorientierte Steuerung des Vertriebs auf der Basis von Deckungsbeiträgen anhand eines Praxisbeispiels, S. 46 ff.

Produktgruppen → / PC-Erfolgsrechnung ↓	Gesamt	leichte Drehstühle	mittlere Drehstühle	schwere Drehstühle	sonstige Stühle	Möbel	Handelsware	Ersatzteile
	T€	T€	T€	T€	T€	T€	T€	T€
Bruttoumsatz	159.198	31.424	51.036	9.090	37.700	19.100	3.501	7.337
- Rabatte etc.	70.440	13.905	22.583	4.022	16.682	8.456	1.549	3.243
= Nettoumsatz	88.758	17.519	28.453	5.068	21.018	10.654	1.952	4.094
- variable Kosten	54.142	11.026	14.453	2.975	12.278	7.990	1.751	3.669
= DB I	34.616	6.493	14.000	2.093	8.740	2.664	201	425
DBU I	39,0 %	37,1 %	49,2 %	41,3%	41,6 %	25,0 %	10,3 %	10,4 %
- direkte Fixkosten der Produktgruppen	13.092	2.128	5.529	1.255	2.135	1.860	83	102
= DB II	21.524	4.365	8.471	838	6.605	804	118	323
DBU II	24,3 %	24,9 %	29,8 %	16,5 %	31,4 %	7,5 %	6,0 %	7,9 %
- Unternehmensfixkosten	19.166							
= Betriebsergebnis	2.358							
Steuerungszahlen								
Nettoumsatzanteil	100,0 %	19,7 %	32,1 %	5,7 %	23,7 %	12,0 %	2,2 %	4,6 %
DBU I	39,0 %	37,1 %	49,2 %	41,3 %	41,6 %	25,0 %	10,3 %	10,4 %
DBU II	24,3 %	24,9 %	29,8 %	16,5 %	31,4 %	7,5 %	6,0 %	7,9 %
Rangfolge nach								
DB I in T€	-	3	1	5	2	4	7	6
DBU I in %	-	4	1	3	2	5	7	6
Rangfolge nach								
DB II in T€	-	3	1	4	2	5	7	6
DBU II in %	-	3	2	4	1	6	7	5

Zahlen aus Diskretionsgründen geändert. Sie sind als beispielhafte Werte zu betrachten.

6.8 Zusammenfassung und Checkliste

Programmoptimierung: Sie tritt im praktischen Fall in zwei Varianten auf: kurzfristige und langfristige. Dabei können kurze und lange Perioden nicht allgemeingültig durch eine bestimmte Kalenderzeit, sondern nur betriebsindividuell festgelegt werden.

Der **Unterschied zwischen kurzer und langer Periode** ist durch die Zeit markiert, innerhalb derer der Betriebsmittelbestand unveränderbar ist, d. h. innerhalb derer die Fixkosten konstant sind. Je länger die Planungsperiode gewählt wird, desto höher ist der Anteil der abbaufähigen Fixkosten an den gesamten Fixkosten. Auf lange Sicht gibt es überhaupt keine fixen Kosten.

Relevante Kosten bei einer bestimmten unternehmerischen Entscheidung sind die Kosten, die durch die betreffende Entscheidung bewegt, beeinflusst, geändert werden können. Auf kurze Sicht sind nur variable Kosten entscheidungsrelevant. Auf lange Sicht sind auch Fixkosten (ganz oder teilweise) entscheidungsrelevant.

Stufenweise Fixkostendeckungsrechnung (SFD): Sie dient der langfristigen Programmoptimierung. Sie ergänzt die kurzfristige Programmoptimierung und gibt Hinweise, an welchen Stellen das Programm gestrafft werden könnte. Sie ist da-rüber hinaus auch als Instrument der Vertriebserfolgsrechnung einsetzbar.

Bezugsobjekte für den Fixkostenblock können sein: Erzeugnisse, Erzeugnisgruppen, Bereiche, Gesamtunternehmung. Man versucht, den erstgenannten Bezugsobjekten möglichst hohe Fixkostenanteile zuzurechnen. Bei der Vertriebserfolgsrechnung dienen ausgewählte Absatzsegmente (Bezirke, Regionen, Kundengruppen) als Bezugsobjekte für die Fixkosten.

Die **stufenweise Fixkostendeckungsrechnung** hat Sinn bei der Mehrproduktunternehmung mit erheblichen Fixkosten. Sie sollte jährlich durchgeführt werden. Auf eine Kostenschlüsselung ist zu verzichten.

FRAGEN

6.1

Zeigen Sie, wie man die Fixkosten nach ihrer Zurechenbarkeit aufspalten kann und nennen Sie Beispiele.

6.2

Begründen Sie, warum die Bereichsfixkosten Einzelkosten in bezug auf die Bereiche, aber Gemeinkosten in Bezug auf die Produktgruppen und Produktarten sind.

6.3

Nach welchem Kriterium wird die Zurechnung der Fixkosten zu Produkten, Produktgruppen und Bereichen bestimmt?

6.4

Ist die stufenweise Fixkostendeckungsrechnung bei Entscheidungen kurzfristiger Art notwendig?

6.5

Wie würden Sie eine Unternehmung organisieren, um eine aussagefähige stufenweise Fixkostendeckungsrechnung zu erhalten?

6.6

Nennen Sie Anwendungsbeispiele für die stufenweise Fixkostendeckungsrechnung.

6.7

Die Playtime KG fertigt Spielzeug und Spiele für Kinder und Erwachsene. Die nachfolgend dargestellte Deckungsbeitragsrechnung zeigt, dass die Playtime KG ein negatives Betriebsergebnis aufweist.

Erzeugnis	Spiele 1	2	3	4	5	Spielzeug 6	7	8	9	10
Menge (St/Jahr)	1.550	1.000	625	1.300	2.800	200	265	170	380	156
Preis (€/Stück)	20	25	80	10	15	100	200	100	50	250
Umsatz (T€/Jahr)	31	25	50	13	42	20	53	17	19	39
- variable Kosten (T€/Jahr)	21	15	25	10	30	12	31	11	12	26
Deckungsbeitrag (T€/Jahr)	10	10	25	3	12	8	22	6	7	13
- Fixkosten (T€/Jahr)	135									
Nettogewinn (T€/Jahr)	- 19									

a) Definieren Sie die folgenden Begriffe und geben Sie jeweils ein praktisches Beispiel: Erzeugnisfixkosten (EFK), Erzeugnisgruppenfixkosten (EGFK), Bereichsfixkosten (BFK), Unternehmensfixkosten (UFK).

b) Streichen Sie in den folgenden Sätzen die nichtzutreffenden Teile:

Im Rahmen der stufenweisen Fixkostendeckungsrechnung (SFD) erfolgt eine *langfristige/kurzfristige* Optimierung des Produktionsprogrammes. Dabei ist es *unzweckmäßig/zweckmäßig*, die Unternehmensfixkosten mittels Schlüsselung auf die Produktgruppen zu verteilen. Für die Zurechenbarkeit der Fixkosten ist es günstig, wenn der Betrieb *funktional/divisional* gegliedert ist. Die Durchführung einer stufenweisen Fixkostendeckungsrechnung *ergänzt/ersetzt* die kurzfristige Programmoptimierung mit Hilfe der Deckungsbeitragsrechnung.

c) Bei der oben beschriebenen Playtime KG plant man die Einführung einer stufenweisen Fixkostendeckungsrechnung (SFD). Dazu rechnet man den Erzeugnissen (soweit möglich) Erzeugnisfixkosten (EFK) zu. Danach fasst man die Erzeugnisse zu Erzeugnis- oder Produktionsgruppen zusammen (I = Brettspiele, II = Kartenspiele, III = Metallbaukästen, IV = Stofftiere), um diesen Erzeugnisgruppenfixkosten (EGFK) zuzurechnen. Sodann fasst man die Erzeugnisgruppen zu Bereichen (A = Spiele, B = Spielzeug) zusammen, denen die Bereichsfixkosten (BFK) zugerechnet werden. Man gelangt zu folgendem Ergebnis:

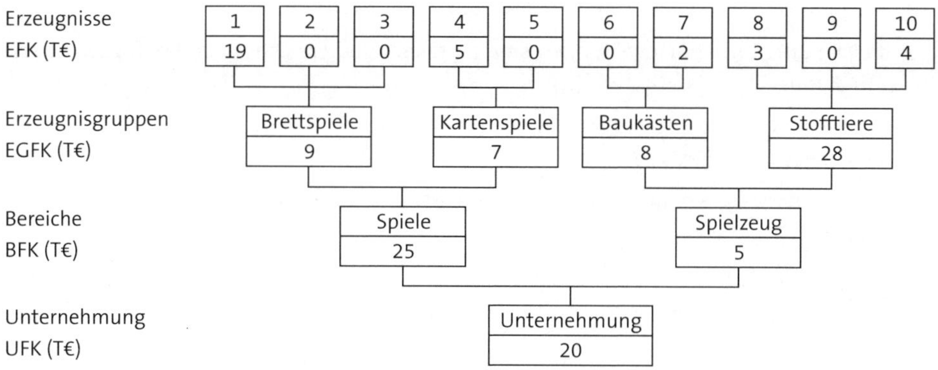

(1) Führen Sie die stufenweise Fixkostendeckungsrechnung für die Playtime KG durch und nutzen Sie hierzu die nachfolgende Lösungstabelle.

Produkte	1	2	3	4	5	6	7	8	9	10
U - K_V	31 21	25 15	50 25	13 10	42 30	20 12	53 31	17 11	19 12	39 26
DB - EFK										
RDB I										
Produktgruppen RDB I je Produktgruppe - EGFK	I			II		III		IV		
RDB II										
Bereiche RDB II je Bereich - BFK	A					B				
RDB III										
RDB III der Unternehmung - UFK										
Nettogewinn										

U = Umsatz je Produktart (T€/Jahr)
K_V = variable Kosten je Produktart (T€/Jahr)
D = Deckungsbeitrag je Produktart (T€/Jahr)
RDB = Restdeckungsbeitrag (T€/Jahr)
EFK = Erzeugnisfixkosten (T€/Jahr)
EGFK = Erzeugnisgruppenfixkosten (T€/Jahr)
BFK = Bereichsfixkosten (T€/Jahr)
UFK = Unternehmungsfixkosten (T€/Jahr)

(2) Wie groß ist der Nettogewinn in der Ausgangssituation?

(3) Welche Programmentscheidungen sind zu fällen, und welcher neue Nettogewinn ergibt sich daraus?

(4) Ist das in (3) ermittelte Programm auch kurzfristig, d. h. beim jetzigen Produktionsapparat sinnvoll?

(5) Charakterisieren Sie die stufenweise Fixkostendeckungsrechnung (SFD) als Entscheidungshilfe.

7. Wahl des optimalen Produktionsverfahrens (Verfahrenswahl)

7.1 Problemstellung

Bei betrieblichen Entscheidungen geht es in aller Regel um die Wahl zwischen mehreren Möglichkeiten. So muss sich die Betriebsleitung etwa mit folgenden Wahlproblemen auseinandersetzen[1]:

1. Wahl zwischen verschiedenen Rohstoffen,
2. Wahl der günstigsten Größe von Produktionsaufträgen und Bestellmengen,
3. Wahl zwischen verschiedenen Möglichkeiten der Beschäftigungsanpassung,
4. Wahl zwischen Anlagenreparatur und Anlagenersatz,
5. Wahl der günstigsten Verwendung knapper Rohstoffe, Zwischenprodukte, Arbeitskräfte und Produktionsmittel,
6. Entscheidungen über Art und Umfang von Kapazitätserweiterungen,
7. Entscheidungen über Transportmittel und Wege,
8. Wahl der Vertriebsmethoden und Absatzwege,
9. Wahl der günstigsten Produktionsverfahren.

Das letztgenannte Problem, die Wahl des optimalen Produktionsverfahrens, soll hier dargestellt werden. Auf den ersten Blick erscheint die Verfahrenswahl einfach: Hat man die Wahl zwischen mehreren Produktionsverfahren, so entscheidet man sich für das günstigste. Aber welches Verfahren ist das günstigste? Jenes mit den geringsten variablen Stückkosten oder das mit den geringsten fixen Kosten? Oder vielleicht jenes, bei dem die Summe aus variablen und fixen Kosten minimal ist? Ist es von Bedeutung, ob die Planung für die kurze Periode, d. h. für den derzeitigen Produktionsapparat, gilt oder langfristig, was zur Folge hätte, dass der Produktionsapparat geändert werden könnte? Bei der Verfahrenswahl gibt es viele Möglichkeiten der Fehlervermeidung und Kostensenkung, wenn man typische Fehler, die auf unkritischer Anwendung der Vollkostenrechnung basieren, rechtzeitig korrigiert. Insbesondere in Zeiten rückläufiger Beschäftigung stellt sich in den Betrieben die Frage, auf welchen Anlagen produziert werden soll. Nicht selten wird diese Frage zugunsten der älteren Anlagen entschieden, da diese im Vergleich zu den neueren weniger mit Fixkosten belastet sind. Diese Feststellung findet sich auch bei Plaut[2], wenn er als Ergebnis mancher Betriebsbesichtigung ausführt:

„Man zeigt uns voll Stolz moderne Fertigungsmaschinen, die aber, wie sich herausstellt, gerade stillstehen. Man hat gerade keine Beschäftigung für diese Anlage. Bei dem weiteren Betriebsrundgang zeigt sich aber, dass die alten unmodernen Anlagen voll ausgelastet sind. Die Arbeitsvorbereitung oder Fertigungsplanung hat es ja in der Hand, eine Bearbeitung hier oder dort, auf modernen teuren, fixkostenintensiven Maschinen vorzunehmen, oder sie auf alte, weniger leistungsfähige und mit geringeren Fixkosten belastete Maschinen zu legen. Werden bei dieser Üb-

1 Vgl. auch P. Riebel, Einzelkosten- und Deckungsbeitragsrechnung, S. 19.
2 Vgl. H.-G. Plaut, Unternehmenssteuerung mit Hilfe der Voll- oder Grenzplankostenrechnung, S. 474 f.

erlegung die Vollkosten herangezogen, dann liegt es auf der Hand, dass es hier zu Fehlentscheidungen kommen muss, zu Fehlentscheidungen, die unserer Meinung nach in sehr vielen Betrieben schon bei kurzen Betriebsrundgängen beobachtet werden können. Nicht das Verfahren ist das teure, das die höchsten Gesamtkosten aufweist – wobei notabene diese Gesamtkosten, die Vollkosten, vielleicht gerade durch eine geringe Beschäftigung dieser Anlage besonders hoch sind –, sondern das Verfahren ist das wirtschaftliche, das in den Grenzfertigungskosten jeweils günstiger liegt ...

In der Praxis wird hier nach unseren Erfahrungen in erheblichem Umfang gesündigt, und es ist oft schwer, manchmal unmöglich, in den Betrieben auf eine richtige Verfahrenswahl, nämlich aufgrund der proportionalen Kostensätze und damit Grenzfertigungskosten, hinzuwirken. Uns steht eine namhafte deutsche Maschinenfabrik vor Augen, in der wir vor Jahren feststellten, dass grundsätzlich alle alten unwirtschaftlichen Fertigungsmaschinen überlastet sind, im Mehrschicht-Betrieb eingesetzt werden, während die leistungsfähigen modernen Anlagen unterbeschäftigt dastehen. Es ist bis heute nicht gelungen, in diesem Unternehmen eine Änderung dieses Zustandes herbeizuführen."

Verfahrenswahl (Verfahrensplanung, Verfahrensvergleich) ist die Auswahl des unter den gegebenen Umständen jeweils günstigsten Produktionsverfahrens. Voraussetzung ist, dass man mehrere Anlagen besitzt, die zur Bearbeitung eines bestimmten Gutes geeignet sind. Für die Wahl des optimalen Produktionsverfahrens gibt es unterschiedliche Entscheidungssituationen und – je nach Situation – unterschiedliche Entscheidungsregeln. Dabei gilt: Nur bei der Planung für die kurze Periode, in der die beschäftigungsfixen Kosten konstant bleiben, ist die Verfahrenswahl mit kostenrechnerischen Mitteln zu lösen. Dabei ist zu beachten, ob freie Kapazitäten existieren oder ob ein oder mehrere Engpässe vorliegen. Bei langfristigen Planungsproblemen stellt sich die Frage nach der Gestaltung des betrieblichen Produktionsapparates, nach Kauf, Verkauf oder Verschrottung von Betriebsmitteln. Diese Fragen sind nur investitionsrechnerisch zu beantworten.

ABB. 56: Praktische Verfahrenswahl: Fünf Situationen sind zu beachten

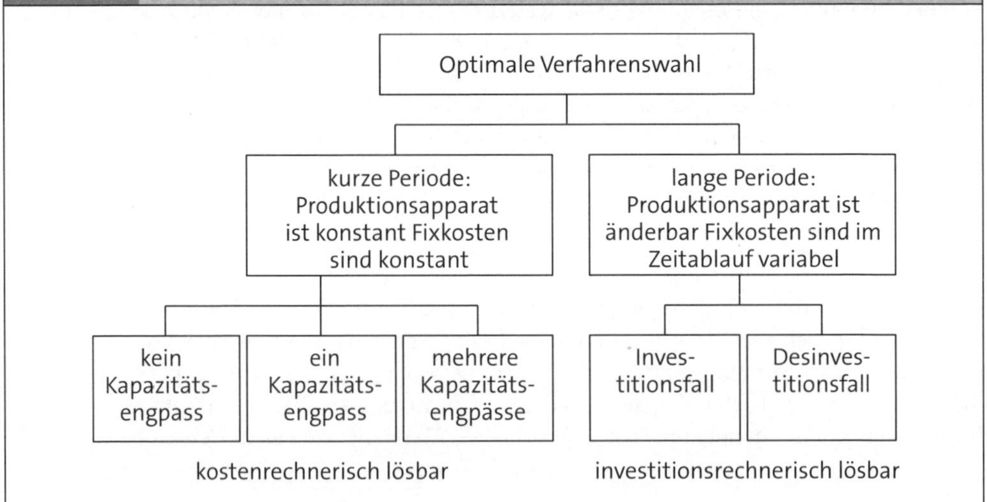

Die Übersicht zeigt: Es gibt nicht die Verfahrenswahl, sondern fünf verschiedene Entscheidungssituationen, die jeweils durch einen eigenen Rechenweg zur Auffindung der optimalen Lösung gekennzeichnet sind. Der Praktiker hat somit eine Doppelaufgabe:

(1) Er muss die Diagnose stellen: Welche der fünf Situationen liegt vor?

(2) Er muss das zur vorliegenden Situation gehörende Rechenverfahren einsetzen.

7.2 Kurzfristige Verfahrenswahl bei freien Kapazitäten

7.2.1 Entscheidungssituation

Im Betrieb stehen mehrere Maschinen, die der Erstellung eines bestimmten Produkts dienen. Die Nachfrage nach diesem Produkt ist so weit zurückgegangen, dass man zumindest vorläufig nur eine der Maschinen benötigt. Es ist zu entscheiden, auf welcher Maschine produziert werden soll. Die Planung ist eine kurzfristige. Es wird also für die Zeit geplant, innerhalb derer der betriebliche Maschinenpark unverändert bleibt. Das folgende Beispiel erläutert die optimale Verfahrenswahl in der kurzen Periode.

7.2.2 Beispiel und Entscheidungsregel

BEISPIEL: Drei Maschinen - und nur eine wird benötigt

Ihr Betrieb, der unter anderem Staubfilter produziert, hat freie Kapazitäten. Die Staubfilter werden in einer besonderen Abteilung hergestellt, in der drei Maschinen unterschiedlichen Alters stehen, die durch folgende Kostenverläufe gekennzeichnet sind:

Verfahren 1: $K_1 = 100.000 + 500\ x$

Verfahren 2: $K_2 = 200.000 + 250\ x$

Verfahren 3: $K_3 = 300.000 + 150\ x$

a) Man zeichne die drei Kostenfunktionen in ein Diagramm und ermittle die kritischen Mengen.

b) Die von der Verkaufsabteilung erwartete Absatzmenge geht auf 200 ME pro Monat zurück. Diese Menge kann auf jeder der drei Anlagen hergestellt werden, so dass zu untersuchen ist, welches Verfahren bei Unterbeschäftigung am wirtschaftlichsten arbeitet.

Lösung a) Kostenverläufe, kritische Mengen und Maschinenauswahl

Wenn Sie die drei Kostenverläufe aufzeichnen, erhalten Sie folgendes Bild:

ABB. 57: Kostenverläufe dreier Produktionsverfahren

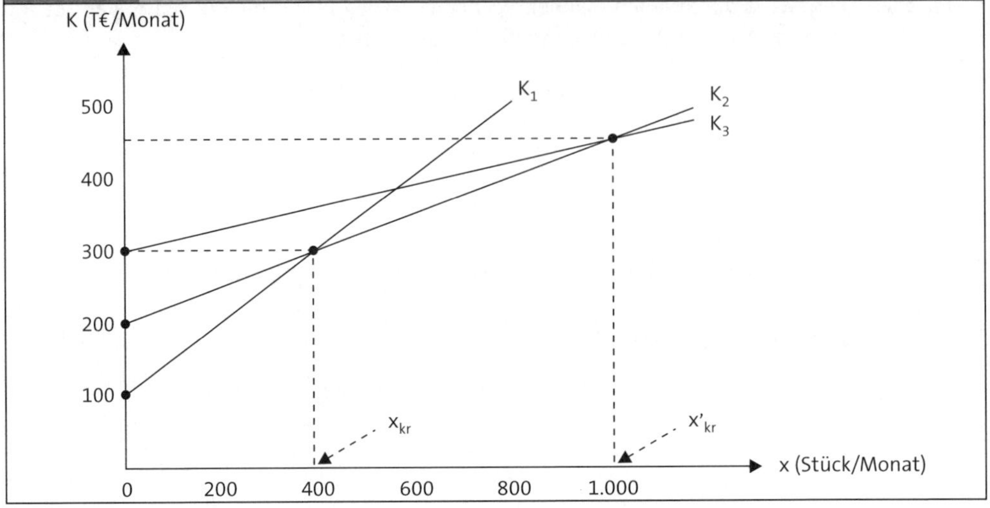

Die kritischen Mengen ergeben sich durch Gleichsetzen der Kosten zweier Verfahren:

$x_{kr} \rightarrow$

$$\begin{aligned} K_1 &= K_2 \\ 100.000 + 500\, x_{kr} &= 200.000 + 250\, x_{kr} \\ 250\, x_{kr} &= 100.000 \\ x_{kr} &= 400 \text{ (TSt/Mon)} \end{aligned}$$

$x'_{kr} \rightarrow$

$$\begin{aligned} K_2 &= K_3 \\ 200.000 + 250\, x'_{kr} &= 300.000 + 150\, x'_{kr} \\ 100\, x'_{kr} &= 100.000 \\ x'_{kr} &= 1.000 \text{ (TSt/Mon)} \end{aligned}$$

Ein Blick in die obige Zeichnung lässt annehmen, dass bei einer unter 400 (TSt/Mon) liegenden Absatzmenge Maschine 1 am kostengünstigsten ist. Liegt die Absatzmenge zwischen 400 und 1.000, müsste Maschine 2 am günstigsten sein. Übersteigt die Absatzmenge den Wert 1.000, sollte Maschine 3 genutzt werden. Diese Maschinenbelegung ist genauso einleuchtend wie falsch. Grund: Gleichgültig, welche Maschine zur Produktion herangezogen wird, immer fallen die Fixkosten aller drei Anlagen an. Durch die Entscheidung für eine bestimmte Anlage lassen sich lediglich die variablen Kosten beeinflussen, und es liegt nahe, sich für die Anlage mit den geringsten variablen Kosten zu entscheiden. Spätestens jetzt wird der Erfahrungsbericht Plauts über seine Betriebsbesichtigungen verständlich: Wenn alte, unwirtschaftliche Maschinen überlastet sind und im Mehrschichtbetrieb eingesetzt werden, während die leistungsfähigen modernen Anlagen unterbeschäftigt dastehen, dann liegt das daran, dass man die Fixkosten der einzelnen Maschinen als entscheidungsrelevant betrachtet, obgleich sie es nicht sind.

Wenn man dem zuständigen Kostenstellenleiter erlaubt oder vorschreibt, nach den Vollkosten der jeweils zur Produktion ausgewählten Anlage abzurechnen, darf man sich nicht wundern, wenn er die Maschinen nach der Regel „minimiere die abzurechnenden Stückkosten“ belegt.

Lösung b) Maschinenbelegung bei der Produktionsmenge von 200 ME/Monat

Die Entscheidung, bei Unterbeschäftigung eine kleine oder mittelgroße Menge nicht auf der neugekauften modernen Anlage, sondern auf der noch im Betrieb befindlichen älteren Anlage zu fertigen, findet man bei vielen Betrieben. Sie beruht auf einer falschen Sicht der Fixkosten. Die fixen Kosten sind früher im Zusammenhang mit der Investitionsentscheidung verursacht worden. Jetzt, da die Maschinen im Betrieb stehen, fallen die Fixkosten in jeder Periode an, gleichgültig, auf welcher Anlage Sie produzieren.

Bei korrekter Abrechnung erhalten Sie daher für die Produktion von 200 (1.000) Staubfiltern die folgenden Werte:

Verfahren	Fixkosten aller Verfahren	variable Kosten des gewählten Verfahrens (€/Monat)		Gesamtkosten	
1	600.000	100.000	(500.000)	700.000	(1.100.000)
2	600.000	50.000	(250.000)	650.000	(850.000)
3	600.000	30.000	(150.000)	630.000	(750.000)

Ein Fixkostensockel von 600.000 €/Monat fällt unabhängig von Ihrer Verfahrensentscheidung an. Entscheidungsrelevant sind somit nur noch die variablen Kosten.

ABB. 58: Entscheidungsrelevant sind nur die variablen Kosten

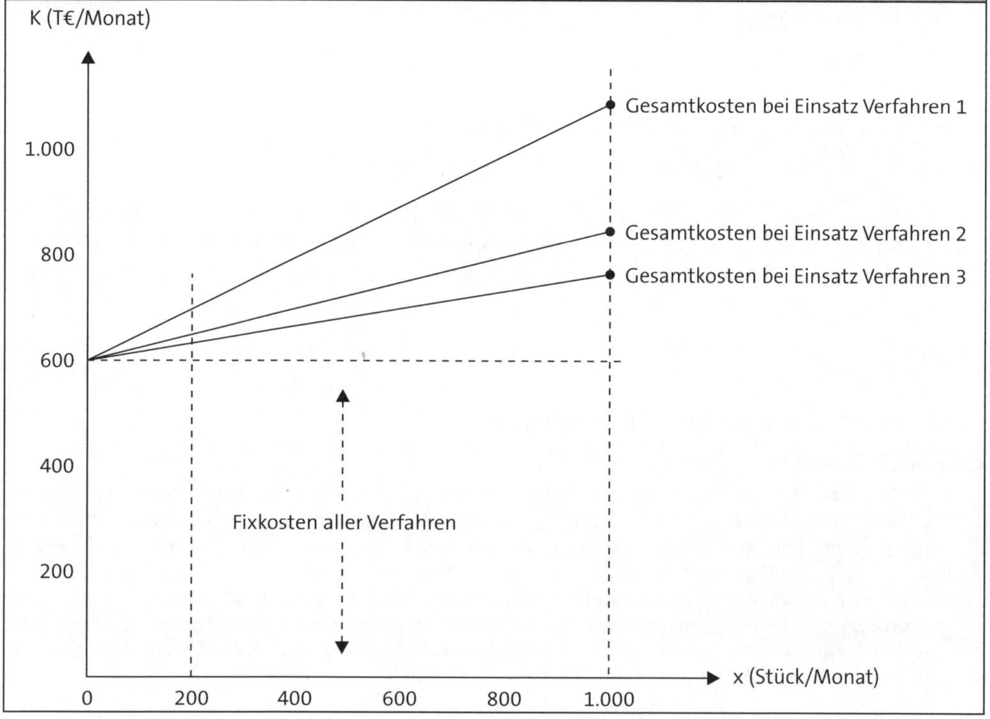

Ergebnis

Die Betrachtung zeigt, dass die optimale Verfahrenswahl bei freien Kapazitäten nur in der Weise getroffen werden kann, dass Sie die zu produzierenden Staubfilter auf jener Maschine fertigen, die die geringsten zusätzlich entstehenden Kosten aufweist. Im betrachteten Fall wählen Sie Maschine 3. Bei kurzfristiger Verfahrenswahl und freien betrieblichen Kapazitäten gelangen Sie mit Hilfe folgender Entscheidungsregel zur optimalen Maschinenbelegung: „Wähle unabhängig von der Höhe der ohnehin anfallenden Fixkosten diejenige Maschine, die die geringsten variablen Stückkosten aufweist."

7.3 Kurzfristige Verfahrenswahl bei einem Engpass

7.3.1 Entscheidungssituation

In der betrieblichen Praxis finden Sie häufig an irgendeiner Stelle des Produktionsprozesses einen Kapazitätsengpass. Grundsätzlich kann jeder Produktionsfaktor zum Engpass werden. Wir unterscheiden beispielsweise maschinelle, räumliche, personelle und rohstoffbedingte Engpässe. Wenn derartige Engpässe auf längere Sicht auftreten, geben sie Anlass zu Investitionsüberlegungen und Sie führen eine Investitionsrechnung durch, um zu klären, ob es sich lohnt, den Engpass durch eine Investition zu beseitigen. Denkbar ist aber auch, dass ein Engpass nur kurze Zeit wirksam wird, wenn

- eine Maschine vorübergehend ausfällt und repariert werden muss,
- infolge von Umbauarbeiten für eine Anzahl von Monaten mit vermindertem Lagerraum gearbeitet werden muss,
- urlaubs- oder krankheitsbedingt die Betriebsleistung mit vermindertem Personalbestand zu erstellen ist,
- eine Lieferstockung bei Rohstoffen z. B. infolge eines Streiks zu erwarten ist,
- eine unerwartete Zusatznachfrage auf den Betrieb zukommt.

Die genannten Situationen treten häufig über Nacht auf. Der planende Betrieb benötigt also eine Entscheidungsregel, um rasch und flexibel auf eine Engpasssituation reagieren zu können, so dass ein etwaiger Mangel optimal gemeistert wird. Es ist zu entscheiden, in welcher Weise der Engpass am wirtschaftlichsten entlastet werden kann.

7.3.2 Beispiel und Entscheidungsregel

BEISPIEL: Engpass in der Stanzerei

Eine Maschinenfabrik verfügt in der Abteilung Stanzerei über drei Stanzmaschinen, die zur Bearbeitung der Werkstücke A und B gleichermaßen geeignet sind. Die Maschinen 1 und 2 sind ältere Anlagen mit vergleichsweise geringem Mechanisierungsgrad, während Maschine 3 erst neulich angeschafft wurde. Bei der neuen Anlage sind die variablen Stückkosten am geringsten: k_{vA} = 1,20 €/Stück; k_{vB} = 2,00 €/Stück. Alle Anlagen können jeweils 9.600 Minuten pro Monat genutzt werden.

ABB. 59: Ökonomische und technische Informationen aus der Stanzerei

Maschine	Grenzkosten (€/Min)		Stückzeiten (Min/St)		variable Stückkosten (€/Stück)		Kapazität	Kapazität (Stück/Monat)	
	A	B	A	B	A	B	(Min/Monat)	A	B
1	1,50	2,00	5	6	7,50	12,00	9.600	1.920	1.600
2	1,40	1,50	2	3	2,80	4,50	9.600	4.800	3.200
3	1,20	1,00	1	2	1,20	2,00	9.600	9.600	4.800
							insgesamt	16.320	9.600

In der Ausgangssituation benötigt man 5.000 Einheiten des Werkstücks A und 2.000 Einheiten des Werkstücks B. Zur Fertigung dieser Mengen nutzt man gegenwärtig ausschließlich Maschine 3, da diese die niedrigsten variablen Stückkosten aufweist. Die Kapazität der kostengünstigsten Maschine reicht für die Mengen beider Werkstücke zurzeit noch aus.

ABB. 60: Ausgangssituation: Maschine 3 ist nicht voll ausgelastet

5.000 Werkstücke A	5.000 · 1 =	5.000 Minuten
2.000 Werkstücke B	2.000 · 2 =	4.000 Minuten
benötigte Zeit:		9.000 Minuten
verfügbare Zeit:		9.600 Minuten

Der Verkaufsabteilung gelingt es, einen zusätzlichen Exportauftrag hereinzuholen. Der Exportauftrag kann aber nur dann ausgeführt werden, wenn in den nächsten Monaten jeweils 4.600 Werkstücke A und 1.000 Einheiten B zusätzlich erstellt werden. Insgesamt sind also 9.600 A und 3.000 B zu fertigen.

Lösung

Ein Blick in Abbildung 59 zeigt, dass jetzt bei der Maschinenbelegung ein Engpass auftritt, da allein schon die Fertigung von 9.600 A ausreicht, um Maschine 3 voll auszulasten. Da Maschine 3 zum Engpass wird, lässt sich nicht mehr die Entscheidungsregel anwenden: „Produziere alles auf der Maschine mit den niedrigsten variablen Stückkosten". Die Entscheidungsregel ist vielmehr situationsgerecht umzugestalten. Sie werden so viel wie möglich auf der kostengünstigsten Maschin 3 und so viel wie nötig auf der (oder den) nächstgünstigsten Maschine(n) erstellen. Ihr Ziel: Erstellung der Produktion zu minimalen variablen Gesamtkosten.

Um dieses Ziel zu erreichen, untersuchen Sie, in welcher Weise Produktionsmengen am besten von der kostengünstigsten Maschine 3 auf eine andere Maschine mit freien Kapazitäten verlagert werden können. Hierzu ermitteln Sie den Kostennachteil pro Werkstück, der entsteht, wenn man das Werkstück auf einer anderen Maschine produziert. Der Kostennachteil (= Mehrkosten je Stück) ergibt sich als Differenz zwischen den variablen Stückkosten des Werkstücks auf einer anderen Maschine und den variablen Stückkosten auf der Engpassanlage (k_v - k_{vE}).

Auf der Kostenseite lautet Ihr Ziel:
Minimiere die Mehrkosten je verlagertem Stück!

Auf der produktionstechnischen Seite ist es reizvoll, den Engpass von solchen Werkstücken zu entlasten, deren Produktionsverlagerung möglichst viel knappe Engpasszeit freigibt.

Auf der technischen Seite lautet Ihr Ziel:
Maximiere die Engpassentlastung je verlagertem Stück!

Im vorliegenden praktischen Fall sind beide Ziele gleichzeitig zu verfolgen.

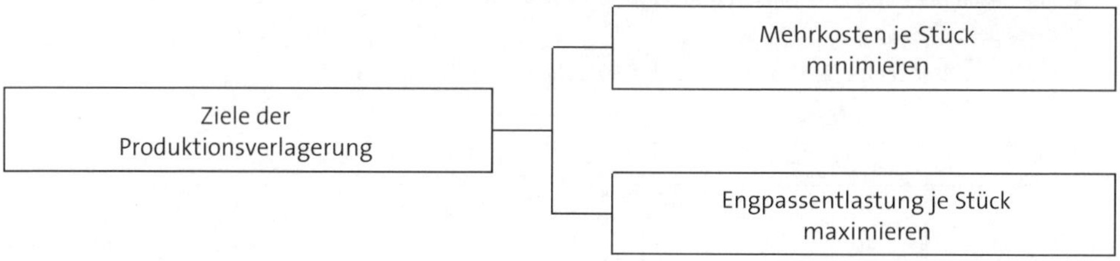

Um beide Ziele gleichzeitig zu erreichen, ermittelt man die spezifischen Mehrkosten bei Produktionsverlagerung[3]. Sie erhalten die spezifischen Mehrkosten, indem Sie die Mehrkosten je Werkstück (k_v - k_{vE}) durch die pro verlagertem Werkstück frei werdende Engpasszeit t_E dividieren. Somit gilt:

3 Vgl. hierzu auch: K. Serfling, Fälle und Lösungen zur Kostenrechnung, S. 305 ff.

$$\text{spezifische Mehrkosten} = \frac{k_v - k_{vE}}{t_E}$$

Oder allgemein:

(7.1)

$$\text{spezifische Mehrkosten bei Produktionsverlagerung} = \frac{\text{Mehrkosten je Stück}}{\text{Engpassentlassung je Stück}} = \frac{k_v - k_{vE}}{e_E}$$

Symbole

k_v = variable Kosten je Stück auf einer beliebigen Anlage (€/Stück)

k_{vE} = variable Kosten je Stück auf der Engpassanlage (€/Stück)

t_E = Engpasszeit je Stück (Minuten/Stück)

e_E = Engpasskapazität je Stück (Kapazitätseinheiten/Stück)

Die spezifischen Mehrkosten bei Produktionsverlagerung haben die Dimension €/Minute (allgemein: € je Engpasskapazitätseinheit). Wenn Sie die spezifischen Mehrkosten minimieren, haben Sie beide Ziele der Produktionsverlagerung (Mehrkosten je Stück minimieren und Engpassentlastung je Stück maximieren) gleichzeitig erfüllt.

Die spezifischen Mehrkosten bei Verlagerung von Werkstück A und B auf die Maschinen 1 und 2 sind der folgenden Übersicht zu entnehmen.

ABB. 61: Spezifische Mehrkosten: minimiert bei Verlagerung von B auf Maschine 2

Spezifische Mehrkosten (€/Minute)		
Werkstück → / Maschine ↓	A	B
von 3 auf 1	$\frac{7{,}50 - 1{,}20}{1} = 6{,}30$	$\frac{12{,}00 - 2{,}00}{2} = 5{,}00$
von 3 auf 2	$\frac{2{,}80 - 1{,}20}{1} = 1{,}60$	$\frac{4{,}50 - 2{,}00}{2} = 1{,}25$ (eingekreist)

Ergebnis

Die spezifischen Mehrkosten sind am geringsten, wenn Werkstück B auf Maschine 2 gefertigt wird, so dass Maschine 3 ausschließlich der Produktion von A dient.

Fertigt man, wie es Abbildung 61 nahelegt, sämtliche Werkstücke A auf Maschine 3 und sämtliche Werkstücke B auf Maschine 2, so ergeben sich folgende variable Gesamtkosten:

Werkstück A:	9.600 · 1,20 =	11.520 €
Werkstück B:	3.000 · 4,50 =	13.500 €
variable Gesamtkosten:		25.020 €

Jede andere Maschinenbelegung ergibt höhere variable Gesamtkosten als 25.020 €/Monat.

Entscheidungsregel:

Jetzt, da Sie wissen, wie der Engpass am besten unter Beachtung der spezifischen Mehrkosten entlastet werden kann, können wir eine einfache

Entscheidungsregel für die Verfahrenswahl beim Vorliegen eines einzigen innerbetrieblichen Kapazitätsengpasses formulieren[4]:

1. Sie ordnen alle Produktionsmengen den kostengünstigsten Verfahren zu (Maßstab: variable Stückkosten minimieren).
2. Wird dabei ein Verfahren zum Engpass, so ist dieser schrittweise zu entlasten, wobei man mit den Erzeugnisarten beginnt, deren spezifische Mehrkosten am geringsten sind.
3. Diese Erzeugnisse werden so lange dem nächst günstigsten Verfahren zugeordnet, bis die Fehlkapazität des Engpasses abgebaut ist.

7.4 Kurzfristige Verfahrenswahl bei mehreren Engpässen

Werden bei der Maschinenbelegung mehrere Engpässe wirksam, so lässt sich eine optimale Verfahrenswahl mit Hilfe einer geeigneten Simultanrechnung, der linearen Programmierung, durchführen. Bei vorgegebenen Produktmengen kann man ein Kosten-Minimierungs-Modell einsetzen, wie es Kilger beschreibt[5]. Es handelt sich hierbei um einen typischen Anwendungsfall der linearen Programmierung, die in Kapitel 5 ausführlich erörtert wurde. Deshalb wollen wir sie hier nicht weiter behandeln. Für die praktische Durchführung genügt es, den Gleichungsansatz zu erstellen, der dann mit einem der handelsüblichen Programme durchgerechnet wird. Verfügt ein Unternehmen über ein geeignetes Programm zur Optimierung der Maschinenbelegung bei mehreren Engpässen, so kann und soll dieses auch dann eingesetzt werden, wenn man von einem einzigen Engpass ausgeht. Denn es ist, wie Haberstock zu Recht betont, einem Entscheidungsproblem nicht immer sofort anzusehen, ob es sich nur um einen oder um mehrere Engpässe handelt[6].

7.5 Langfristige Verfahrenswahl

7.5.1 Entscheidungssituation

Langfristige Verfahrenswahl liegt dann vor, wenn der Unternehmer bei seinen Dispositionen Einfluss auf die Betriebsbereitschaft, d. h. auf den Produktionsmittelbestand und damit auf die Fixkosten zu nehmen gedenkt. Das kann in zwei Fällen geschehen, und zwar erstens im Fall der Neuanschaffung von Anlagen (Erweiterungs-, Ersatz- oder Rationalisierungsinvestitionen), den wir kurz Investitionsfall nennen wollen, und zweitens bei der gezielten Stilllegung von Anlagen, wenn die Fertigung bei einem dauerhaften Nachfragerückgang auf die kostengünstigsten Maschinen konzentriert werden soll. Diesen Fall wollen wir als Desinvestitionsfall bezeichnen, da hier durch Stilllegung, Abbau und gegebenenfalls Verkauf von Anlagen eine Kapazitätsverminderung erfolgt, die einen entsprechenden Abbau von Fixkosten zur Folge hat. Langfristige Verfahrenswahl ist die künftige Gestaltung des betrieblichen Produktionsapparates, die Durchführung oder Unterlassung von Investitionen.

4 Vgl. auch: W. Kilger/J. R. Pampel/K. Vikas, Flexible Plankostenrechnung und Deckungsbeitragsrechnung, S. 834. - L. Haberstock, Grundzüge der Kosten- und Erfolgsrechnung, S. 185 ff.
5 Vgl. W. Kilger/J. R. Pampel/K. Vikas, Flexible Plankostenrechnung und Deckungsbeitragsrechnung, S. 836.
6 Vgl L. Haberstock, Grundzüge der Kosten- und Erfolgsrechnung, S. 185.

ABB. 62: Langfristige Verfahrenswahl heißt Investitions- und Desinvestitionsentscheidungen zu treffen

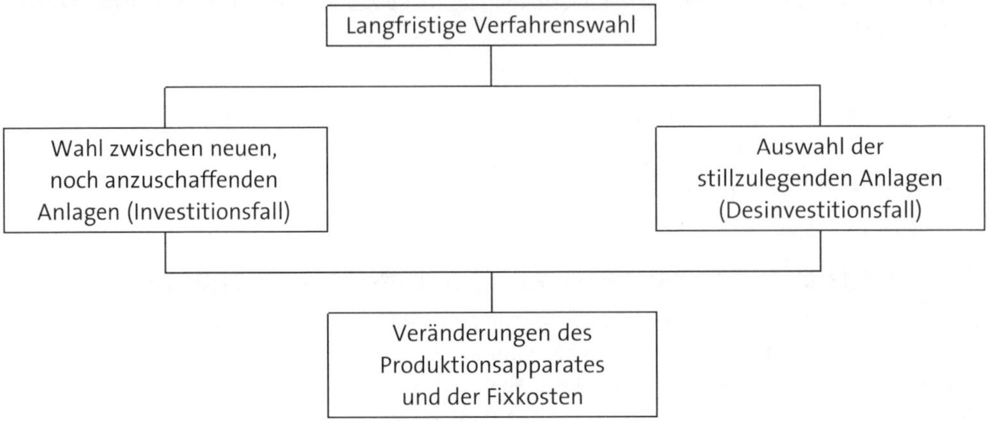

Bei der langfristigen Verfahrenswahl ist zu beachten, dass die Fixkosten dispositionsbestimmt sind. Ein konstanter Fixkostenblock existiert nur bei der Kurzperiodenplanung. Auf lange Sicht gibt es keine Fixkosten: Der Unternehmer hat es in der Hand, die fixen Kosten durch Anlagenabbau zu vermindern oder durch Kapazitätserweiterung zu erhöhen[7].

7.5.2 Entscheidungsfindung im Investitionsfall

Wenn ein Betrieb vor der Wahl zwischen verschiedenen Verfahren steht, die zur Produktion eines bestimmten Gutes verwendet werden können, so wird auch heute noch häufig die Kostenvergleichsrechnung oder – bei ertragsverschiedenen Investitionsobjekten – die Gewinnvergleichsrechnung eingesetzt. Es ist jedoch zu beachten, dass diese statischen Investitionsrechnungsverfahren Nachteile im Vergleich zu den dynamischen aufweisen. Deshalb löst man den Investitionsfall in gut geführten Unternehmungen vorwiegend mit Hilfe dynamischer Investitionsrechnungsmethoden.

Die dynamischen Investitionsrechnungsmethoden (Kapitalwertmethode, interne Zinsfuß-Methode, Annuitätenmethode) sind den statischen Methoden (Kosten- und Gewinnvergleichsrechnung, Amortisationsrechnung, Rentabilitätsrechnung) vorzuziehen, weil sie deren Grundsatzfehler vermeiden. Für die langfristige Verfahrenswahl bietet sich insbesondere die Annuitätenmethode an, weil sie viele Analogien zu dem in der Kostenrechnung üblichen Vorgehen aufweist[8]. Die Annuitätenmethode geht beim Vergleich einzahlungsidentischer Investitionsprojekte von den durchschnittlichen jährlichen Auszahlungen (DJA) aus, die sich – ähnlich wie die Jahreskosten – in eine in Bezug auf die Menge feste und eine mengenabhängige Komponente zerlegen lassen. Beide Größen beziehen sich auf Leistungseinheiten pro Periode (LE/Periode). Auch ist die Dimension der Jahreskosten und der durchschnittlichen jährlichen Auszahlungen (€/Jahr)

7 Vgl. E. Schneider, Industrielles Rechnungswesen, S. 203 ff.

8 Vgl. etwa: K.-D. Däumler/J. Grabe, Grundlagen der Investitions- und Wirtschaftlichkeitsrechnung, S. 117 ff. u. 155 ff.

gleich. Man kann also sagen, dass die DJA Funktion das Gegenstück zur Kostenfunktion darstellt.

ABB. 63: Kostenfunktion und DJA-Funktion entsprechen einander

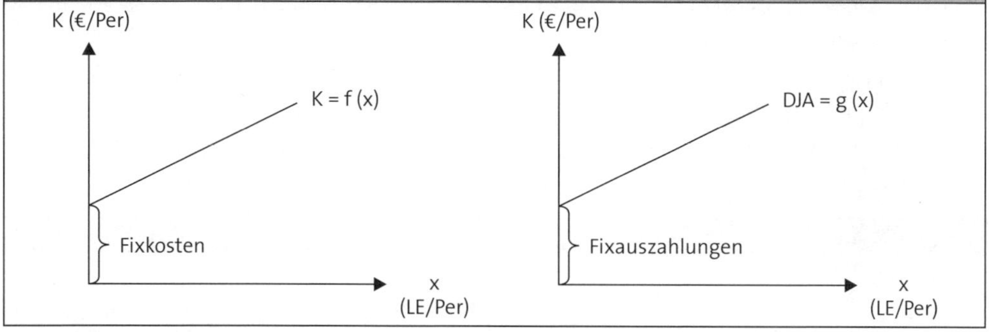

BEISPIEL: Investition für Isolierstoffherstellung im Kabelwerk

In einem Kabelwerk ist die Maschine zur Isolierstoffherstellung wegen technischer Überalterung zu ersetzen. Zur Wahl stehen drei Möglichkeiten, die sich durch den Mechanisierungsgrad unterscheiden:

Anlage	Anschaffungspreis (€)	Auszahlungen je Leistungseinheit (€/Stück)
1	10.000	10,00
2	20.000	4,00
3	40.000	1,50

Die Nutzungsdauer der drei Anlagen wird einheitlich mit n = 10 Jahren angenommen. Die Kapazität beträgt ebenfalls einheitlich 2.000 ME pro Jahr. Als Kalkulationszinsfuß setzt der Unternehmer i = 12 % an. Für welche Anlage soll er sich entscheiden?

Lösung

Sie ermitteln die durchschnittlichen jährlichen Auszahlungen DJA der drei Maschinen in Abhängigkeit von der Ausbringungsmenge x und stellen die jeweiligen kritischen Mengen fest, bei denen sich der Übergang von Anlage 1 auf 2 oder von Anlage 2 auf 3 lohnt.

Zur Ermittlung der DJA ist die Anschaffungsauszahlung unter Berücksichtigung von Zins und Zinseszins sowie der jährlichen Wiedergewinnung auf die Jahre der Nutzung zu verteilen. Das geschieht mit Hilfe des Kapitalwiedergewinnungsfaktors (KWF)[9].

$$DJA_1 = 10.000 \cdot KWF + 10\,x$$
$$DJA_2 = 20.000 \cdot KWF + 4\,x$$
$$DJA_3 = 40.000 \cdot KWF + 1{,}50\,x$$

9 Eine kurze Tabelle mit den wichtigsten Werten der finanzmathematischen Faktoren finden Sie im Anhang dieses Buches. Sollten Sie bei einem praktischen Problem weitere Tabellenwerte benötigen, so greifen Sie auf ein ausführliches Tabellenwerk zurück. Vgl. etwa: K.-D. Däumler, Finanzmathematisches Tabellenwerk für Praktiker und Studierende.

Symbole

KWF = Kapitalwiedergewinnungsfaktor = $\frac{i\,(l + i)^n}{(l + i)^n - 1}$

x = Anzahl Isolierstoffeinheiten (ME/Jahr)

x_{kr} = kritische Menge (ME/Jahr)

Daraus folgt:

$DJA_1 = 10.000 \cdot 0{,}176984 + 10\,x$ → $DJA_1 = 1.770 + 10\,x$

$DJA_2 = 20.000 \cdot 0{,}176984 + 4\,x$ → $DJA_2 = 3.540 + 4\,x$

$DJA_3 = 40.000 \cdot 0{,}176984 + 1{,}50\,x$ → $DJA_3 = 7.079 + 1{,}50\,x$

ABB. 64: Verfahrenswahl im Investitionsfall

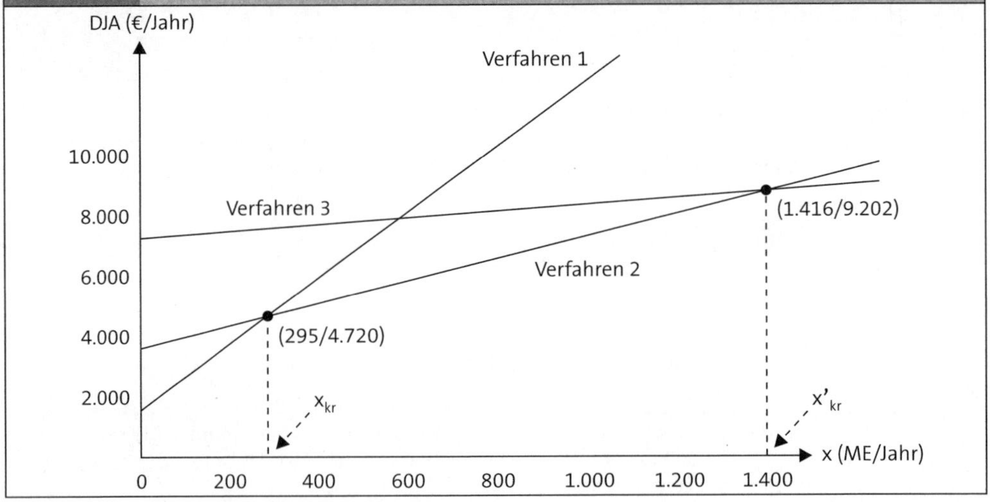

Kritischer Wert einer Variablen in Bezug auf eine Investition ist der Wert der betreffenden Variablen, bei dem die Investition gerade eben vorteilhaft ist. Kritischer Wert einer Variablen in Bezug auf zwei Investitionen ist der Wert der betreffenden Variablen, bei dem beide Objekte genau gleich vorteilhaft sind[10]. Die auf grafischem Weg gefundenen Werte für die kritischen Mengen präzisieren Sie rechnerisch, indem Sie die DJA wie folgt gleichsetzen:

x_{kr} →

$$DJA_1 = DJA_2$$
$$1.770 + 10\,x_{kr} = 3.540 + 4\,x_{kr}$$
$$x_{kr} = \frac{3.540 - 1.770}{6} = 295 \text{ (ME/Jahr)}$$

x'_{kr} →

$$DJA_2 = DJA_3$$
$$3.540 + 4\,x'_{kr} = 7.079 + 1{,}50\,x'_{kr}$$
$$x'_{kr} = \frac{7.079 - 3.540}{2{,}5} = 1.415{,}6 \text{ (ME/Jahr)}$$

10 Eine eingehende Darstellung des Rechnens mit kritischen Werten (Break-even-Analyse) finden Sie unter anderem bei: K.-D. Däumler/J. Grabe, Grundlagen der Investitions- und Wirtschaftlichkeitsrechnung, S. 233 ff.

Ergebnis

Die unternehmerische Entscheidung hängt erstens von den berechneten kritischen Werten und zweitens von der subjektiven Einschätzung der Absatzlage, hier dem erwarteten Bedarf an Isolierstoff ab. Es gelten folgende Empfehlungen:

1. Liegt der erwartete Jahresbedarf an Isolierstoff unter 295 ME, ist Maschine 1 am wirtschaftlichsten.
2. Bei einem erwarteten Jahresbedarf von zwischen 295 und 1.416 ME Isolierstoff empfiehlt sich die Anschaffung von Verfahren 2.
3. Steigt der erwartete Jahresbedarf nach Einschätzung des Unternehmers in absehbarer Zeit über 1.416 Einheiten, so sollte die dritte Maschine angeschafft werden.

7.5.3 Entscheidungsfindung im Desinvestitionsfall

Verfügt ein Betrieb über mehrere Maschinen, die gleichermaßen zur Erstellung eines bestimmten Gutes geeignet sind, ist bei langfristiger Verfahrenswahl im Desinvestitionsfall die für den Fall der Unterbeschäftigung gefundene Entscheidungsregel („belege unabhängig von der Höhe der Fixkosten die Maschine, die die geringsten variablen Stückkosten aufweist“) situationsgerecht zu modifizieren. Das heißt:

1. Sie fragen, welche festen Auszahlungen in der Planungsperiode abgebaut werden können, falls man auf eine bestimmte Maschine verzichtet.
2. Sie untersuchen, welche Restwerteinzahlungen eingehen, wenn eine bestimmte Anlage stillgelegt und (wenn möglich) verkauft oder verschrottet wird.

Bei der Untersuchung der Abbaufähigkeit der festen Auszahlungen kann der Kapitaldienst einer abzubauenden Anlage von vornherein außer Ansatz bleiben. Er stellt eine reine Rechengröße dar. Die früher geleistete Anschaffungsauszahlung wurde vor Investitionsbeginn mit Hilfe des Kapitalwiedergewinnungsfaktors auf die Jahre der vermutlichen Nutzung verteilt. Es ist gleichgültig, ob die der Rechnung zugrunde gelegten Nutzungsjahre über- oder unterschritten sind. Die frühere Anschaffungsauszahlung wurde geleistet. Sie ist weder isoliert noch als Ergebnis einer Multiplikation mit einem Faktor als dispositionsbestimmt anzusehen. Von Belang sind nur solche festen Auszahlungen, die bei Stilllegung einer Anlage tatsächlich künftig wegfallen.

Wenn ein Betrieb beispielsweise über zwei Maschinen verfügt, die technisch beide zur Erstellung eines bestimmten Gutes geeignet sind, und langfristig aufgrund nachlassender Nachfrage nur eine der beiden Maschine benötigt, dann steht man vor der Frage, welche der beiden Maschinen abgeschafft und welche behalten werden soll. Dazu ist zu klären, welche Auszahlungen bei Abschaffung einer Maschine tatsächlich wegfallen und welche Restwerteinzahlungen tatsächlich eingehen.

Bei Beibehaltung der Maschine 1 und Abschaffung der Maschine 2 mindern sich die Auszahlungen pro Periode um

- die laufenden Betriebs- und Instandhaltungsauszahlungen der Maschine 2,
- die abbaufähigen Fixauszahlungen der Maschine 2,
- den periodenanteiligen Restwert der Maschine 2 (eine Restwerteinzahlung wirkt positiv auf die Nettoposition des Unternehmens, genau wie vermiedene Auszahlungen).

Die einzusetzenden Rechentechniken sind dem nachfolgenden Beispiel zu entnehmen.

BEISPIEL: Metall AG baut zwei von drei Kupferdrahtanlagen ab

Bei der Metall AG sind gegenwärtig drei Anlagen zur Herstellung von Kupferdraht in Betrieb, die einheitlich die Kapazität von 40.000 Drahtrollen pro Jahr aufweisen. Für die drei Anlagen gelten die folgenden DJA-Funktionen:

Anlage 1: $DJA_1 = 50.000 + 8\,x$

Anlage 2: $DJA_2 = 75.000 + 3\,x$

Anlage 3: $DJA_3 = 95.000 + 1{,}5\,x$

Symbole

DJA = durchschnittliche jährliche Auszahlungen

x = Anzahl Drahtrollen (Stück/Jahr)

x_{kr} = kritische Menge (Stück/Jahr)

ABB. 65: Verfahrenswahl bei Desinvestition

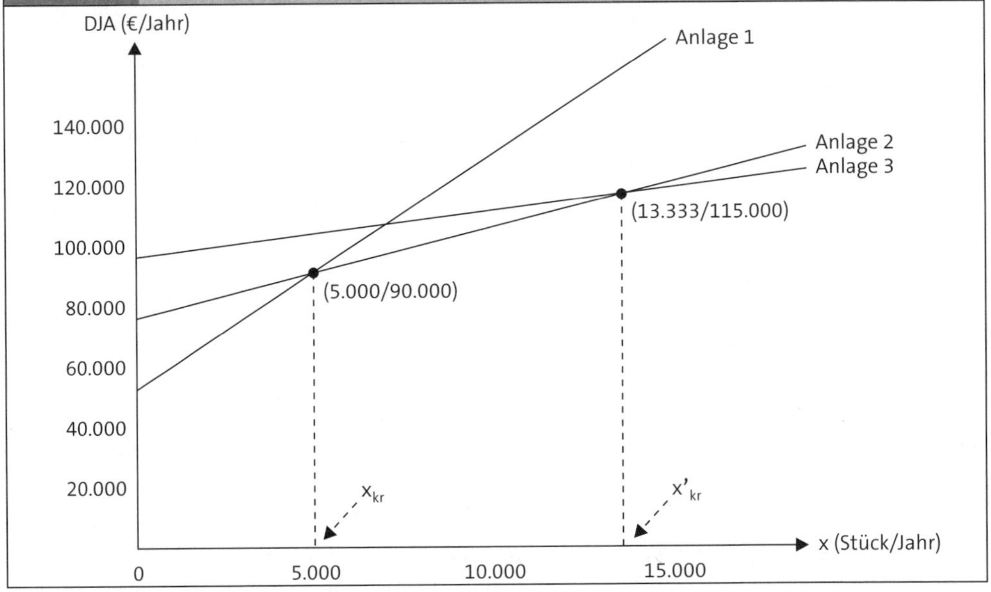

Aufgrund eines Nachfragerückgangs ist künftig nur noch eine der drei Anlagen erforderlich. Welche Anlage behalten Sie, wenn Sie mit einem Kalkulationszinssatz[11] von 12 % rechnen und die Restnutzungsdauer aller Anlagen einheitlich 6 Jahre beträgt, falls

a) alle Restwerte gleich Null sind und keinerlei abbaufähige feste Auszahlungen existieren;

b) alle Restwerte gleich Null sind und alle festen Auszahlungen vollständig abgebaut werden können;

11 Kalkulationszinssatz ist die subjektive Mindestverzinsungsanforderung des Investors an seine Investition. Vgl. K.-D. Däumler/J. Grabe, Grundlagen der Investitions- und Wirtschaftlichkeitsrechnung, S. 34 ff.

c) folgende Werte gelten:

Anlage (Nr.)	abbaufähige Fixauszahlungen (€/Jahr)	derzeit erzielbarer Restwert (€)
1	1.000	5.000
2	5.000	15.000
3	50.000	60.000

Lösung a) Restwerte null / abbaufähige Fixauszahlungen null

Wenn kein Restwerterlös existiert und keine festen Auszahlungen abgebaut werden können, ist auf Anlage 3 zu produzieren, da bei dieser die variablen Auszahlungen pro Stück am geringsten sind.

Lösung b) Restwerte null / Fixauszahlungen vollständig abbaufähig

Wenn keine Restwerteinzahlungen zu erwarten sind und die Fixauszahlungen der nicht mehr benötigten Verfahren vollständig abgebaut werden können, dann bleiben etwa bei Entscheidung für Maschine 1 deren Fixauszahlungen von 50.000 € pro Jahr. Abgebaut werden die Fixauszahlungen der Anlagen 2 und 3, also 75.000 + 95.000 = 170.000 € pro Jahr. In diesem Fall hängt Ihre Entscheidung von dem erwarteten Bedarf an Kupferdrahtrollen ab, der mit den kritischen Werten verglichen wird. Die Entscheidung lässt sich aus Abbildung 65 ableiten und lautet:

Bedarf (Stück/Jahr)	Produktion auf
0 bis 5.000	Anlage 1
5.000 bis 13.333	Anlage 2
13.333 bis 40.000	Anlage 3

Lösung c) Restwerte größer Null / Fixauszahlungen teilweise abbaufähig

Nach Abzug der abbaufähigen Fixauszahlungen sowie nach Umlage der im Verkaufsfall erzielbaren Restwerte erhalten Sie korrigierte durchschnittliche jährliche Auszahlungen DJA_{korr}, die den folgenden Bedingungen genügen, wenn Sie Maschine 1 (2, 3) behalten:

	variable Auszahlungen bei Maschine 1		abbaufähige Fixauszahlungen bei Verzicht auf Maschine 2 und 3	
$DJA_1^{korr} =$	$8x$	$+ 220.000$	$- 55.000$	$- 75.000 \cdot KWF$
Maschine 1 bleibt im Betrieb		gesamte Fixauszahlungen für Maschine 1, 2 und 3		anteiliger Restwert pro Periode bei Verkauf von Maschine 2 und 3

$DJA_1^{korr} = 8x + 165.000 - 75.000 \cdot 0{,}243226$

$DJA_1^{korr} = 8x + 146.758$

	variable Auszahlungen bei Maschine 2		abbaufähige Fixauszahlungen bei Verzicht auf Maschine 1 und 3	
$DJA_2^{korr} =$	$3x$	$+ 220.000$	$- 51.000$	$- 65.000 \cdot KWF$
Maschine 2 bleibt im Betrieb		gesamte Fixauszahlungen für Maschine 1, 2 und 3		anteiliger Restwert pro Periode bei Verkauf von Maschine 1 und 3

$DJA_2^{korr} = 3x + 169.000 - 65.000 \cdot 0{,}243226$

$DJA_2^{korr} = 3x + 153.190$

variable Auszahlungen bei Maschine 3 → $1{,}5x$

abbaufähige Fixauszahlungen bei Verzicht auf Maschine 1 und 2 → -6.000

$$DJA_3^{korr} = 1{,}5x + 220.000 - 6.000 - 20.000 \cdot KWF$$

DJA_3^{korr} ← Maschine 3 bleibt im Betrieb

$+220.000$ ← gesamte Fixauszahlungen für Maschine 1, 2 und 3

$-20.000 \cdot KWF$ ← anteiliger Restwert pro Periode bei Verkauf von Maschine 1 und 2

$$DJA_3^{korr} = 1{,}5x + 214.000 - 20.000 \cdot 0{,}243226$$

$$DJA_3^{korr} = 1{,}5x + 209.135$$

Für den Übergang von Verfahren 1 auf 2 sowie von 2 auf 3 erhalten Sie die kritischen Mengen x_{kr} und x'_{kr} durch Gleichsetzen der korrigierten durchschnittlichen jährlichen Auszahlungen:

$$x_{kr} \longrightarrow \quad DJA_1^{korr} = DJA_2^{korr}$$

$$8\,x_{kr} + 146.758 = 3\,x_{kr} + 153.190$$

$$x_{kr} = 1.286{,}4 \text{ ME/Jahr}$$

$$x'_{kr} \longrightarrow \quad DJA_2^{korr} = DJA_3^{korr}$$

$$3\,x'_{kr} + 153.190 = 1{,}5\,x'_{kr} + 209.135$$

$$x'_{kr} = 37.296{,}67 \text{ ME/Jahr}$$

Ergebnis

Bedarf an Drahtrollen (Stück/Jahr)	zu verwendende Maschine	abzubauende Maschine
bis 1.286	1	2 und 3
1.287 bis 37.297	2	1 und 3
über 37.297	3	1 und 2

ABB. 66: Verfahrenswahl bei Desinvestition

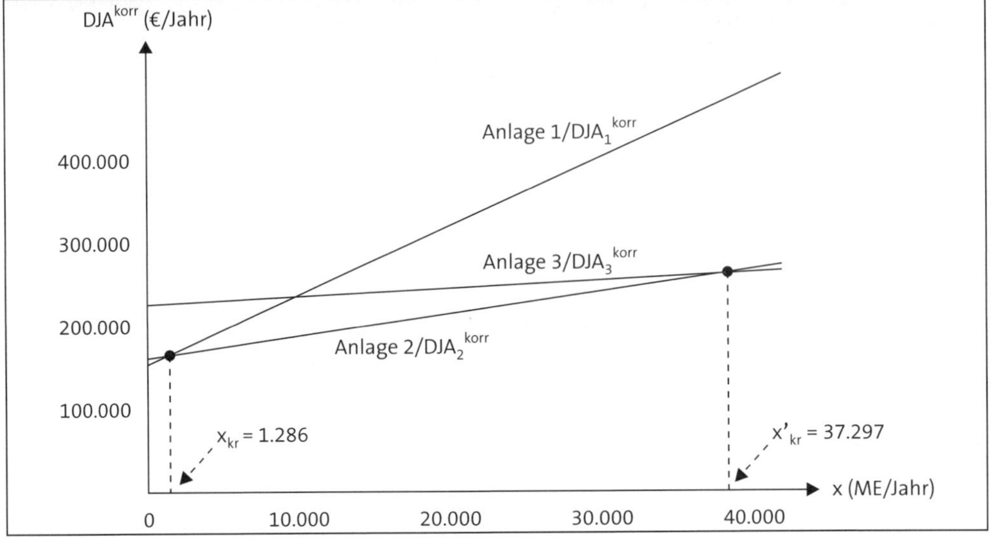

7.6 Zusammenfassung und Checkliste

Verfahrenswahl ist die Auswahl der unter den gegebenen Umständen wirtschaftlichsten Anlage, wenn mehrere Anlagen für die Bearbeitung eines Gutes in Frage kommen. Verfahrenswahl erfordert die Unterscheidung nach Planungsfrist und Engpasssituation.

Planungsfrist: Sie bestimmt den Umfang der entscheidungsrelevanten Kosten. Kurze Frist heißt, nur variable Kosten sind entscheidungsrelevant. Lange Frist heißt, auch fixe Kosten sind entscheidungsrelevant.

Kurzfristige Verfahrenswahl ohne Engpässe: Hier lautet die Entscheidungsregel: „Wähle das Verfahren mit den geringsten variablen Stückkosten".

Kurzfristige Verfahrenswahl bei einem Engpass: Hier lautet die Entscheidungsregel: „Wird die Maschine mit den geringsten variablen Stückkosten zum Engpass, so entlaste ihn durch geeignete Produktionsverlagerung, die so vorzunehmen ist, dass die spezifischen Mehrkosten minimiert werden".

Die **spezifischen Mehrkosten bei Produktionsverlagerung** ergeben sich aus dem Quotienten von Mehrkosten je Stück und Engpassentlastung je Stück. Sie geben an, was es kostet, eine Engpasskapazitätseinheit frei zu machen.

Kurzfristige Verfahrenswahl bei mehreren Engpässen: Hier wird die lineare Optimierung in Gestalt eines Kostenminimierungsmodells eingesetzt.

Langfristige Verfahrenswahl: Die Frage, ob eine neue Maschine gekauft oder eine alte verkauft oder verschrottet werden soll, ist die Frage nach der langfristigen Gestaltung des betrieblichen Produktionsapparates, nach Durchführung oder Unterlassung von Investitionen. Als investitionsrechnerischer Beurteilungsmaßstab bietet sich neben anderen dynamischen Investitionsrechnungsmethoden insbesondere die Annuitätenmethode an, die dem kostenrechnerischen Denken am nächsten kommt.

Investitions- und Desinvestitionsfall:

(1) Investitionsfall: Wir entscheiden uns für das Investitionsobjekt, das die geringsten durchschnittlichen jährlichen Auszahlungen aufweist (minimiere DJA).

(2) Desinvestitionsfall: Wir ermitteln die korrigierten durchschnittlichen jährlichen Auszahlungen, die die abbaufähigen Fixauszahlungen und die periodisierten Restwerteinzahlungen berücksichtigen, und entscheiden uns für die Variante mit den geringsten korrigierten durchschnittlichen jährlichen Auszahlungen (minimiere DJA_{korr}).

In beiden Fällen wird unterstellt, dass die Entscheidungen die Einzahlungen entweder nicht oder aber in gleicher Weise verändern, so dass die Einzahlungsseite außer Betracht bleiben kann.

FRAGEN

7.1

a) Gehen Sie kurz auf einen in der Praxis häufig zu beobachtenden Fehler bei der Wahl des optimalen Produktionsverfahrens ein. Begründen Sie, wie es zu dieser (unter anderem von Plaut monierten) Fehlentscheidung kommen kann.

b) Die Stoß KG produziert unter anderem Stoßdämpfer für Lkw in einer besonderen Abteilung, in der drei Maschinen unterschiedlichen Alters stehen. Für diese gelten die folgenden Kostenfunktionen:

$K_1 = 150.000 + 750\ x$

$K_2 = 300.000 + 375\ x$

$K_3 = 450.000 + 225\ x$

In den kommenden Monaten können wegen eines Auftragsrückgangs nur 750 Stoßdämpfer monatlich abgesetzt werden. Für diese Menge benötigt man nur eine der drei Maschinen.

(1) Auf welcher Maschine lässt der Kostenstellenleiter fertigen, wenn die Kostenstelle mit den Fixkosten des gewählten Verfahrens belastet wird und die Fixkosten der nicht benötigten Maschinen direkt ins Betriebsergebnis übernommen werden?

(2) Auf welcher Maschine lässt der Kostenstellenleiter fertigen, wenn die Kostenstelle nur mit den variablen Kosten des gewählten Verfahrens belastet wird und die Fixkosten sämtlicher Maschinen direkt ins Betriebsergebnis übernommen werden? Wie ändert sich die Maschinennutzung, wenn man die Kostenstelle mit den fixen und variablen Kosten aller drei Maschinen belastet?

7.2

Skizzieren Sie fünf Entscheidungssituationen, die jeweils eine eigene Lösungstechnik bei der Verfahrenswahl verlangen.

7.3

Ordnen Sie im Rahmen der tabellarischen Übersicht den angeführten fünf Situationen jeweils die passende Entscheidungsregel zu.

Zeitbezug	Situation	Entscheidungsregel im Telegrammstil
kurzfristige Verfahrenswahl	kein Engpass	
	ein Engpass	
	mehrere Engpässe	
langfristige Verfahrenswahl	Investitionsfall	
	Desinvestitionsfall	

7.4

Für eine Kostenstelle wurde die Kostenfunktion K = 1.000 + 2 x ermittelt. Zeigen Sie anhand einer Grafik, wie sich die gesamten Stückkosten (k = K : x) und die variablen Stückkosten ($k_v = K_v : x$) entwickeln, wenn die Produktion den Planwert x = 1.000 Stück/Monat unterschreitet und stattdessen 800; 600; 400; 200; 100 Stück/Monat beträgt. Kommentieren Sie Ihr Ergebnis kurz im Hinblick auf die Verfahrenswahl.

7.5

Erläutern Sie den Begriff „spezifische Mehrkosten bei Produktionsverlagerung" und vergleichen Sie ihn mit dem spezifischen Deckungsbeitrag, um etwaige Gemeinsamkeiten und Unterschiede herauszufinden.

7.6

Die Werkzeug AG verfügt in der Abteilung zur Bearbeitung metallener Rotationskörper über 3 Drehbänke. Dabei handelt es sich um einen neuartigen Drehautomaten, eine Revolver-Drehbank und um eine alte Universal-Drehbank. Alle sind gleichermaßen zur Bearbeitung von Werkzeug-Rohlingen geeignet, die die Werkzeug AG in den Ausführungen A und B herstellt. Im Einzelnen gilt:

Drehbank	Fixkosten (€/Monat)	Grenzkosten (€/Min)		Stückzeiten (Min/Stück)		Kapazität (Min/Monat)
		A	B	A	B	
Drehautomat	2.000	2,00	1,50	1,5	2	9.600
Revolver-Drehbank	1.200	2,50	3,00	4,0	3	9.600
Universal-Drehbank	1.000	4,00	3,50	6,0	5	9.600

a) Auf welcher Drehbank soll gefertigt werden, wenn die Werkzeug AG in der Ausgangssituation monatlich 2.400 Werkstücke von A und 3.000 von B benötigt?

b) Wie sind die Drehbänke zu belegen, wenn von A und B je 3.000 Stück monatlich zu fertigen sind?

c) Wie ist zu entscheiden, wenn von A 7.000 und von B 2.400 Stück/Monat benötigt werden?

d) Ermitteln Sie mit Hilfe der Simplex-Methode, auf welchen Anlagen produziert werden soll, wenn man von Werkstück A 8.000 Stück und von Werkstück B 3.000 Stück monatlich braucht.

e) Welche Bedeutung haben die Fixkosten bei den Entscheidungen a) bis d)?

7.7

In einem Unternehmen ist über die Anschaffung eines neuen Spritzgussautomaten zu entscheiden. Es kommen drei Varianten in die engere Wahl:

Automat	Anschaffungspreis (€)	variable Stückkosten (€/Stück)	Laufzeit (Jahre)
1	500.000	10	10
2	700.000	8	10
3	1.000.000	6	10

Der Kalkulationszinsfuß wird mit i = 10 % angesetzt. Die variablen Stückkosten k_v sind gleich hoch wie die variablen Auszahlungen a_v pro Stück.

a) Welches Verfahren soll das Unternehmen langfristig wählen, wenn mit einer zu produzierenden Menge von 15.500 (23.500) Einheiten pro Jahr gerechnet wird und die Entscheidung mit Hilfe der

(1) Kostenvergleichsrechnung,

(2) Annuitätenmethode zu treffen ist?

b) Welches sind die kritischen Mengen, bei denen der Übergang von Verfahren 1 zu Verfahren 2 und von Verfahren 2 zu Verfahren 3 interessant wird, und zwar bei Anwendung der

(1) Kostenvergleichsrechnung,

(2) Annuitätenmethode?

7.8

Eine Unternehmung mit freien Kapazitäten verfügt über drei Anlagen zur Produktion von Pipeline-Hochdruckventilen, von denen auf lange Sicht durchschnittlich 40 Stück jährlich abgesetzt werden können. Man rechnet mit dem Kalkulationszinssatz von i = 8 %. Es gilt $k_v = a_v$.

Verfahren	DJA (€/Jahr)	Abbaufähige Fixauszahlungen (€/Jahr)	erzielbarer Restwert (€)	Restnutzungsdauer (Jahre)
1	200.000 + 20.000 x	50.000	20.000	5
2	1.100.000 + 2.500 x	400.000	200.000	5
3	2.000.000 + 1.000 x	600.000	400.000	5

a) Auf welcher der drei Anlagen sollte man die Pipeline-Hochdruckventile kurzfristig herstellen?

b) Welche Anlage sollte man langfristig behalten, von welchen sollte man sich langfristig trennen? Begründen Sie Ihre Entscheidung mit Hilfe der korrigierten durchschnittlichen jährlichen Auszahlungen.

c) Stellen Sie den Verlauf der korrigierten durchschnittlichen jährlichen Auszahlungen grafisch dar und ermitteln Sie die kritischen Mengen, bei denen man Anlage 2 anstelle von Anlage 1 bzw. Anlage 3 anstelle von Anlage 2 langfristig behält, zeichnerisch und rechnerisch.

8. Eigenfertigung oder Fremdbezug

8.1 Begriff und Problemstellung

Eigenfertigung oder Fremdbezug (make or buy, Outsourcing) sind die beiden Möglichkeiten, die bei der Versorgung der Unternehmung mit Sachgütern und Dienstleistungen bestehen. Entscheidungen über Eigenfertigung oder Fremdbezug (EF Entscheidungen) werden zwar primär für den Produktionsbereich diskutiert (soll ein bestimmtes Einbauteil besser selbst produziert oder gekauft werden?), sind im Grundsatz jedoch in sämtlichen Unternehmungsbereichen, also auch außerhalb der Fertigung, zu treffen:

ABB. 67: Überall im Betrieb sind EF-Entscheidungen zu fällen

Bereich	Beispiele für Eigenfertigung/Fremdbezug
Beschaffung	Einstellungen über eigenes Personalbüro oder Personalberatungsgesellschaft? Eigenherstellung oder Kauf (Miete, Leasing) von Anlagegegenständen, Werkzeugen und Teilen?
Fertigung	Eigene Forschungs- und Entwicklungsabteilung oder Kauf von Patenten und Lizenzen? Eigenstrom oder Fremdstrom? Eigenfertigung von Einzelteilen und Baugruppen oder reine Montagefertigung? Eigendampf oder Fernwärme? Eigener Wartungs- und Reparaturdienst oder Vergabe von Lohnaufträgen?
Werbung Vertrieb Lager	Eigene Werbeabteilung oder Inanspruchnahme einer Agentur? Eigener Kundendienst oder Kundendienst über Fachhandel ? Reisende oder Handelsvertreter? Eigene Verkaufsorganisation oder Verkauf über Groß- und/oder Einzelhandel? Eigen- oder Fremdlager? Eigene Lkw oder Spediteure?
Finanzen	Eigenes Mahn- und Inkassowesen oder Einschaltung einer Factoringgesellschaft?
Verwaltung	Eigene EDV-Anlage oder Vergabe an externes Rechenzentrum? Eigene Kantine oder Bezug von Großküchenessen? Eigene Organisationsabteilung oder Einschaltung externer Organisationsberater?
Forschung und Entwicklung	Eigene Patentabteilung oder externe Patentanwälte und -ingenieure? Eigenes Laboratorium oder externe Forschungsanstalten?

Die Fülle und Verschiedenartigkeit der Beispiele zeigt, dass sich fast jeder Betrieb der Entscheidung „Eigenfertigung oder Fremdbezug“ stellen muss[1]. Dafür spricht auch die quantitative Bedeutung der fremdbezogenen Roh-, Hilfs- und Betriebsstoffe sowie Halbfabrikate in unserer Volkswirtschaft: Das statistische Jahrbuch 2007 berichtet, dass die Unternehmungen im Bereich des verarbeitenden Gewerbes im Jahr 2005 mit 58 Prozent mehr als die Hälfte ihres Umsatzes für die Materialbeschaffung ausgeben (vgl. Abbildung 68).

ABB. 68: Kostenstruktur im verarbeitenden Gewerbe

Kostenarten	Anteil der Kosten am Bruttoproduktionswert in %					
	Verarbeitendes Gewerbe insgesamt		Kraftwagen und Kraftwagenteile		Verlags-, Druckgewerbe, Vervielfältigung	
	1998	2005	1998	2005	1998	2005
Personalkosten	22,8	19,6	20,0	17,8	30,3	27,4
Materialverbrauch, Einsatz von Handelswaren, Lohnarbeiten	53,6	58,0	66,1	70,9	36,6	37,8
Handwerkliche Dienstleistungen	2,1	1,6	1,5	1,1	1,6	1,5
Mieten und Pachten	1,6	1,5	1,4	1,3	2,7	2,8
Sonstige Kosten	10,2	9,6	6,6	7,1	17,1	19,6
Kostensteuern	3,0	3,5	0,2	0,2	1,3	0,9
Abschreibungen auf Sachanlagen	3,5	2,9	3,6	3,6	3,9	3,2
Fremdkapitalzinsen	0,9	0,8	0,5	0,6	0,9	0,9
Quelle: Statistisches Bundesamt, Statistisches Jahrbuch 2000 (S. 183) und 2007 (S. 367)						

Dabei nehmen die Pkw-Produzenten eine Vorreiterrolle ein: Schon 1988 stellten sie weniger als die Hälfte des Warenwertes selbst her. Der eigene Fertigungsanteil lag bereits 1988 bei allen Pkw-Produzenten unter 50 Prozent (vgl. Abbildung 69).

1 Eine informative Übersicht über die Erscheinungsformen des Wahlproblems findet sich in dem grundlegenden Werk: W. Männel, Die Wahl zwischen Eigenfertigung und Fremdbezug, S. 8 ff.

ABB. 69: Fremdbezugsanteil bei PKW-Herstellern

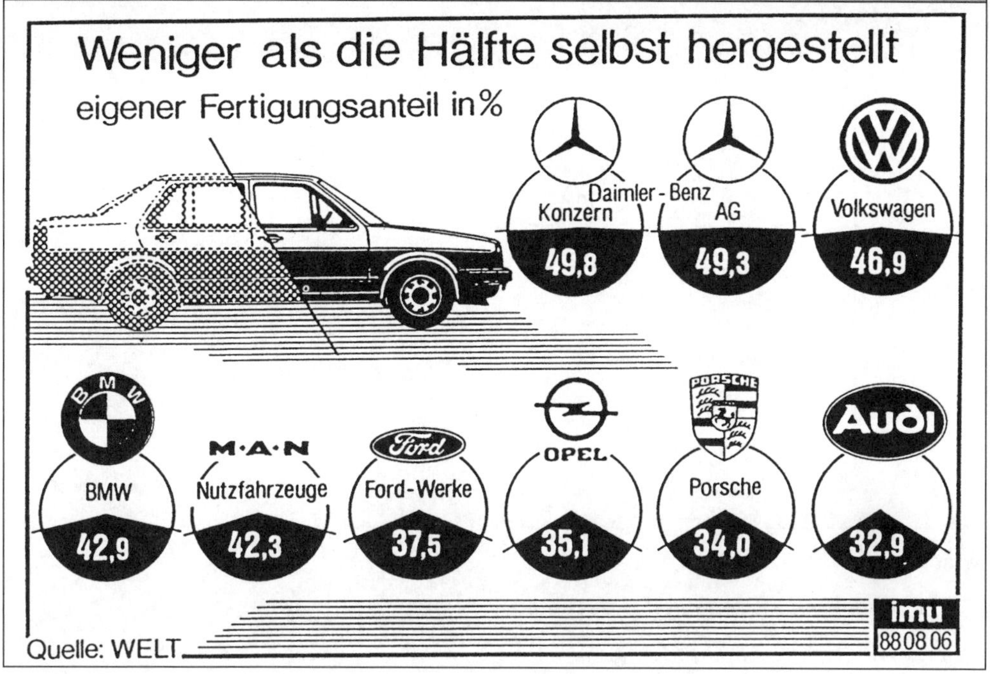

Viele Unternehmungen bemühen sich seit Jahren um eine schlankere Produktion (lean production[2]), d. h. um die Kostensenkung durch Verringerung der Leistungs-tiefe und Auslagerung von Fertigungen auf Zulieferer. Im Zuge der stärkeren Zusammenarbeit mit Zulieferern, Händlern, Spediteuren und Recyclern entstehen gegenwärtig neue Formen gesamtwirtschaftlicher Arbeitsteilung, bei denen EF-Entscheidungen wichtiger und wichtiger werden.

Beachten Sie bitte, dass der Fremdbezug kostenrechnerisch als ein spezielles Produktionsverfahren aufgefasst werden kann, bei dem im Regelfall nur variable, nicht aber fixe Kosten auftreten. Die Wahl zwischen Eigenfertigung und Fremdbezug lässt sich also auch als Spezialfall der Wahl des optimalen Produktionsverfahrens auffassen. Die für die Verfahrenswahl entwickelten Entscheidungsregeln sind in analoger Weise für EF-Entscheidungen anwendbar, wobei für den Fremdbezug die Kostenfunktion $K_1 = p_F \cdot x$ gilt.

2 Vgl. K.-D. Däumler/J. Grabe, Kostenrechnungs- und Controllinglexikon, S. 206.

ABB. 70: Fremdbezug als spezielles Produktionsverfahren

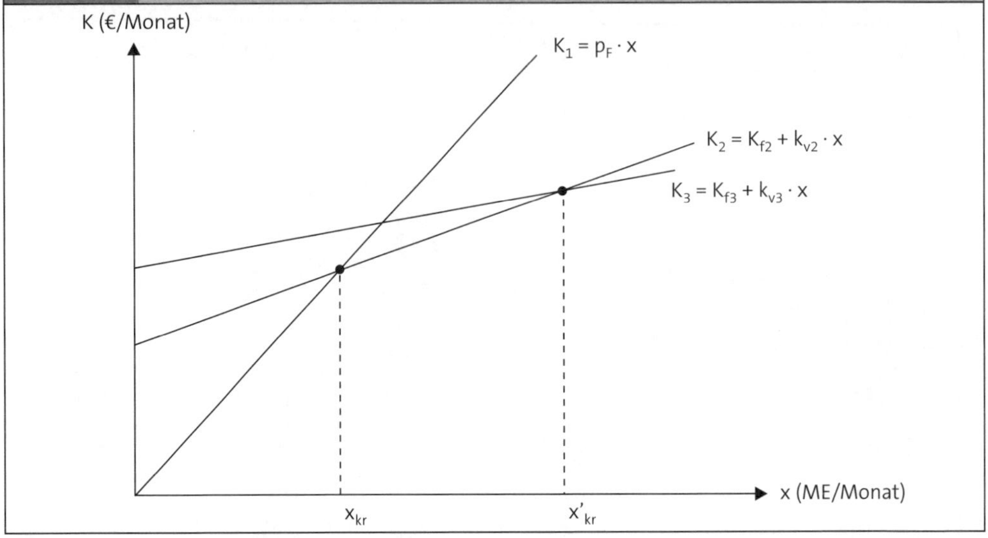

Symbole

K_1 = Gesamtkosten bei Verfahren 1 (€/Monat)

K_{f2} = Fixkosten bei Verfahren 2 (€/Monat)

k_{v2} = variable Stückkosten bei Verfahren 2 (€/Stück)

p_F = Preis einer Einheit bei Fremdbezug (€/Stück)

x_{kr} = kritische Menge (Stück/Monat)

Im Rahmen des betrieblichen Rechnungswesens lassen sich naturgemäß vor allem quantifizierbare Größen zur Entscheidungsfindung heranziehen. Für die Entscheidungsfindung kann es zweckmäßig sein, neben den in Mark und Pfennig festlegbaren Größen auch solche Faktoren zu berücksichtigen, die schwer oder gar nicht quantifizierbar sind, zum Beispiel die folgenden sechs qualitativen Aspekte[3]:

- Terminplanung: Fremdbezug macht den Betrieb von der Lieferpolitik des Produzenten abhängig. Sinnvoll sind daher Konventionalstrafen für verspätete Bereitstellung.
- Qualitätsunterschiede: Häufig sind zwischen den beiden Bereitstellungswegen Qualitätsunterschiede zu beobachten. Es kann sein, dass die Eigenfertigung infolge der unmittelbaren Einflussnahme zu besseren Ergebnissen führt. Denkbar ist auch, dass die Fremdfertigung aufgrund fertigungstechnischer Spezialisierungs-vorteile und rigoroser Qualitätskontrollen vorzuziehen ist.
- Betriebsgeheimnisse: Bei Neuheiten besteht im Falle von Fremdbezug die Gefahr, dass Know-how an die Konkurrenz verlorengeht, was zu einer Verminderung des Wettbewerbsvorsprunges führen kann.

3 Vgl. W. Männel, Die Wahl zwischen Eigenfertigung und Fremdbezug, S. 35 ff.

- Konkurrenzaspekte: Wer den Übergang zum Fremdbezug erwägt, muss bedenken, dass beim Großziehen fremder Zulieferbetriebe die Gefahr entsteht, dass diese selbst in die Weiterverarbeitung vordringen und so zu unmittelbaren Konkurrenten werden.
- Langfristige Kapitalbindung: Wegen der hohen Investitionssummen für Grundstücke, Gebäude, Maschinen und Einrichtungen birgt Eigenfertigung besondere Risiken, falls sich die Endprodukte nicht oder nur schwer vermarkten lassen.
- Elastizität: Bei plötzlich auftretenden Bedarfsänderungen ist beim Fremdbezug lediglich der Lieferant zu wechseln, während man bei Eigenfertigung den Produktionsapparat umbauen müsste.

BEISPIEL: **Lieferant als potentieller Konkurrent**

„Den scheinbar unaufhaltsamen Aufstieg des amerikanischen Computerriesen IBM sicherte über Jahrzehnte ein eisernes Prinzip: Die Technologie für das Herzstück der Rechner stammte stets aus dem eigenen Hause. Diese Strategie garantierte dem Konzern die Dominanz auf dem gesamten Weltmarkt. Aber dann, Anfang der achtziger Jahre, unterlief dem Topmanagement wohl der größte Fehler in der Firmengeschichte. Statt, wie sonst immer, die eigene Technik zu entwickeln und damit den Standard zu prägen, wählte IBM erstmals einen externen Lieferanten für die Mikroprozessoren.

Es ging 1981 um die neuen geplanten Personalcomputer. Noch nicht ahnend, dass die kleinen Kisten eine Revolution in der Rechnerwelt auslösen würden, beauftragte IBM die kleine Firma Intel, den zentralen Baustein beizusteuern. In den folgenden Jahren entwickelte sich daraus eine Symbiose, die Intel stark und IBM schwach gemacht hat. Jetzt versucht der größte Computerbauer der Welt, sich aus der bedrohlichen Abhängigkeit von seinem Ziehkind und mittlerweile größten Chipproduzenten zu lösen - ein Machtkampf unter Partnern, der ihr Schicksal besiegeln wird[4] ".

Die Entscheidung über Eigenfertigung oder Fremdbezug sollte stets eine Einzelfallentscheidung sein. In jedem Einzelfall ist durchzurechnen, ob Eigenfertigung oder Fremdbezug besser ist. Dabei kann das Schlagwort „lean production" irreführend sein, weil es ein bestimmtes Ergebnis beschreibt, nämlich die Verringerung der Fertigungstiefe und die Auslagerung von Fertigungen auf Zulieferer. Ob das für die Unternehmung vorteilhaft ist, ist in jedem Fall rechnerisch zu überprüfen. Dabei sind sowohl quantitative als auch qualitative Faktoren zu berücksichtigen. Die qualitativen Faktoren sind verbal zu beschreiben und im Rahmen eines Punktesystems, wie es die Nutzwertanalyse[5] bietet, zu gewichten. Ähnlich wie bei der Wahl des optimalen Produktionsverfahrens sind auch bei Entscheidungen über Eigenfertigung oder Fremdbezug (EF-Entscheidungen, make or buy, Outsourcing) fünf verschiedene betriebliche Situationen zu untersuchen, um die jeweils zweckmäßige Entscheidungsregel zu finden:

4 G. Lütge, Duell der Partner, S. 30.
5 Vgl. K.-D. Däumler/J. Grabe, Kostenrechnungs- und Controllinglexikon, S. 238.

ABB. 71: Praktische EF-Entscheidungen: Fünf Situationen sind zu beachten

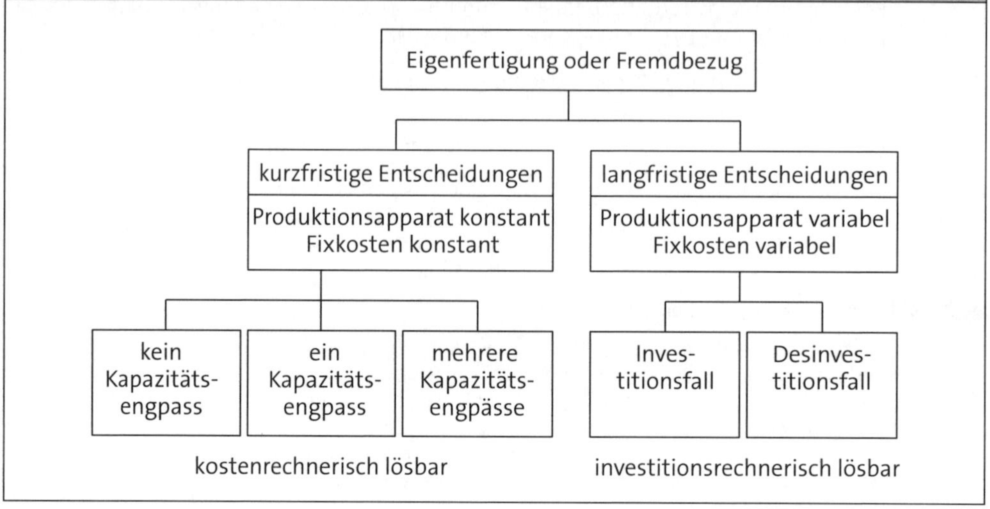

8.2 Kurzfristige EF-Entscheidungen bei freien Kapazitäten

8.2.1 Entscheidungssituation

Die Situation ohne Kapazitätsengpass ist dadurch gekennzeichnet, dass im Falle der Eigenfertigung die vorhandene Ausstattung des Betriebes ausreicht, d. h. Sie kommen ohne Investitionen und Personaleinstellungen aus. Geht man zur Fremdfertigung über, so hat dies kurzfristig keinen Einfluss auf die maschinelle und personelle Ausstattung des Betriebes, da bei einer Produktionsverlagerung auf Zulieferer kurzfristig keine Fixkosten abgebaut werden können. Der Fremdbezug bringt in der kurzen Periode lediglich eine Verminderung der variablen Kosten durch Verzicht auf Eigenfertigung.

8.2.2 Beispiel und Entscheidungsregel

Geht man im praktischen Fall von einem linearen Gesamtkostenverlauf aus, sind also variable Stückkosten und Grenzkosten identisch, so wird

- fremdbezogen, solange der Lieferantenpreis unter den variablen Stückkosten der Eigenfertigung liegt und
- eigengefertigt, falls der Lieferantenpreis die variablen Stückkosten der Eigenfertigung übersteigt.

Sie vergleichen also die variablen Stückkosten k_v der Eigenfertigung mit dem Fremdbezugspreis p_F:

(8.1)

$p_F < k_v$	Fremdbezug vorteilhaft
$p_F > k_v$	Eigenfertigung vorteilhaft

Entspricht der Fremdbezugspreis den variablen Stückkosten der Eigenfertigung, erfolgt die Entscheidung aufgrund qualitativer Aspekte. Das gilt auch dann, wenn die Unterschiede zwischen den beiden Größen unerheblich sind.

BEISPIEL: Autoteile eigen fertigen oder fremd beziehen?

Ein Autohersteller produziert in einem Zweigwerk mehrere Einbauteile. Die Kapazität reicht für die Herstellung der benötigten Mengen aus. Neuerdings werden einige der bisher eigengefertigten Einbauteile auch von diversen Zulieferern angeboten.

Die Ausgangsdaten lauten:

Einbauteil	x Bedarfsmenge (Stück/Monat)	p_F günstigster Fremdbezugspreis	k_v variable Stückkosten (€/Stück)	k gesamte Stückkosten
Pumpen	50.000	165	120	190
Wischer	200.000	40	20	35
Vergaser	100.000	220	150	210
Felgen	150.000	110	130	150
Tachometer	100.000	450	500	550

Welche Einbauteile sind kurzfristig fremd zu beziehen, welche eigen zu fertigen, wenn man

a) nach der Vollkostenrechnung,

b) nach der Teilkostenrechnung vorgeht?

Lösung a) Vollkostenrechnung

Verfügt der Autohersteller nur über eine Vollkostenrechnung, dann vergleicht er den günstigsten Fremdbezugspreis p_F mit den gesamten Stückkosten k bei Eigenfertigung. Danach sind Pumpen und Felgen wegen $p_F < k$ fremd zu beziehen. Wischer und Vergasen sind wegen $p_F > k$ eigen zu fertigen. Eine Sonderrolle nehmen die Tachometer ein: Hier verfügt der Autohersteller über eine Neuentwicklung mit besonderem Manipulationsschutz. Das Know-how für den Manipulationsschutz soll Außenstehenden nicht zugänglich gemacht werden. Deshalb werden die Tachometer vorläufig eigengefertigt, auch wenn der Fremdbezug kostengünstiger wäre.

Einbauteil	p_F (€/Stück)	k (€/Stück)	Entscheidung	Begründung
Pumpen	165	190	fremdbeziehen	$p_F < k$
Wischer	40	35	eigenfertigen	$p_F > k$
Vergaser	220	210	eigenfertigen	$p_F > k$
Felgen	110	150	fremdbeziehen	$p_F < k$
Tachometer	450	550	eigenfertigen	Know-how

Erfahrungsgemäß sind Entscheidungen, die sich auf Vollkosten stützen, oft zweifelhaft. So auch hier: Wer Pumpen und Felgen fremd bezieht und hofft, dadurch Geld zu sparen, der irrt möglicherweise. Die Gesamtkosten der Pumpen-Produktion belaufen sich bei Eigenfertigung auf

$K = k \cdot x = 190 \cdot 50.000 = 9{,}5$ Millionen €/Monat. Verzichtet man auf die Eigenfertigung und kauft beim Zulieferer, kosten die Pumpen $K_F = p_F \cdot x = 165 \cdot 50.000 = 8{,}25$ Millionen €/Monat. Leider ist das nicht alles, sondern es kommen noch die kurzfristig nicht abbaufähigen Fixkosten der Pumpen-Fertigung hinzu. Sie ergeben sich aus der Differenz $k - k_v = k_f = 190 - 120$ und betragen 70 €/St, insgesamt also $k_f \cdot x = 70 \cdot 50.000 = 3{,}5$ Millionen (€/Monat). Der Fremdbezug ist also nicht nur mit dem Fremdbezugspreis zu belasten, sondern auch mit den fremdbezugsbedingten innerbetrieblichen Leerkosten. Er kostet 8,25 + 3,5 = 11,75 Millionen - Eigenfertigung ist um 2,25 Millionen billiger. Entsprechendes gilt für die Felgen, auch hier ist die Empfehlung der Vollkostenrechnung fragwürdig.

Lösung b) Teilkostenrechnung

Aufgrund der Teilkostenrechnung, die die variablen Stückkosten k_v mit dem günstigsten Fremdbezugspreis p_F vergleicht, gelangt man zu folgendem Ergebnis:

Einbauteil	p_F (€/Stück)	k_v (€/Stück)	Entscheidung	Begründung
Pumpen	165	120	eigenfertigen	$p_F > k_v$
Wischer	40	20	eigenfertigen	$p_F > k_v$
Vergaser	220	150	eigenfertigen	$p_F > k_v$
Felgen	110	130	fremdbeziehen	$p_F < k_v$
Tachometer	450	500	eigenfertigen	Know-how

Entscheidungsregel

Die variablen Stückkosten eines Einbauteils stellen die kurzfristige Preisobergrenze im Falle des Fremdbezugs dar[6].

8.3 Kurzfristige EF-Entscheidungen bei einem Engpass

8.3.1 Entscheidungssituation

Wird kurzfristig ein beliebiger betrieblicher Engpass wirksam, so können nicht alle Teile, für die $p_F > k_v$ gilt, eigengefertigt werden. Es muss dann entschieden werden, in welchen Fällen die Produktion auf die Zulieferer zu verlagern ist.

8.3.2 Beispiel und Entscheidungsregel

Wird die Produktion eines Gutes, das eigentlich günstiger eigen zu fertigen wäre, aus Kapazitätsgründen auf einen Lieferanten verlagert, so entsteht ein Kostennachteil von $(p_F - k_v)$ € je Stück. Für eine Produktionsverlagerung eignen sich unter sonst gleichen Umständen vor allem also solche Güter, bei denen die verlagerungsbedingten Mehrkosten je Einheit vergleichsweise gering sind.

6 So auch: L. Haberstock, Grundzüge der Kosten- und Erfolgsrechnung, S. 176.

Neben den Mehrkosten je Einheit durch Verlagerung ist aber auch der Kapazitätseffekt zu beachten. Sie lassen unter sonst gleichen Umständen bevorzugt solche Produkte fremd fertigen, deren Auslagerung eine hohe Engpassentlastung je Einheit mit sich bringt.

Ziele der Produktionsverlagerung auf Lieferanten

- Mehrkosten je Stück minimieren
- Engpassentlastung je Stück maximieren

Die gleichwertige Berücksichtigung beider Argumente führt zur Forderung, EF-Entscheidungen nach Maßgabe der zu minimierenden spezifischen Mehrkosten bei Fremdfertigung zu treffen. Für ein beliebiges Produkt ermitteln Sie die spezifischen Mehrkosten der Fremdfertigung, indem Sie den Kostennachteil je Stück p_F - k_v auf die durch die Auslagerung vermiedene Engpassinanspruchnahme je Einheit e_E beziehen. Es gilt:

(8.2)

$$\text{Spezifische Mehrkosten bei Fremdfertigung} = \frac{\text{Mehrkosten je Stück}}{\text{Engpassentlassung je Stück}} = \frac{p_F - k_v}{e_E}$$

Symbole

p_F = Fremdbezugspreis (€/Stück)

k_v = variable Stückkosten bei Eigenfertigung (€/Stück)

e_E = Engpassentlastung je Stück (Engpasskapazitätseinheiten/Stück)

Entscheidungsregel:

Analog zu unserem Vorgehen bei der Wahl des optimalen Produktionsverfahrens können wir folgende Entscheidungsregel formulieren:

1. Man ermittelt für jedes Halb- oder Fertigprodukt jenen Beschaffungsweg (Eigenfertigung oder Fremdbezug), der für das betreffende Gut am kostengünstigsten ist (Maßstab: variable Stückkosten minimieren).
2. Wird im Rahmen der Eigenfertigung ein bestimmter betrieblicher Teilbereich zum Engpasssektor, so ist der Engpass schrittweise zu entlasten, wobei man mit den Erzeugnisarten beginnt, deren spezifische Mehrkosten bei Fremdfertigung am geringsten sind.
3. Diese Erzeugnisse werden so lange der nächstgünstigsten Fremdbezugsmöglichkeit zugeordnet, bis die Fehlkapazität des Engpasses abgebaut ist.

BEISPIEL: Engpasssituation in Schraubenfabrik

Eine Schraubenfabrik fertigt fünf verschiedene Typen von Schrauben, die alle eine bestimmte Gewindeschneideanlage in Anspruch nehmen, falls die Eigenfertigung gewählt wird. Die Gewindeschneideanlage kann monatlich 160 Stunden (= 9.600 Minuten) in Anspruch genommen werden. Sämtliche Schraubentypen könnten auch ohne Qualitätseinbuße fremdbezogen werden.

Wie viele Einheiten je Typ sollen eigengefertigt/fremdbezogen werden, wenn für den kommenden Monat folgende Daten gelten:

Schraubentyp	x (TSt/Mon)	t (Min/TSt)	$x \cdot t$ (Min/Mon)	p_F (€/TSt)	k_v (€/TSt)
A	300	20	6.000	20	15
B	250	12	3.000	17	10
C	200	10	2.000	21	9
D	100	8	800	8	5
E	100	15	1.500	10	11
benötigte Gesamtkapazität:				13.300 (Minuten/Monat)	
bei ausschließlicher Eigenfertigung verfügbare Kapazität:				9.600 (Minuten/Monat)	

Symbole

x = benötigte Monatsmenge in TStück. Die Menge eines Typs kann ganz oder teilweise eigengefertigt oder fremdbezogen werden.

t = Inanspruchnahme der Gewindeschneideanlage in Minuten je TStück.

k_v = variable Stückkosten bei Eigenfertigung (€/TStück).

p_F =
günstigster Fremdbezugspreis (€/TStück).

Lösung

Für Typ E gilt $p_F < k_v$; somit ist hier ohnehin der Fremdbezug als vorteilhaftere Alternative zu wählen. Um den Engpass konkurrieren also nur die Typen A, B, C und D, für die eine Rangfolge nach Maßgabe der spezifischen Mehrkosten bei Fremdbezug aufzustellen ist.

Typ	$p_F - k_v$ (€/TStück)	t (Min/TStück)	$\frac{p_F - k_v}{t}$ (€/Min)	Rang
A	5	20	0,2500	4
B	7	12	0,5833	2
C	12	10	1,2000	1
D	3	8	0,3750	3

Produkt C steht am ersten Platz der Rangfolge. Das bedeutet: C hat Vorrang hinsichtlich der Eigenfertigung, weil hier die spezifischen Mehrkosten des Fremdbezugs am größten sind. Jede durch den Fremdbezug von C freiwerdende Engpassminute kostet 1,20 €. Auch bei B spricht viel für die Eigenfertigung. Hier kostet jede durch Fremdbezug freigewordene Engpassminute 0,5833 €. Am ehesten bieten sich A und D für den Fremdbezug an; hier sind die spezifischen Mehrkosten des Fremdbezugs mit 0,25 und 0,375 € pro Minute am geringsten.

Die verfügbare Engpasszeit wird nach Maßgabe der zu minimierenden spezifischen Mehrkosten bei Fremdfertigung wie folgt auf die Produkttypen verteilt:

Rang	Typ	T zur Verfügung stehende Kapazität (Min/Monat)	x_E Eigenfertigungsmenge (TStück/Mon)	t (Min/TSt)	$x_E \cdot t$ (Min/Mon)
1	C	9.600	200	10	2.000
2	B	7.600	250	12	3.000
3	D	4.600	100	8	800
4	A	3.800	190	20	3.800
			für Eigenfertigung benötigte Kapazität:		9.600

Ergebnis

Die Typen A bis E sind in folgenden Stückzahlen eigen zu fertigen bzw. fremd zu beziehen:

Typ	x_E Eigenfertigungsmenge	x_F Fremdbezugsmenge (TStück/Mon)	$x_E + x_F$ Gesamtmenge
A	190	110	300
B	250	0	250
C	200	0	200
D	100	0	100
E	0	100	100

8.4 Kurzfristige EF-Entscheidungen bei mehreren Engpässen

Sind EF-Entscheidungen für einen Betrieb zu treffen, bei dem im Fall der Eigenfertigung mehr als ein Engpass wirksam wird, so ist der bisherige Lösungsweg nicht mehr gangbar. Wir haben statt dessen (wie schon bei der Wahl des optimalen Produktionsverfahrens) eine simultane Lösung mit Hilfe der linearen Optimierung zu suchen. Diese Lösung können Sie anhand des folgenden Beispiels[7] nachvollziehen.

BEISPIEL: Thermidor KG: Engpässe bei Kombithermen

Die Thermidor KG stellt unter anderem Kombithermen her. Die Kombithermen benötigen - je nach Typ - unterschiedliche Vorlaufweichen A, B, C zur Regelung der Raumtemperatur. Die Vor-laufweichen werden auf drei Maschinen produziert, können aber auch in gleicher Qualität fremd-bezogen werden. Im Einzelnen gelten folgende Daten:

Ökonomische Daten			
Vorlaufweiche	x (Stück/Mon)	p_F (€/Stück)	k_v
A	2.700	260	210
B	900	220	200
C	2.100	295	280

Technische Daten				
Maschine	t_a (Min/Stück)	t_b	t_c	T (Min/Mon)
1	2	3	2,5	10.800
2	1	4	2,0	12.000
3	4	2	1,0	12.000

7 Vgl. J. Schmarbeck, Fremdbezugsentscheidungen mit Hilfe der Deckungsbeitragsrechnung, S. 60 ff.

Symbole

x = Bedarf (Stück/Monat)

p_F = günstigster Fremdbezugspreis (€/Stück)

k_v = variable Stückkosten bei Eigenfertigung (€/Stück)

t_a, t_b, t_c = Stückzeiten Gut A, B, C (Minuten/Stück)

T = Kapazität der Maschinen (Minuten/Monat)

Es ist zu entscheiden, wie viele Einheiten je Typ eigengefertigt und wie viel fremdbezogen werden sollen. Den Lösungsansatz gibt der folgende Ersparnismaximierungsansatz mit zwei Schritten vor.

Lösung (Ersparnismaximierungsansatz)

(1) Aufstellung des Bedingungssystems

$$\left.\begin{aligned} 2x_a + 3x_b + 2{,}5x_c &\leq 10.800 \\ 1x_a + 4x_b + 2{,}0x_c &\leq 12.000 \\ 4x_a + 2x_b + 1{,}0x_c &\leq 12.000 \end{aligned}\right\} \text{maschinelle Restriktionen}$$

$$\left.\begin{aligned} x_a &\leq 2.700 \\ x_b &\leq 900 \\ x_a &\leq 2.100 \end{aligned}\right\} \text{Höchstmengen}$$

$$\left.\boxed{E = \underset{\uparrow \atop 260 - 210}{50x_a} + \overset{220 - 200 \atop \downarrow}{20x_b} + \underset{\uparrow \atop 295 - 280}{15x_c} = \max!}\right\} \text{Zielfunktion}$$

Symbole

E = Ersparnis (€/Monat)

x_a, x_b, x_c = Anzahl eigenzufertigender Weichen A, B, C (Stück/Monat)

(2) Lösung mit Hilfe eines Simplex-Programms

Anzahl der Nebenbedingungen (ohne Zielfunktion) maximal 50 hier: 6

Anzahl der Variablen maximal 30 hier: 9

1. **Nebenbedingung:**

   $2\,x_a + 3\,x_b + 2{,}5\,x_c \leq 10.800$

2. **Nebenbedingung:**

   $x_a + 4\,x_b + 2\,x_c \leq 12.000$

3. **Nebenbedingung:**

   $4\,x_a + 2\,x_b + x_c \leq 12.000$

4. **Nebenbedingung:**

   $x_a \leq 2.700$

5. **Nebenbedingung:**

   $x_b \leq 900$

6. **Nebenbedingung:**

   $x_c \leq 2.100$

Zielfunktion:

$50\,x_a + 20\,x_b + 15\,x_c = 0$

(Un-)Gleichungssystem					
Neben-bedingungen	x_a	x_b	x_c		(x_j)
Nr. 1	2,0	3,0	2,5	≤	10.800,00
Nr. 2	1,0	4,0	2,0	≤	12.000,00
Nr. 3	4,0	2,0	1,0	≤	12.000,00
Nr. 4	1,0	0,0	0,0	≤	2.700,00
Nr. 5	0,0	1,0	0,0	≤	900,00
Nr. 6	0,0	0,0	1,0	≤	2.100,00
Zielfunktion	50,0	20,0	15,0	=	0,00

ABB. 72: Dialog zur Durchführung eines Simplex-Programms

Simplex-Tableau 1												
1	2,0	3,0	2,5	1,0	0,0	0,0	0,0	0,0	0,0	=		10.800,00
2	1,0	4,0	2,0	0,0	1,0	0,0	0,0	0,0	0,0	=		12.000,00
3	4,0	2,0	1,0	0,0	0,0	1,0	0,0	0,0	0,0	=		12.000,00
4	1,0	0,0	0,0	0,0	0,0	0,0	1,0	0,0	0,0	=		2.700,00
5	0,0	1,0	0,0	0,0	0,0	0,0	0,0	1,0	0,0	=		900,00
6	0,0	0,0	1,0	0,0	0,0	0,0	0,0	0,0	1,0	=		2.100,00
ZF	50,0	20,0	15,0	0,0	0,0	0,0	0,0	0,0	0,0	=	D	+ 0,00

Simplex-Tableau 2												
1	0,0	3,0	2,5	1,0	0,0	0,0	- 2,0	0,0	0,0	=		5.400,00
2	0,0	4,0	2,0	0,0	1,0	0,0	- 1,0	0,0	0,0	=		9.300,00
3	0,0	2,0	1,0	0,0	0,0	1,0	- 4,0	0,0	0,0	=		1.200,00
4	1,0	0,0	0,0	0,0	0,0	0,0	1,0	0,0	0,0	=		2.700,00
5	0,0	1,0	0,0	0,0	0,0	0,0	0,0	1,0	0,0	=		900,00
6	0,0	0,0	1,0	0,0	0,0	0,0	0,0	0,0	1,0	=		2.100,00
ZF	0,0	20,0	15,0	0,0	0,0	0,0	- 50,0	0,0	0,0	=	D	- 135.000,00

Simplex-Tableau 3												
1	0,0	0,0	1,0	1,0	0,0	- 1,5	4,0	0,0	0,0	=		3.600,00
2	0,0	0,0	0,0	0,0	1,0	- 2,0	7,0	0,0	0,0	=		6.900,00
3	0,0	1,0	0,5	0,0	0,0	0,5	- 2,0	0,0	0,0	=		600,00
4	1,0	0,0	0,0	0,0	0,0	0,0	1,0	0,0	0,0	=		2.700,00
5	0,0	0,0	- 0,5	0,0	0,0	0,5	2,0	1,0	0,0	=		300,00
6	0,0	0,0	1,0	0,0	0,0	0,0	0,0	0,0	1,0	=		2.100,00
ZF	0,0	0,0	5,0	0,0	0,0	- 10,0	- 10,0	0,0	0,0	=	D	- 147.000,00

Simplex-Tableau 4												
1	0,0	- 2,0	0,0	1,0	0,0	- 2,5	8,0	0,0	0,0	=		2.400,00
2	0,0	0,0	0,0	0,0	1,0	- 2,0	7,0	0,0	0,0	=		6.900,00
3	0,0	2,0	1,0	0,0	0,0	1,0	- 4,0	0,0	0,0	=		1.200,00
4	1,0	0,0	0,0	0,0	0,0	0,0	1,0	0,0	0,0	=		2.700,00
5	0,0	1,0	0,0	0,0	0,0	0,0	0,0	1,0	0,0	=		900,00
6	0,0	- 2,0	0,0	0,0	0,0	- 1,0	4,0	0,0	1,0	=		900,00
ZF	0,0	- 10,0	0,0	0,0	0,0	- 15,0	10,0	0,0	0,0	=	D	- 153.000,00

Simplex-Tableau 5												
1	0,0	2,0	0,0	1,0	0,0	- 0,5	0,0	0,0	- 2,0	=		600,00
2	0,0	3,5	0,0	0,0	1,0	- 0,3	0,0	0,0	- 1,8	=		5.325,00
3	0,0	0,0	1,0	0,0	0,0	0,0	0,0	0,0	1,0	=		2.100,00
4	1,0	0,5	0,0	0,0	0,0	0,3	0,0	0,0	- 0,3	=		2.475,00
5	0,0	1,0	0,0	0,0	0,0	0,0	0,0	1,0	0,0	=		900,00
6	0,0	- 0,5	0,0	0,0	0,0	- 0,3	1,0	0,0	0,3	=		225,00
ZF	0,0	- 5,0	0,0	0,0	0,0	- 12,5	0,0	0,0	- 2,5	=	D	- 155.250,00

	Ergebnis	
Bei Herstellung von:	Produkt a mit:	2.475 Stück
	Produkt b mit:	0 Stück
	Produkt c mit:	2.100 Stück
	Produkt d mit:	0 Stück
	Produkt e mit:	0 Stück
	Produkt f mit:	0 Stück
	Produkt g mit:	0 Stück
	Produkt h mit:	0 Stück
	Produkt i mit:	0 Stück
ergibt sich ein optimaler Gesamtdeckungsbeitrag von:		155.250,00 €
Freie Kapazitäten	bei Nebenbedingung 1:	600 Minuten
	bei Nebenbedingung 2:	5.325 Minuten
Nicht ausgeschöpfte Absatzhöchstmengen	bei Nebenbedingung 4:	225 Stück
	bei Nebenbedingung 5:	900 Stück
Dualvariable/Schattenpreise	bei Nebenbedingung 3:	12,50 €
	bei Nebenbedingung 6:	2,50 €

Ergebnis

Von den Vorlaufweichen A sind im kommenden Monat 2.475 Stück eigen zu fertigen und (Bedarf: 2.700 Stück/Monat) 225 Stück fremd zu beziehen. Auf die Fremdbezugsmenge von 225 Einheiten weist auch die Schlupfvariable hin. Danach beträgt die nicht ausgeschöpfte Absatzhöchstmenge bei Nebenbedingung vier 225 Stück.

Die benötigten 900 Vorlaufweichen B müssen vollständig zugekauft werden (x_b = 0 und Absatzhöchstmenge Nebenbedingung fünf 900 Stück).

Die benötigten 2.100 Einheiten C können vollständig eigengefertigt werden (x_c = 2.100; Absatzhöchstmenge bei Nebenbedingung sechs 0 Stück).

Die durch die Eigenfertigung gegenüber dem vollständigen Fremdbezug maximal erzielbare Ersparnis beträgt 155.250 €/Monat.

Die Kapazität der Maschinen 1 und 2 wird nicht voll genutzt. Die Möglichkeit, die beiden Anlagen jeweils eine Minute länger nutzen zu können, hätte also keine Ergebnisverbesserung zur Folge. Die zugehörigen Dualvariablen sind gleich Null.

Maschine 3 dagegen wird voll genutzt. Die Dualvariable ist 12,50 €: Jede zusätzliche Maschinenminute erhöht die erzielbare Ersparnis um 12,50 €. Grund: Man würde zusätzliche Mengen A produzieren (Ersparnis pro Stück: 50 €), für die man jeweils 4 Maschinenminuten benötigt (Ersparnis pro Maschinenminute: 12,50 €).

Voll ausgeschöpft wird auch die Höchstmenge für die Vorlaufweichen C (2.100 Stück/Monat). Die Dualvariable ist 2,50 €: Jede Absatzeinheit über die bisherige Höchstmenge hinaus verbessert das Betriebsergebnis um 2,50 €. Angenommen, man könnte mit Hilfe eines bestimmten Geldbetrags pro Stück einen neuen Markt für C erschließen, dann dürfte man je Einheit C eine maximale Verkaufsprämie von 2,50 € vorsehen.

8.5 Langfristige EF-Entscheidungen

Langfristig sind Betriebskapazität und betrieblicher Produktionsmittelbestand variierbar; somit sind nicht nur variable, sondern auch fixe Kosten entscheidungsrelevant. Sie vergleichen beispielsweise die (meist variablen) Kosten für Fremdbezug mit den variablen und fixen Kosten der Eigenfertigung.

Langfristige EF-Entscheidungen treten in zwei Varianten auf:

(1) Die Unternehmung bezieht einige der für ihre Produktion benötigten Güter von außen. Dann ist gelegentlich zu fragen, ob man weiterhin beim Fremdbezug bleiben soll oder zur Eigenfertigung der bislang fremdbezogenen Güter übergehen soll. Diese Frage stellt sich insbesondere bei zwei Gelegenheiten: beim Auslaufen des Vertrags für die fremdbezogenen Güter und bei der Erstellung des Investitionsprogramms für die nächsten Jahre. Denn der Übergang von der Fremd- zur Eigenfertigung bedingt meist eine Erweiterungsinvestition.

(2) Die Unternehmung erzeugt alle benötigten Güter gegenwärtig selbst. Dann ist gelegentlich zu fragen, ob der Fremdbezug des einen oder anderen Gutes langfristig wirtschaftlicher ist. Diese Frage stellt sich vor allem dann, wenn wichtige Anlagen, die der Eigenerzeugung dienen, ersetzt werden müssen. Die Frage lautet: Ersatzinvestition zugunsten der Eigenfertigung vornehmen oder Ersatzinvestition unterlassen und zum Fremdbezug übergehen?

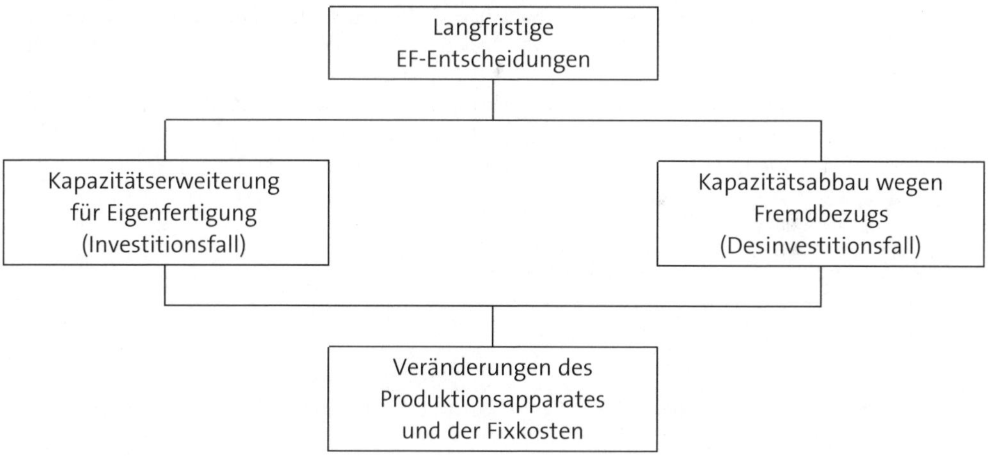

Im Kern geht es also darum, ob eine Investition durchgeführt werden soll oder nicht. Die Antwort auf die Frage, ob eine bestimmte Investition lohnt oder nicht, sollte nicht mit den Mitteln der Kostenrechnung gegeben werden, da dies die Gefahr von Fehlentscheidungen mit sich bringt. Investitionsprobleme sind mit Hilfe der Investitionsrechnung zu lösen, die die Ein- und Auszahlungen mit ihrer zeitlichen Verteilung sowie Zinsen und Zinseszinsen berücksichtigt[8].

Es genügt nicht, wenn man fordert, langfristige EF-Entscheidungen mit Hilfe der Investitionsrechnung zu lösen, und dann doch bei der traditionellen kostenrechnerischen Lösung bleibt[9].

8 Vgl. etwa: K.-D. Däumler/J. Grabe, Grundlagen der Investitions- und Wirtschaftlichkeitsrechnung, S. 30 ff.

9 Vgl. hierzu: L. Haberstock, Grundzüge der Kosten- und Erfolgsrechnung, S. 176 f.

Man muss den Schritt zum investitionsrechnerischen Lösungsansatz auch tatsächlich tun[10]. Dabei ist insbesondere die Annuitätenmethode[11] zu empfehlen, weil sie dem kostenrechnerischen Denken besonders nahe steht. Häufig bietet es sich an, ergänzend eine kritische Werte-Rechnung[12] durchzuführen, etwa zur Beantwortung der Fragen:

- Bis zu welchem Höchstpreis sollte man auf Eigenfertigung verzichten und stattdessen beim Fremdbezug bleiben?

  Hinweis: Die Ermittlung eines maximal zulässigen Fremdbezugspreises setzt voraus, dass die Bedarfsmengen genau feststehen.

- Bei welcher Menge lohnt sich eine Investition zum Zwecke der späteren Eigenfertigung gegenüber dem Fremdbezug?

  Hinweis: Die Ermittlung der kritischen Menge setzt voraus, dass die Preise genau feststehen.

BEISPIEL: „Power to the Bauer" auf Eigen- oder Fremdfelgen?

Ein Traktorhersteller erzeugt unter anderem jährlich 500 Einheiten des 100 kW-Modells „Power to the Bauer". Die hierfür benötigten 2.000 Felgen werden bisher fremdbezogen, und zwar zum Fremdbezugspreis p_F = 320 € pro Felge. Man erwägt den Übergang zur Eigenfertigung. Dazu wäre der Kauf einer Anlage erforderlich, deren Anschaffungsauszahlung 2 Mio € beträgt. Die Nutzungsdauer wird auf 10 Jahre geschätzt. Ein Restwert ist danach nicht mehr zu erwarten. Die Anlage müsste durch einen neu einzustellenden Meister bedient werden, für den ein Jahresgehalt von a_f = 50.000 € anzusetzen ist. Die stückabhängigen Auszahlungen betragen a_v = 200 € je Felge im Falle der Eigenfertigung. Der Unternehmer rechnet mit einem Kalkulationszinsfuß von 8 %.

a) Ist die Eigenfertigung beim gegenwärtigen Bedarf wirtschaftlich? Beantworten Sie diese Frage mit Hilfe der durchschnittlich jährlichen Auszahlungen (DJA), die bei Eigenfertigung und Fremdbezug anfallen.

b) Ab welchem Jahresbedarf lohnt sich die Eigenfertigung bei gegebenem Fremdbezugspreis?

c) Wie hoch darf der Fremdbezugspreis bei gegebener Menge allenfalls sein?

Lösung a) Durchschnittliche jährliche Auszahlungen bei Eigenfertigung und Fremdbezug

Fremdbezug:

$$DJA_F = p_F \cdot x = 320 \cdot 2.000$$

$$DJA_F = 640.000 \text{ (€/Jahr)}$$

Eigenfertigung:

$$DJA_E = A \cdot KWF_n + a_f + a_v \cdot x$$

$$DJA_E = 2.000.000 \cdot 0{,}149029 + 50.000 + 200 \cdot 2.000$$

$$DJA_E = 748.058 \text{ (€/Jahr)}$$

Ergebnis

Die Menge von 2.000 Felgen pro Jahr können Sie am billigsten fremd beziehen. Sie sparen dann gegenüber der Eigenfertigung 748.058 - 640.000 = 108.058 € jährlich.

Lösung b) Ermittlung der kritischen Menge

Sie ermitteln die kritische Menge x_{kr} in Bezug auf die beiden Beschaffungswege, indem Sie die DJA bei Eigenfertigung und Fremdbezug gleichsetzen:

DJA bei Eigenfertigung =	DJA bei Fremdbezug
$A \cdot KWF_n + a_f + a_v \cdot x_{kr}$ =	$p_F \cdot x_{kr}$

10 So etwa: P. Meyer, Entscheidungsfindung Eigenfertigung oder Fremdbezug für die lange Periode, S. 177 ff. - W. Männel, Die Wahl zwischen Eigenfertigung und Fremdbezug, S. 242 ff.

11 Vgl. hierzu: K.-D. Däumler/J. Grabe, Grundlagen der Investitions- und Wirtschaftlichkeitsrechnung, S. 126 ff.

12 Vgl. Ebenda, S. 226 ff.

$$2.000.000 \cdot 0{,}149029 + 50.000 + 200 \cdot x_{kr} = 320 \cdot x_{kr}$$
$$348.058 = 120\ x_{kr}$$
$$x_{kr} = 2.900{,}48\ (\text{Stück/Jahr})$$
$$x_{kr} \approx 2.900\ (\text{Stück/Jahr})$$

ABB. 73: Ermittlung der kritischen Menge

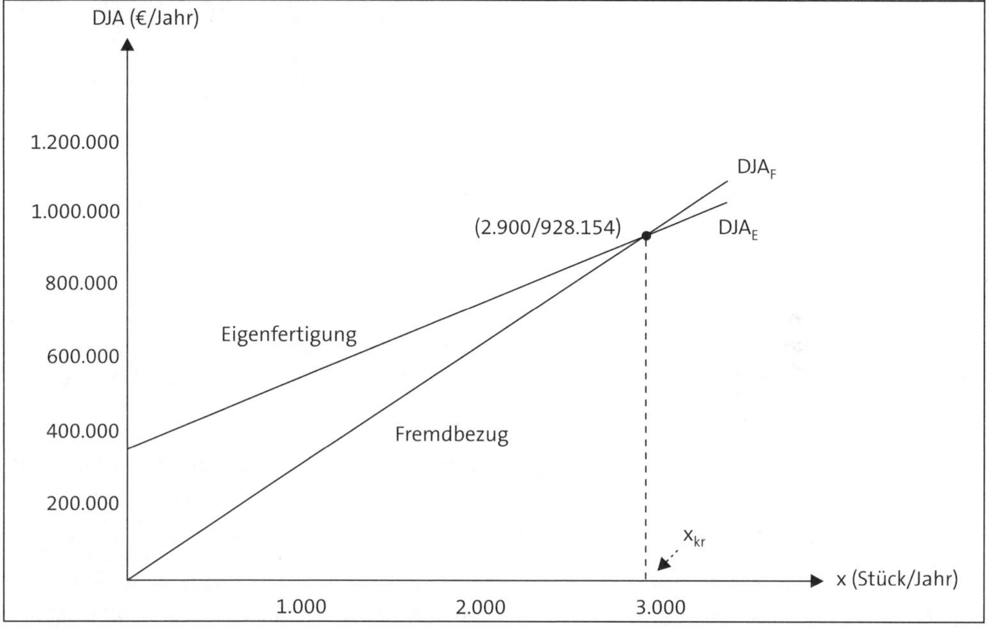

Ergebnis

Bei gegebenen Preisen lohnt sich der Fremdbezug bis zu einem Jahresbedarf von 2.900 Einheiten. Sollte der Jahresbedarf diese Grenze übersteigen, ist es sinnvoll, zur Eigenfertigung überzugehen.

Lösung c) Ermittlung des kritischen Preises

Sie ermitteln den maximal zulässigen (kritischen) Fremdbezugspreis p_F^{kr}, indem Sie die durchschnittlichen jährlichen Auszahlungen DJA beider Beschaffungswege gleichsetzen:

DJA bei Eigenfertigung = DJA bei Fremdbezug

$$A \cdot KWF_n + a_f + a_v \cdot x = p_F^{kr} \cdot x$$
$$2.000.000 \cdot 0{,}149029 + 50.000 + 200 \cdot 2.000 = p_F^{kr} \cdot 2.000$$
$$348.058 + 400.000 = p_F^{kr} \cdot 2.000$$
$$p_F^{kr} \approx 374\ (\text{€/Stück})$$

Ergebnis

In der Ausgangssituation (bei der Menge von 2.000 Felgen/Jahr) bleibt der Fremdbezug vorteilhaft, solange der Fremdbezugspreis unter 374,03 €/Felge liegt. Beim Preis von 374,03 € sind beide Beschaffungswege gleichwertig.

8.6 Zusammenfassung und Checkliste

Eigenfertigung oder Fremdbezug (EF-Entscheidungen, make or buy, Outsourcing) sind die Möglichkeiten bei der Bereitstellung von Sachgütern und Dienstleistungen im Betrieb. EF-Entscheidungen werden zwar primär für den Produktionsbereich diskutiert, sind darüber hinaus aber auch in den anderen Teilbereichen zu fällen. Sie können als Sonderfall der Verfahrenswahl angesehen werden und erfordern wie diese eine Unterscheidung nach Planungsfrist und Engpasssituation.

Die **Planungsfrist** ist von Bedeutung im Hinblick auf die entscheidungsrelevanten Kosten. Kurze Frist heißt, nur variable Kosten sind entscheidungsrelevant. Lange Frist heißt, auch fixe Kosten sind entscheidungsrelevant.

Kurzfristige EF-Entscheidungen ohne Engpässe: Hier lautet die Entscheidungsregel: „Fremdbezug ist vorteilhaft, sobald der günstigste Fremdbezugspreis unter den variablen Stückkosten der Eigenfertigung liegt".

Kurzfristige EF-Entscheidungen bei einem Engpass: Hier lautet die Entscheidungsregel: „Wird bei Eigenfertigung ein Teilbereich zum Engpass, so entlaste ihn durch Produktionsverlagerung nach außen (Fremdbezug), die so vorzunehmen ist, dass die spezifischen Mehrkosten des Fremdbezugs minimiert werden".

Die **spezifischen Mehrkosten des Fremdbezugs** ergeben sich aus dem Quotienten von Mehrkosten je Stück und Engpassentlastung je Stück. Sie geben an, wie viel es kostet, eine Engpasskapazitätseinheit frei zu machen.

Kurzfristige EF-Entscheidungen bei mehreren Engpässen: Hier wird die lineare Optimierung in Gestalt eines Kostenminimierungs- oder Ersparnismaximierungsmodells zur Problemlösung eingesetzt.

Langfristige EF-Entscheidungen treten in zwei Varianten auf: Investitionsfall und Desinvestitionsfall. In beiden Fällen sollten Sie anstelle des kostenrechnerischen Instrumentariums die Investitionsrechnung einsetzen und mit Zahlungen (und nicht mit Kosten) rechnen. Als Entscheidungshilfe bietet sich in beiden Fällen die Annuitätenmethode an, die dem kostenrechnerischen Denken wegen ihrer Analogie zur Kostenfunktion besonders nahe kommt.

Beim **Investitionsfall** lautet die Entscheidungsregel: „Vorteilhaft (wirtschaftlich, lohnend) ist jene Anlage, die die Erstellung der geforderten Leistung zu minimalen durchschnittlichen jährlichen Auszahlungen gestattet".

Beim **Desinvestitionsfall** verwenden Sie die obige Entscheidungsregel in abgewandelter Form. Da Sie beim Abbau von Altanlagen möglicherweise Fixauszahlungen einsparen und beim Verkauf der alten Maschinen möglicherweise Restwerteinzahlungen erhalten, korrigieren Sie die durchschnittlichen jährlichen Auszahlungen entsprechend (die abbaufähigen Fixauszahlungen und die periodenanteiligen Restwerteinzahlungen mindern die DJA). Sie entscheiden sich, die Anlage im Betrieb zu behalten, die die geforderte Leistung zu minimalen DJA erbringt.

FRAGEN

8.1

Steht ein Betrieb ausschließlich bei Planungen innerhalb des Funktionsbereichs Fertigung vor EF-Entscheidungen? Begründen Sie Ihre Antwort anhand einiger selbstgewählter Beispiele.

8.2

Erläutern Sie einige qualitative Aspekte, die neben dem Ergebnis einer Rechnung die EF-Entscheidung beeinflussen könnten. Macht die Existenz qualitativer Aspekte die Rechnung überflüssig? Begründen Sie Ihre Antwort.

8.3

Erläutern Sie kurz, weshalb gewisse EF-Entscheidungen nur mit Hilfe der Investitionsrechnung sinnvoll gelöst werden können.

8.4

Ordnen Sie im Rahmen der tabellarischen Übersicht den angeführten fünf Situationen jeweils die passende Entscheidungsregel zu.

Zeitbezug	Situation	Entscheidungsregel im Telegrammstil
kurzfristige EF-Entscheidungen	kein Engpass	
	ein Engpass	
	mehrere Engpässe	
langfristige EF-Entscheidungen	Investitionsfall	
	Desinvestitionsfall	

8.5

Ein Holzsägenhersteller kann die Sägeketten für seine Kettensägen eigen fertigen oder fremd beziehen. Wie soll er sich kurzfristig entscheiden, wenn sein Betrieb freie Kapazitäten aufweist und Kette E wegen besonderen Know-hows auf jeden Fall eigen zu fertigen ist?

Sägekette	p_F (€/Kette)	k_v (€/Kette)	k (€/Kette)	Entscheidung	Begründung
A	33	24	38		
B	8	4	7		
C	15	16	25		
D	44	30	42		
E	28	31	36		

8.6

Ein Hersteller von Metallbeschlägen fertigt die vier Typen A, B, C, D. Alle Beschläge werden im Rahmen der Endfertigung auf einer gemeinsamen Anlage poliert.

Beschlag (Typ)	x (St/Monat)	t (Min/St)	T (Min/Mon)	p_F (€/St)	k_v (€/St)
A	1.000	0,5	500	8	6
B	5.000	2,5	12.500	11	3
C	12.000	2,0	24.000	13	7
D	3.000	1,0	3.000	7	2
benötigte Kapazität: 40.000 (Min/Monat)					

Ermitteln Sie die optimale Aufteilung des Gesamtbedarfs in Eigenfertigung und Fremdbezug unter Berücksichtigung der Daten der nachstehenden Tabelle, falls die verfügbare Kapazität der Polieranlage im kommenden Monat

a) 42.000 Maschinenminuten,

b) 27.000 Maschinenminuten beträgt.

8.7

Die Flachglas GmbH steht vor der Entscheidung, ihr altes Heizwerk, das die gesamte Unternehmung mit Wärme versorgt, zu ersetzen. Neben dem identischen Ersatz der mit Erdgas betriebenen Anlage kommt auch die Installation eines Blockheizkraftwerks mit Kraft-Wärme-Kopplung in Frage. Das Blockheizkraftwerk (BHKW) könnte neben der Abgabe von Wärme auch elektrische Energie erzeugen, so dass der bislang vom örtlichen Energie-Versorgungs-Unternehmen (EVU) bezogene Strom ganz oder teilweise selbst erzeugt würde. Eigenstrom, der nicht von der Flachglas GmbH selbst verbraucht wird, kann ins Netz des EVU eingespeist werden. Im Einzelnen gelten folgende Daten:

Anschaffungsauszahlung bei identischem Ersatz:	300.000,00 €
zusätzliche Anschaffungsauszahlung für BHKW:	1.500.000,00 €
jährliche feste Mehrauszahlungen für BHKW:	50.000,00 €/Jahr
variable Mehrauszahlung für BHKW:	0,04 €/kWh Strom
Jahresleistung BHKW:	1.600.000,00 kWh/Jahr
Strompreis für EVU-Strom:	0,20 €/kWh
Strompreis für eingespeisten Strom:	0,09 €/kWh
Nutzungsdauer BHKW:	40,00 Jahre
Kalkulationszinssatz:	12,00 %

a) Wie hoch muss der Eigenstrombedarf der Flachglas GmbH mindestens sein, damit sich die Installation des Blockheizkraftwerks lohnt?

b) Der Eigenstrombedarf betrage 400.000 kWh jährlich. Wie hoch müsste die staatliche Förderung absolut und in Prozent der zusätzlichen Anschaffungsauszahlung für das BHKW sein, damit sich die Installation des BHKW dennoch lohnt?

c) Der Eigenstrombedarf betrage 400.000 kWh jährlich. Wie hoch müsste der Preis je eingespeister Kilowattstunde mindestens sein, damit sich die Installation des BHKW lohnt?

8.8

Schreiben Sie uns einen Brief!

Sie haben sich den Lehrtext dieses Buches und die Fragen und Aufgaben angesehen. Dafür danken wir Ihnen, liebe Leser, sehr herzlich. Vielleicht freut Sie etwas, was in diesem Buch steht, oder Sie ärgern sich über etwas. Vielleicht haben Sie einen Fehler entdeckt; vielleicht finden Sie, man müsse ein bestimmtes Thema anders anfassen. Schreiben Sie uns in solchen Fällen einfach einen Brief. Zwar können wir Ihnen nicht versprechen, dass alle Ihre 25.000 Schreiben beantwortet werden. Auch wird es nicht möglich sein, Ihre 25.000 Änderungswünsche alle zu berücksichtigen. Aber wir werden jeden Brief gründlich lesen und überlegen, ob das, was Sie vorschlagen, das Buch besser machen kann. Damit Sie nicht zu viel Arbeit haben, finden Sie auf Seite 233 ein Rezept (einen Musterbrief) auch für diese, Ihre letzte Aufgabe.

9. Testklausur Deckungsbeitragsrechnung

Die folgenden Behauptungen sind auf ihre Richtigkeit zu überprüfen.
(Es können mehrere Behauptungen richtig oder falsch sein.)

Kennzeichnen Sie die Behauptungen mit
richtig (+),
weiß nicht ( ),
falsch (-).

Kennzeichnen Sie die Lösungen bitte nur dann mit (+) und (-), wenn Sie sich sicher sind. Raten Sie nicht. Verzichten Sie im Zweifel auf das Ausfüllen.

1. Fixkosten
   a) sind immer Gemeinkosten; ( )
   b) sind immer Gemeinkosten; ( )
   c) können im Zeitablauf variabel sein. ( )

2. Fixe Kosten sind Kosten, die
   a) Einfluss auf die langfristige Verfahrenswahl haben; ( )
   b) bei einer Beschäftigungsänderung kurzfristig konstant bleiben; ( )
   c) Einfluss auf langfristige Programmentscheidungen haben. ( )

3. Die Gesamtkostenkurve ist linear; dann verläuft die Kurve der variablen Stückkosten
   a) parallel zur Abszisse, deckungsgleich mit der Grenzkostenkurve; ( )
   b) parallel zur Abszisse, oberhalb der Grenzkostenkurve; ( )
   c) linear ansteigend bis zur Kapazitätsgrenze. ( )

4. Die Gesamtkostenkurve ist s-förmig, dann verläuft die Kurve der
   a) Grenzkosten linear ansteigend bis zur Kapazitätsgrenze; ( )
   b) gesamten Stückkosten zunächst fallend, sodann steigend, also u-förmig; ( )
   c) variablen Stückkosten wie die der gesamten Stückkosten, jedoch um den Betrag K_f (gesamter Fixkostenblock) nach unten verschoben. ( )

5. Die Deckungsbeitragsrechnung hat gegenüber der Vollkostenrechnung den Vorteil,
   a) dass man die Stückkosten einer Leistungseinheit (k) errechnen kann; ( )
   b) dass man auf die Umlage nicht zurechenbarer Kosten grundsätzlich verzichtet; ( )
   c) dass man die variablen Stückkosten einer Leistungseinheit errechnen kann. ( )

6. Die Vollkostenrechnung hat gegenüber der Teilkostenrechnung den Nachteil, dass
   a) eine gewinnmaximierende Programmplanung schwierig oder unmöglich ist; ( )
   b) eine Abrechnung staatlicher Aufträge gemäß LSP unmöglich ist; ( )
   c) man zu Fehlentscheidungen bei der Beurteilung von Marktpreisen kommen kann. ( )

7. Im Rahmen einer Teilkostenrechnung
   a) wird der Betriebserfolg stets in der Weise ermittelt, dass die Fixkosten außer Ansatz bleiben; ( )
   b) kann eine Rangfolge der Förderungswürdigkeit der Produkte mit Hilfe von Deckungsbeiträgen aufgestellt werden; dabei gelangt man unter Umständen zu verschiedenen Rangfolgen, je nachdem, ob die Favoritenliste mit Hilfe der Entscheidungsregel „absoluter Stückdeckungsbeitrag" (d) oder „Gesamtdeckungsbeitrag einer Produktart" (D) aufgestellt wird; ( )
   c) kann eine Rangfolge der Förderungswürdigkeit der Produkte mit Hilfe von Deckungsbeiträgen aufgestellt werden; dabei gelangt man unter Umständen zu verschiedenen Rangfolgen, je nachdem, ob die Favoritenliste mit Hilfe der Entscheidungsregel „absoluter Stückdeckungsbeitrag" (d) oder „relativer Stückdeckungsbeitrag" (d_r) aufgestellt wird. ( )

8. Die Preisuntergrenze für ein bestimmtes Erzeugnis liegt
   a) kurzfristig bei dessen gesamten Stückkosten; ( )
   b) kurzfristig bei dessen variablen Stückkosten; ( )
   c) langfristig bei dessen Deckungsbeitrag. ( )

9. Der Deckungsbeitrag einer Leistungseinheit
   a) errechnet sich als absoluter Stückdeckungsbeitrag aus dem Stückpreis abzüglich anteilige Fixkosten; ( )
   b) errechnet sich als absoluter Stückdeckungsbeitrag aus dem Stückpreis abzüglich variable Stückkosten; ( )
   c) kann absolut mit der Dimension €/LE oder relativ als Prozentwert ermittelt werden. ( )

10. Im Rahmen der Programmoptimierung

a) sind drei verschiedene Beschäftigungssituationen im Betrieb zu unterscheiden; ( )

b) wird das Programm in dem Sinne optimal zusammengestellt, dass die betrieblichen Kapazitäten in den verschiedenen Abteilungen mit maximaler Auslastung genutzt werden; ( )

c) wird das Programm so zusammengestellt, dass die Summe aller Deckungsbeiträge, vermindert um die Fixkosten, maximiert wird, wobei bestimmte Nebenbedingungen zu beachten sind. ( )

11. Beim Vorliegen eines einzigen innerbetrieblichen Kapazitätsengpasses erfolgt die

a) Programmoptimierung unter Berücksichtigung der Bruttostückgewinne; ( )

b) Programmoptimierung unter Berücksichtigung der Nettostückgewinne; ( )

c) Programmoptimierung unter Berücksichtigung der spezifischen Deckungsbeiträge. ( )

12. Im Rahmen der produktionsmäßigen Verknüpfung verschiedener Erzeugnisse

a) spricht man von unabhängiger Produktion, wenn bei der Erzeugung eines Gutes A mit technischer Notwendigkeit mindestens ein weiteres Gut anfällt; ( )

b) liegt Kuppelproduktion vor, wenn die Erstellung eines Gutes automatisch dazu führt, dass mindestens ein weiteres Gut anfällt; ( )

c) liegt gemeinsame Produktion vor, wenn bei der Produktion von zwei oder mehr Gütern mindestens ein dauerhafter Produktionsfaktor gemeinsam genutzt wird. ( )

13. Bei der linearen Optimierung besagt/besagen die

a) Nichtnegativitätsbedingungen, dass nur positive Deckungsbeiträge vorkommen dürfen; ( )

b) Zielfunktion, dass maximale Stückdeckungsbeiträge verlangt sind; ( )

c) Absatzhöchstmengen, dass ein zusätzliches Angebot den Marktpreis sinken lassen könnte. ( )

14. Bei der Programmoptimierung sind bestimmte Rahmenbedingungen zu beachten, wobei
    a) die Absatzrestriktion (Absatzhöchstmenge) durch die produktionstechnisch vorgegebene Kapazität der betrieblichen Teilbereiche bestimmt wird; ( )
    b) Mindestmengen auch bei Artikeln mit negativem Deckungsbeitrag zu fertigen sind, falls im Rahmen verbundener Nachfrage Folgegeschäfte mit entsprechend hohen Deckungsbeiträgen bei anderen Produkten getätigt werden können; ( )
    c) eine Mindestmenge für Produkt A eine gleich hohe Mindestmenge für B erforderlich macht, falls A und B als Kuppelprodukte im Verhältnis 1 : 1 gefertigt werden. ( )

15. Der spezifische Deckungsbeitrag ist
    a) die Differenz zwischen Stückpreis und variablen Stückkosten; ( )
    b) der Quotient aus Stückdeckungsbeitrag und Stückpreis; ( )
    c) der Quotient aus Stückdeckungsbeitrag und Engpassbelastung je Leistungseinheit. ( )

16. Das Ziel der linearen Optimierung ist stets die
    a) Minimierung einer Zielfunktion; ( )
    b) Maximierung einer Zielfunktion; ( )
    c) Maximierung oder Minimierung einer Zielfunktion. ( )

17. Bei der linearen Optimierung
    a) genügt es, wenn die Zielfunktion eine Funktion erster Ordnung ist; ( )
    b) genügt es, wenn die Nebenbedingungen Gleichungen erster Ordnung sind; ( )
    c) müssen Zielfunktion und Nebenbedingungen Gleichungen erster Ordnung sind. ( )

18. Bei einem Betrieb, der eine stufenweise Fixkostendeckungsrechnung durchführt,
    a) wird stets auch eine Deckungsbeitragsrechnung erstellt; ( )
    b) wird eine langfristige Planung bezüglich der Fixkosten vorgenommen; ( )
    c) werden die Erzeugnisgruppenfixkosten den Erzeugnisgruppen zugerechnet. ( )

19. Bei einem Betrieb, der eine stufenweise Fixkostendeckungsrechnung durchführt,
    a) entfällt die Notwendigkeit, eine Deckungsbeitragsrechnung zu erstellen; ( )
    b) werden die Bereichsfixkosten den Produktgruppen zugerechnet; ( )
    c) werden die Unternehmungsfixkosten auf die Produkte verteilt. ( )

20. Bei der Wahl des optimalen Produktionsverfahrens (Verfahrenswahl)
    a) sind immer nur variable Kosten entscheidungsrelevant; ( )
    b) sind immer nur fixe Kosten entscheidungsrelevant; ( )
    c) sind variable Kosten und (in manchen Entscheidungssituationen) zusätzlich fixe Kosten entscheidungsrelevant. ( )

21. Bei Entscheidungen über Eigenfertigung oder Fremdbezug
    a) ist bei kurzfristiger Betrachtung das kostenrechnerische Instrumentarium anzusetzen; ( )
    b) ist bei langfristiger Betrachtung das investitionsrechnerische Instrumentarium einzusetzen; ( )
    c) kommt man mit Hilfe der spezifischen Mehrkosten bei Produktionsverlagerung zum optimalen Ergebnis, wenn es sich um eine kurzfristige Planung mit einem einzigen Kapazitätsengpass handelt. ( )

22. Umsatzmaximierung bedeutet
    a) stets gleichzeitig Gewinnmaximierung; ( )
    b) Gewinnmaximierung, wenn ausschließlich fixe Kosten auftreten; ( )
    c) Gewinnmaximierung, wenn ausschließlich variable Kosten auftreten. ( )

23. Die langfristige Preisuntergrenze
    a) ist der Preis, der nach dem Vollkostenprinzip gebildet wird; ( )
    b) ist der Preis, der nach dem Teilkostenprinzip gebildet wird; ( )
    c) darf im praktischen Fall niemals unterschritten werden, da sonst Verluste drohen. ( )

24. Die stufenweise Fixkostendeckungsrechnung
    a) ist nur im Industrieunternehmen anwendbar; ( )
    b) ist nur im Handelsunternehmen anwendbar; ( )
    c) ist branchenunabhängig anwendbar. ( )

25. Teilkosten sind
   a) nach Kostenarten gegliederte Kosten; ( )
   b) nach Kostenstellen gegliederte Kosten; ( )
   c) von den Gesamtkosten nach bestimmten Kriterien abgetrennte Kostenteile. ( )

26. Die Teilkostenrechnung
   a) kennt keine Kostenartenrechnung; ( )
   b) kennt keine Kostenstellenrechnung; ( )
   c) verrechnet bestimmte Kostenteile nicht auf die Kostenträger. ( )

27. Die Deckungsbeitragsrechnung
   a) spaltet alle Kosten in fixe und beschäftigungsvariable auf; ( )
   b) ermöglicht einen im Vergleich zur Vollkostenrechnung besseren Einblick in die Gewinnsituation der Produkte, Produktgruppen und Bereiche; ( )
   c) ermöglicht die Ermittlung von kurzfristigen Preisuntergrenzen. ( )

Lösung auf Seite 235.

10. Kurzantworten und Kurzlösungen

(Die linke Ziffer gibt jeweils die Kapitelnummer wieder)

Kapitel 1

1.1

Fixkosten sind meist gleichzeitig Gemeinkosten. Gemeinkosten sind definiert als Kosten, die man einem Erzeugnis nicht direkt zurechnen kann. Die Verrechnung von fixen Gemeinkosten auf die einzelnen Erzeugnisse kann nur willkürlich und damit fehlerhaft sein. Außerdem hat die Verrechnung von Fixkosten auf die Produkte die kuriose Folge, dass ein Unternehmer bei hoher Nachfrage (= geringe anteilige Fixkosten) eher niedrigere Preise und bei geringer Nachfrage (= hohe anteilige Fixkosten) eher höhere Preise verlangen müsste.

1.2

Fixkosten sind zwar im Regelfall gleichzeitig Gemeinkosten. Jedoch gibt es auch fixe Einzelkosten, etwa kalkulatorische Abschreibungen und kalkulatorische Zinsen für eine Spezialmaschine, die nur der Fertigung einer bestimmten Produktart dient.

1.3

Kostenträgergemeinkosten können nicht verursachungsgerecht auf die einzelnen Produkte verteilt werden, da das Definitionsmerkmal der Kostenträgergemeinkosten darin besteht, dass diese den einzelnen Erzeugnissen nur mittels Schlüsselung zurechenbar sind.

1.4

Der Anteil der Gemeinkosten an den Gesamtkosten steigt laufend. Damit steigt auch die Höhe der Gemeinkostenzuschläge, so dass im Laufe der Zeit astronomische Zuschlagssätze erreicht werden können.

1.5

a) Der absolute Stückdeckungsbeitrag einer Produkteinheit ist definiert als Differenz zwischen dem Verkaufspreis der Produkteinheit und den auf sie entfallenden variablen Stückkosten.

b) Gegeben ist die Kostenfunktion $K = 100 + 60\,x$. Dann erhält man folgende Verläufe der Gesamtkosten K, der variablen Kosten K_v, der variablen Stückkosten k_v und der Grenzkosten K':

x (LE/Mon)	K (€/Mon)	K_v (€/Mon)	k_v (€/LE)	K' (€/LE)
1	160	60	60	60
2	220	120	60	60
3	280	180	60	60
4	340	240	60	60
5	400	300	60	60

Die Grenzkosten K' ergeben sich als erste Ableitung der Kostenfunktion (K' = dK/dx) und stellen deren Steigung dar. Sie sind bei linearem Verlauf konstant.

Die variablen Stückkosten erhält man, indem man die gesamten variablen Kosten durch die Menge dividiert ($k_v = K_v/x$). Sie sind bei proportionalem Verlauf der variablen Kosten ebenfalls konstant und stimmen mit den Grenzkosten überein.

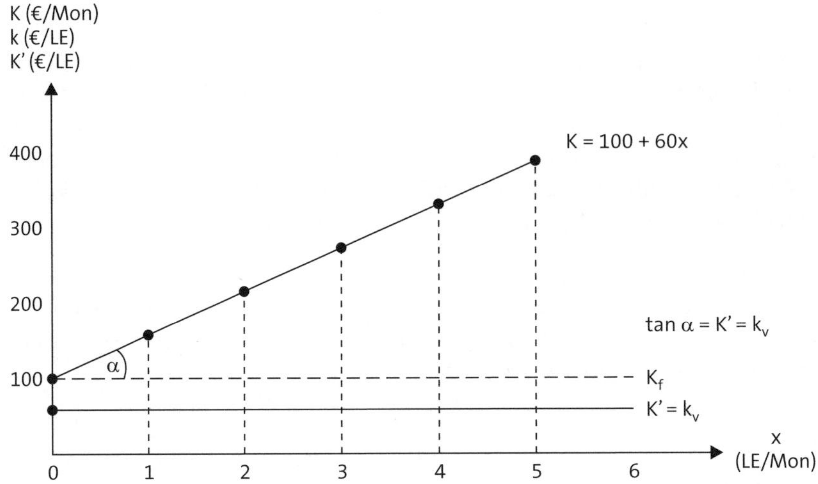

1.6

Der Wert des absoluten Stückdeckungsbeitrages gibt an, wie viele Geldeinheiten jede Produkteinheit zur Deckung des Fixkostenblockes erbringt. Ist der Fixkostenblock bereits gedeckt, dann gibt der Deckungsbeitrag an, wie viele Geldeinheiten jede Produkteinheit zur Gewinnerzielung beiträgt.

Bei positivem absoluten Stückdeckungsbeitrag ist eine Produktionsausdehnung lohnend. Die Mehrproduktion wird jedoch begrenzt durch die absatz- und sortimentspolitisch begründeten Höchstmengen, die nicht überschritten werden dürfen, weil sonst ein Preisverfall droht.

Bei negativem absoluten Stückdeckungsbeitrag ist eine Produktionseinschränkung (im Idealfall eine Nullproduktion) vorteilhaft. Die Produktionseinschränkung wird jedoch begrenzt durch die absatz- und sortimentspolitisch begründeten Mindestmengen, die nicht unterschritten werden dürfen.

1.7

Den Gesamtdeckungsbeitrag einer Produktart oder Sorte erhält man, indem man den Stückdeckungsbeitrag mit der Stückzahl multipliziert. Es gilt also:

$$D = d \cdot x$$

1.8

Der relative Deckungsbeitrag eines Erzeugnisses (einer Produktart oder Sorte) ergibt sich, indem man den Stückdeckungsbeitrag (den Sortendeckungsbeitrag) auf den Stückpreis (den Umsatz der Produktart) bezieht. Es gilt also:

$$d_r = \frac{d}{p} \qquad \text{und} \qquad D_r = \frac{D}{U}$$

Die Kenntnis dieser Werte ist im Fall der wertmäßig begrenzten Nachfrage von Nutzen.

1.9

Aus der Summe von variablen Stückkosten und Plandeckungsbeitrag ergibt sich der Planpreis, den der Verkäufer kennen muss, wenn er ein Erzeugnis absetzen will. Als Widerstandslinie gegen zu hohe und für den Betrieb schädliche Preiszugeständnisse von Seiten der Außendienstmitarbeiter ist ein Mindestdeckungsbeitrag vorzugeben, der nicht ohne Grund unterschritten werden darf und dessen Nichterreichung Konsequenzen nach sich zieht. Eine der Konsequenzen kann finanzieller Natur sein, falls die Entlohnung der Verkäufer eine leistungsabhängige ist. Es bietet sich dann an, eine Deckungsbeitragsprovision zu bezahlen, deren praktische Bedeutung darin liegt, dass die Interessenlage des Außendienstlers und des Betriebes zur Übereinstimmung gebracht wird: Beide streben Maximierung des Gesamtdeckungsbeitrages an.

1.10

a) Die Bestimmungsgleichung zur Ermittlung des Preises lautet: $p = k + 0{,}05\ k$.

b)

Boom ($x = 250$) $\rightarrow$

$$K = 100 + 2 \cdot 250 = 600 \text{ (€/Periode)}$$

$$k = \frac{K}{x} = \frac{600}{250} = 2{,}40 \text{ (€/Stück)}$$

$$p = 2{,}40 + 0{,}12 = 2{,}52 \text{ (€/Stück)}$$

Rezession ($x = 100$) $\rightarrow$

$$K = 100 + 200 = 300 \text{ (€/Periode)}$$

$$k = \frac{K}{x} = \frac{300}{100} = 3{,}00 \text{ (€/Stück)}$$

$$p = 3{,}00 + 0{,}15 = 3{,}15 \text{ (€/Stück)}$$

Das Rechenergebnis (hohe Verkaufspreise in der Rezession und niedrige im Boom) widerspricht dem üblichen unternehmerischen Verhalten. Dieses besteht darin, im Boom eher höhere und in der Rezession eher niedrige Preise zu setzen. Außerdem bilden sich Preise in der Marktwirtschaft nicht dadurch, dass man Kosten kalkuliert, sondern als Ergebnis von Angebot und Nachfrage.

1.11

Staub-sauger	p (€/St)	k_v (€/St)	d (€/St)	d_r (%)	x (St/Per)	D (€/Sorte)	D_r (%)
A	790	690	100	12,66	3.000	300.000	12,66
B	510	460	50	9,80	11.000	550.000	9,80
C	230	200	30	13,04	90.000	2.700.000	13,04

Rang	Favoritenliste nach							
	Stückdeckungsbeitrag				Stückdeckungsbeitrag			
	absolut		absolut		absolut		absolut	
	Pro-dukt	Wert	Pro-dukt	Wert	Pro-dukt	Wert	Pro-dukt	Wert
1.	A	100	C	13,04	C	2.700.000	C	13,04
2.	B	50	A	12,66	B	550.000	A	12,66
3.	C	30	B	9,80	A	300.000	B	9,80

Im gegebenen Fall sind also mehrere Rangfolgen denkbar, je nachdem, welche Entscheidungsregel man zugrunde legt. Die Frage, an welcher Favoritenliste der Betrieb seine Entscheidung ausrichten soll, kann nicht generell im Sinne eines Patentrezeptes beantwortet werden. Um zu einer Entscheidung zu gelangen, sind vielmehr alle Favoritenlisten heranzuziehen, wobei in jedem Einzelfall geprüft werden muss, ob die betriebliche Gewinnsituation eher durch eine Förderung der Produkte nach den Stückdeckungsbeiträgen (absolut oder relativ) oder nach den Gesamtdeckungsbeiträgen verbessert werden kann.

1.12

a)

$$k_v = \frac{110.000 - 95.000}{18.000 - 15.000} = \frac{15.000}{3.000} = 5\,€/x$$

b) $K_f = K - K_v = 110.000 - (18.000 \cdot 5) = 20.000$ €/Monat

oder:

$K_f = 95.000 - (15.000 \cdot 5) = 20.000$ €/Monat

c) $K = 20.000 + 5\,x$

d) $d = p - k_v = 8 - 5 = 3$ €

e)

$$\text{Break-even-Menge} = \frac{\text{Fixkosten}}{d} = \frac{20.000}{3} = 6.667 \text{ Stück}$$

f)

$$\text{Langfristige Preisuntergrenze} = k = \frac{95.000}{15.000} = 6{,}33\,€$$

g) Dies ist die kurzfristige Preisuntergrenze $p_{ku} = k_v = 5\,€$; das Unternehmen macht einen Verlust in Höhe der Fixkosten.

Empfehlung: Weiterproduzieren und anbieten, so lange die Fixkosten gestundet bzw. aus Finanzreserven finanziert werden können!

h)

(1)

	Oktober	November
Umsatz	144.000	120.000
Kosten	110.000	95.000
Gewinn	34.000	25.000

(2) Basismonat Oktober, Berichtmonat November:

Mit sinkendem Absatz (von 100 % auf 72,22 %) sinkt der Umsatz stärker (von 100 % auf 83,33 %) als die Gesamtkosten (von 100 % auf „nur" 86,36 %), weil die Fixkosten nach wie vor 20.000 € betragen (und sich im November auf weniger Stücke verteilen): Der Gewinn muss c. p. sinken!

i) 75 % entsprechen 15.000 Stück

100 % entsprechen 20.000 Stück

Gewinn = Umsatz - Kosten = $20.000 \cdot 8 - (20.000 + 20.000 \cdot 5)$

Gewinn = 160.000 - 120.000 = 40.000 €

1.12

Der Verwaltungsleiter hat Unrecht: Mit steigendem Gemeinkostenanteil wächst der Umlagefehler bei Durchführung einer Vollkostenrechnung und damit die Notwendigkeit zur Einführung einer Deckungsbeitragsrechnung.

Kapitel 2

2.1

Ohne die Vorgabe von Höchstmengen bestünde die Gefahr, dass Produkte mit hohen Deckungsbeiträgen in solchen Mengen produziert und verkauft werden, dass Preiseinbrüche erfolgen, die aus dem ursprünglichen Gewinnbringer einen Verlustartikel machen.

2.2

Ein negativer Stückdeckungsbeitrag kann zeitweilig etwa bei Neueinführung eines Produktes in Kauf genommen werden. Daneben besteht auch die Möglichkeit, dass man einen negativen

Stückdeckungsbeitrag bewusst auf Dauer in Kauf nimmt, falls das betreffende Produkt produktions- oder verkaufsmäßig mit einem oder mehreren anderen Produkten im Zusammenhang gesehen werden muss (verbundene Produktion verbundene Nachfrage) und die betrachtete Produktgruppe als Ganzes einen positiven Deckungsbeitrag erbringt.

2.3

Betriebliche Beschäftigungssituation	Vorgehensweise bei der Programmoptimierung
freie Kapazitäten in allen betrieblichen Teilbereichen	Favoritenliste nach absoluten Stückdeckungsbeiträgen aufstellen
ein einziger betrieblicher Engpass	Favoritenliste nach spezifischen Deckungsbeiträgen aufstellen
mehrere betriebliche Engpässe	lineare Optimierungsrechnung (linear programming)

2.4

Der Satz ist falsch! Die Fixkosten können auch bei einer Teilkostenrechnung berücksichtigt, d. h. von der Summe der Deckungsbeiträge der Produkte abgezogen werden. Der Unterschied zwischen Voll- und Teilkostenrechnung liegt vielmehr in der Auswahl der Entscheidungsregel zur Förderung der Produkte: Bei der Vollkostenrechnung stützt man sich auf die Nettostückgewinne (die anteilige Fixkosten enthalten und von daher gewillkürt sind); bei der Teilkostenrechnung stützt man sich auf die Bruttostückgewinne (Stückdeckungsbeiträge).

2.5

a)

(1) Gewinn G_1 in der Vollkostenrechnung

Wecker	x (Stück/Monat)	g = p - k (€/Stück)	G (€/Sorte)
A	20.000	4	80.000
B	20.000	- 5	- 100.000
C	20.000	5	100.000
D	20.000	10	200.000
G_1 (€/Monat)			280.000

(2) Gewinn G_1 in der Teilkostenrechnung

Der Ausgangsgewinn lässt sich auch mit Hilfe der Bruttostückgewinne (Deckungsbeiträge je Stück) errechnen, indem man den Fixkostenblock von der Summe aller Deckungsbeiträge abzieht.

$K_f = (k_a - k_{va}) \cdot x_a + (k_b - k_{vb}) \cdot x_b + (k_c - k_{vc}) \cdot x_c + (k_d - k_{vd}) \cdot x_d$

$K_f = 11 \cdot 20.000 + 25 \cdot 20.000 + 5 \cdot 20.000 + 2 \cdot 20.000$

$K_f = 860.000$ (€/Monat)

Wecker	x (Stück/Monat)	$d = p - k_v$ (€/Stück)	D (€/Sorte)
A	20.000	15	300.000
B	20.000	20	400.000
C	20.000	10	200.000
D	20.000	12	240.000
D (€/Monat)			1.140.000
- Fixkosten (€/Monat)			- 860.000
G_1 (€/Monat)			280.000

b) Der Vollkostenrechner multipliziert die bisher erzielten Stückgewinne mit den neuen nach g optimierten Mengen.

Wecker	$g = p - k$ (€/Stück)	Favoritenliste (Rang) gemäß Vollkostenprinzip	x_{neu} (St/Monat)	G (€/Sorte)
A	4	3.	25.000	100.000
B	- 5	4.	15.000	- 75.000
C	5	2.	25.000	125.000
D	10	1.	25.000	250.000
Erwarteter Gewinn G_2 (€/Monat)				400.000

c) Der Teilkostenrechner multipliziert die bisher erzielten Deckungsbeiträge mit den neuen nach d optimierten Mengen.

Wecker	$d = p - k_v$ (€/Stück)	Favoritenliste (Rang) gemäß Vollkostenprinzip	x_{neu} (St/Monat)	D (€/Sorte)
A	15	2.	25.000	375.000
B	20	1.	25.000	500.000
C	10	4.	25.000	250.000
D	12	3.	25.000	300.000
Bruttogewinn				1.425.000
- Fixkosten				860.000
Erwarteter Gewinn G_3 (€/Monat)				565.000

d)

(1) Tatsächlicher Gewinn in der Teilkostenrechnung

Da sich die Deckungsbeiträge pro Stück bei einer Sortimentsänderung nicht verändern (Voraussetzung: linearer Kostenverlauf), ist der tatsächlich erreichte Gewinn mit dem erwarteten identisch.

(2) Tatsächlicher Gewinn in der Vollkostenrechnung

Da sich die Gewinne pro Stück bei einer Sortimentsänderung verändern, ist der tatsächlich erreichte Gewinn mit dem erwarteten nicht identisch. Der tatsächlich erreichte Gewinn lässt sich mit der Vollkostenrechnung nur im Nachhinein errechnen. Mit den Informationen der Teilkostenrechnung, die der Vollkostenrechner nicht hat, kann er auch im Voraus bestimmt werden.

Wecker	x_{neu} (St/Monat)	d (€/St)	D = d · x (€/Mon)
A	25.000	15	375.000
B	15.000	20	300.000
C	25.000	10	250.000
D	25.000	12	300.000
Bruttogewinn (€/Monat)			1.225.000
- Fixkosten (€/Monat)			860.000
Tatsächlicher Gewinn G_2 (€/Monat)			365.000

2.6

Die Nettostückgewinne kann man nur zur Gewinnermittlung in der Ausgangssituation verwenden, da die anteiligen Fixkosten pro Stück für die Mengen der einzelnen Produktarten in der Ausgangssituation angegeben sind. Verändert man im Zuge der Programmoptimierung die Mengen der einzelnen Produktarten, so ergeben sich bei Konstanz der Fixkosten je Produktart andere Fixkosten je Einheit: Bei Erhöhung der Produktionsmenge sinken die fixen Stückkosten, bei Mengenreduzierung steigen sie. Deshalb ist als Bestimmungsgleichung für die Gewinnermittlung jene zu wählen, bei der der Fixkostenblock als Ganzes zum Schluss abgezogen wird.

2.7

Produktlebenszyklus	Absoluter Stückdeckungsbeitrag d (€/Stück)
Einführung	$d < 0$
Wachstum	$d > 0$
Reife	$d > 0$
Sättigung	$d > 0$
Rückgang (Degeneration)	$d > 0$ später $d < 0$

Kapitel 3

3.1

Falls im Betrieb an einer beliebigen Stelle (Maschinen, Lager, Personal, Rohstoffe) ein Engpass vorliegt, ist darauf zu achten, dass der Engpasssektor so gut wie möglich genutzt wird. Die wirtschaftlich optimale Engpassnutzung setzt die Kenntnis des spezifischen Deckungsbeitrags voraus. Mit Hilfe des spezifischen Deckungsbeitrags (= Deckungsbeitrag je knapper Engpasskapazitätseinheit) meistert man in der Praxis die Situation, die durch das Vorliegen eines einzigen innerbetrieblichen Engpasses, häufig Flaschenhals genannt, gekennzeichnet ist. Sollten Sie gleichzeitig mehrere Engpässe zu bewältigen haben, liefert Ihnen das Rechnen mit spezifischen Deckungsbeiträgen keine Lösung, Sie müssten dann die in Kapitel 4 dargestellte lineare Optimierung einsetzen.

3.2

Der spezifische Deckungsbeitrag wird als Quotient des absoluten Stückdeckungsbeitrages einer Produkteinheit und der Engpassbelastung Produkteinheit ermittelt:

$$d_s = \frac{d}{e} = \frac{p - k_v}{e}$$

d = absoluter Stückdeckungsbeitrag (€/Stück)

e = Engpassbelastung durch eine Produkteinheit

d_s = spezifischer Deckungsbeitrag

Der spezifische Deckungsbeitrag eines Produktes gibt an, wie hoch der Deckungsbeitrag pro Kapazitätseinheit (Stunde, m^2, m^3, kg usw.) des Engpasssektors ist, falls das betreffende Produkt den Engpass beansprucht. Wenn ein Produkt mit d = 8 €/Stück 2 Engpassminuten benötigt, erbringt jede Engpassminute, die diesem Produkt gewidmet wird, den Bruttogewinn von 4 €.

3.3

Der spezifische Deckungsbeitrag kann auf jeden beliebigen Engpass bezogen werden. Wichtig ist, dass nur ein einziger Kapazitätsengpass vorliegt. Steht beispielsweise ein bestimmter Rohstoff nur begrenzt zur Verfügung, so ist das Programm unter Verwendung der Deckungsbeiträge der Produkte pro Rohstoffeinheit gewinnoptimal zusammenzustellen. Sind Arbeitskräfte knapp, so ist das Programm unter Berücksichtigung der knappen Arbeitskräfte bestmöglich zu gestalten, wozu man den Deckungsbeitrag der Produkte pro Arbeitsstunde benötigt. Wird die Lagerfläche zum Engpass, so ist der Deckungsbeitrag je Quadratmeter Lagerfläche zu ermitteln.

3.4

a)

Schüssel	x Absatzmenge (Stück/Monat) I	e Ölverbrauch (l/Stück) II	$E = e \cdot x$ Ölverbrauch (l/Produktart) III = I · II
A	1.000	1,5	1.500
B	2.000	1,0	2.000
C	4.000	0,4	1.600
gesamter Ölverbrauch Ausgangssituation (l/Monat):			5.100

Schüssel	d (€/Stück) I	x (Stück/Monat) II	$D = d \cdot x$ (€/Produktart) III = I · II
A	0,90	1.000	900
B	0,50	2.000	1.000
C	0,30	4.000	1.200
Bruttogewinn des Betriebes			3.100
- Fixkosten			1.000
Nettogewinn des Betriebes (€/Monat)			2.100

b) 1. Schritt: Ölverbrauch für Mindestmenge

Schüssel	x_{min} Mindestmenge (Stück/Monat)	e Ölverbrauch (l/Stück)	$E = e \cdot x_{min}$ Ölverbrauch (l/Produktart)
A	400	1,5	600
B	800	1,0	800
C	1.000	0,4	400
Ölverbrauch für Mindestmenge (l/Monat):			1.800

2. Schritt: Ermittlung der frei verfügbaren Ölmenge

Frei verfügbare Ölmenge: 4.000 - 1.800 = 2.200 (l/Monat)

3. Schritt: Einsatz der freien Ölmenge gemäß d_s

Schüssel	$d_s = d : e$ spezifischer Deckungsbeitrag (€/l)	Rangfolge
A	0,90 : 1,5 = 0,60	2.
B	0,50 : 1,0 = 0,50	3.
C	0,30 : 0,4 = 0,75	1.

Die frei verfügbare Ölmenge wird nach Maßgabe der durch die spezifischen Deckungsbeiträge bestimmten Rangfolge verbraucht, zunächst also zugunsten des Produktes C, das den höchsten spezifischen Deckungsbeitrag aufweist.

Schüssel	zusätzliche Produktion (Stück/Monat)	Ölverbrauch Zusatzproduktion (l/Monat)	freie Ölmenge (l/Monat)
			2.200,0
C	5.000	2.000,0	200,0
A	133	199,5	0,5
B	0	0,0	0,5

Neues Produktionsprogramm	Deckungsbeitrag je Produktart
x_a = 533 (Stück/Monat)	0,9 · 533 = 479,70
x_b = 800 (Stück/Monat)	0,5 · 800 = 400,00
x_c = 6.000 (Stück/Monat)	0,3 · 6.000 = 1.800,00
Bruttogewinn des Betriebes	2.679,70
- Fixkosten	1.000,00
Nettogewinn des Betriebes (€/Monat)	1.679,70

3.5

Produkt	d (€/Stück)	e Zinkverbrauch (kg/Stück)	$d_s = d : e$ (€/kg)	Rang
Ganzzinkgefäße	0,40	2,0	0,20	3.
feuerverzinkte Gefäße	0,30	0,4	0,75	2.
galvanisch verzinkte Gefäße	0,20	0,2	1,00	1.

Das Unternehmen sollte zur Maximierung der Deckungsbeitragssumme zunächst galvanisch verzinkte Gefäße produzieren. Davon lassen sich 10.000 Stück verkaufen. Zinkverbrauch: 0,2 · 10.000 = 2.000 kg; Rest: 800 kg. Diesen Rest nutzen Sie am besten durch die Erstellung feuerverzinkter Gefäße, mit denen der zweitgrößte spezifische Deckungsbeitrag je Kilogramm Zink erzielt wird. Sie können davon 800 : 0,4 = 2.000 Stück produzieren; so dass die Höchstgrenze von 2.500 Stück nicht überschritten wird.

Nettogewinn = 0,2 · 10.000 + 0,3 · 2.000 - 1.000 = 1.600 (€/Monat).

3.6

a) Stückpreise und Nettoergebnis in der Ausgangssituation

Da im vergangenen Monat alle produzierten Bürsten auch abgesetzt wurden, ergeben sich die folgenden Stückpreise p_a, p_b und p_c:

$$p_a = \frac{\text{Erlös}}{\text{Menge}} = \frac{24.000}{6.000} = 4 \text{ (€/Bürste)}$$

$$p_b = \frac{\text{Erlös}}{\text{Menge}} = \frac{15.000}{1.500} = 10 \text{ (€/Bürste)}$$

$$p_c = \frac{\text{Erlös}}{\text{Menge}} = \frac{22.500}{7.500} = 3 \text{ (€/Bürste)}$$

Das Nettoergebnis der Borste KG errechnet sich wie folgt:

Erlöse	61.500 (€/Monat)
- variable Materialkosten	22.200 (€/Monat)
- variable Fertigungskosten	9.075 (€/Monat)
- variable Verwaltungs- und Vertriebskosten	6.375 (€/Monat)
- Fixkosten	15.000 (€/Monat)
= Nettoergebnis	8.850 (€/Monat)

b) Definition unterschiedlicher Deckungsbeiträge

Deckungsbeitrag pro Leistungseinheit (Stückdeckungsbeitrag) ist die Differenz zwischen Stückpreis p und variablen Stückkosten k_v ($d = p - k_v$). Der Stückdeckungsbeitrag d gibt an, um wie viel € der Gewinn steigt oder der Verlust sinkt, wenn eine zusätzliche Leistungseinheit produziert und verkauft wird.

Deckungsbeitrag pro Produktart (oder Sorte) ist die Differenz zwischen dem Umsatz U der Produktart und den der betreffenden Sorte zurechenbaren variablen Kosten K_v ($D = U - K_v$). Der Sortendeckungsbeitrag gibt an, wie viel € die jeweilige Produktart zum Unternehmensergebnis beisteuert.

Deckungsbeitrag der Gesamtunternehmung ist der Bruttogewinn, d. h. der Gewinn vor Abzug des Blocks der fixen Kosten. Er ergibt sich aus der Gesamtsumme der Deckungsbeiträge aller verkauften Güter.

Für die Borste KG gelten folgende Werte:

Bürste	p I	k_v (€/St) II	$d = p - k_v$ III = I - II	x (St/Mon) IV	$D = d \cdot x$ (€/Mon) V = III · IV
A	4	1,50	1,50	6.000	9.000
B	10	6,35	3,65	1.500	5.475
C	3	1,75	1,25	7.500	9.375
Bruttogewinn = Summe aller Deckungsbeiträge					23.850 €/Mon

c) Kurz- und langfristige Preisuntergrenze

Preisuntergrenze ist der Mindestpreis einer betrieblichen Leistung, bei dem sich Produktion und Verkauf dieser Leistung eben noch lohnen.

Kurzfristig ist die Preisuntergrenze durch die variablen Stückkosten gegeben. Sinkt der Marktpreis für die Leistungseinheit unter die variablen Stückkosten, so ist die Produktion sofort einzustellen, da nicht einmal die bei Produktionsverzicht vermeidbaren variablen Kosten im Verkaufsfall erwirtschaftet werden.

Langfristig ist die Preisuntergrenze durch die gesamten Stückkosten gegeben, d. h. langfristig muss die Leistungseinheit neben ihren variablen Stückkosten auch die ihr zurechenbaren fixen Kosten erbringen. Bei der Mehrproduktunternehmung ist die verursachungsgerechte Zurechnung der Fixkosten auf die einzelnen Produkte oft nicht möglich, da die fixen Kosten überwiegend Gemeinkostencharakter haben. Man fordert dann, dass die über die variablen Kosten hinaus erzielten Deckungsbeiträge der Produkte in ihrer Summe langfristig die Fixkosten der Unternehmung zu decken haben.

Für die kurzfristige Preisuntergrenze PUG der Borste KG gilt:

Bürste A: PUG = k_{va} = 2,50 (€/St)

Bürste B: PUG = k_{vb} = 6,35 (€/St)

Bürste A: PUG = k_{vc} = 1,75 (€/St)

d) Ermittlung der Fertigungszeiten

Bürste	Stückzeit t (Min/St) I	Menge x (St/Mon) II	Gesamtzeit $T = t \cdot x$ (Min/Mon) III = I · II
A	40	6.000	240.000
B	80	1.500	120.000
C	20	7.500	150.000
Fertigungsminuten pro Monat			510.000 (Min/Mon)
Fertigungsstunden pro Monat			8.500 (Std/Mon)

e) Zusatzproduktion und neuer Nettogewinn

verfügbare Fertigungsstunden:	10.000 (Std/Mon)
benötigte Fertigungsstunden:	8.500 (Std/Mon)
noch freie Fertigungsstunden:	1.500 (Std/Mon)
noch freie Fertigungsminuten:	90.000 (Min/Mon)

Die freie Kapazität von 90.000 Min/Mon wird am besten in der Weise genutzt, dass man jene Bürste vermehrt produziert, die pro Maschinenminute am meisten bringt, d. h. den höchsten spezifischen Deckungsbeitrag aufweist. Dazu sind zunächst die Werte der spezifischen Deckungsbeiträge zu errechnen:

Bürste	d (€/St) I	t (Min/St) II	$d_s = d : t$ (€/Min) III = I : II	Rang
A	1,50	40	0,037500	3.
B	3,65	80	0,045625	2.
C	1,25	20	0,062500	1.

Bürste C weist den höchsten spezifischen Deckungsbeitrag auf. Man kann die noch freien 90.000 Min/Mon am besten nutzen, indem man zusätzlich 90.000 : 20 = 4.500 Einheiten C erstellt. Der monatliche Gewinn erhöht sich dadurch um 4.500 · 1,25 = 5.625 €. Die neuen Gewinnwerte betragen:

G_{brutto} = 8.850 + 15.000 + 5.625 = 29.475 (€/Mon)

G_{netto} = 29.475 - 15.000 = 14.475 (€/Mon)

f) Programm und Gewinn bei Höchst- und Mindestabsatzmengen

(1) Man errechnet zunächst die Maschinenzeit, die für die Erstellung der Mindestmengen x_{min} benötigt wird.

Bürste	x_{min} (St/Mon) I	t (Min/St) II	$T = t \cdot x_{min}$ (Min/Mon) III = I · II
A	4.200	40	168.000
B	1.200	80	96.000
C	4.800	20	96.000
Zeit für x_{min}:			360.000

(2) Von der gesamten Maschinenzeit bleibt somit noch frei verfügbar:

600.000 - 360.000 = 240.000 (Min/Mon)

(3) Die frei verfügbare Maschinenzeit von 240.000 Min/Mon wird am besten (zweitbesten, drittbesten) genutzt durch C (B, A), weil der spezifische Deckungsbeitrag von C (B, A) am

höchsten (zweithöchsten, dritthöchsten) ist. Somit sollte man zunächst versuchen, von C die Höchstmenge zu produzieren; ist danach noch Kapazität frei, sollte man von B, danach von A die Höchstmenge erstellen.

Bürste	freie Kapazität (Min/Mon)	zusätzliche Menge (St/Mon)	Stückzeit t (Min/St)	benötigte Zeit (Min/Mon)
A	240.000	9.200	20	184.000
B	56.000	600	80	48.000
C	8.000	200	40	8.000

Für das neue Programm x_{neu} und die neuen Gewinne gilt somit:

Bürste	x_{neu} (St/Monat)	d (€/St)	$D = d \cdot x_{neu}$ (€/Mon)
A	4.400	1,50	6.600
B	1.800	3,65	6.570
C	14.000	1,25	17.500
Bruttogewinn			30.670
- Fixkosten			15.000
Nettogewinn (€/Monat)			15.670

Kapitel 4

4.1

Begriff	Definition	Beispiel
unabhängige Produktion	Produkte werden nebeneinander erstellt, ohne dass ein dauerhafter Produktionsfaktor gemeinsam benutzt wird.	Bier- und Backpulverproduktion bei Oetker, Wasser-, Gas- und Stromlieferungen durch Stadtwerke.
gemeinsame Produktion	Bei Fertigung mehrerer Produkte wird mindestens ein dauerhafter Produktionsfaktor gemeinsam benutzt.	Fertigung von Stahlblechen verschiedener Dicke im Walzwerk, Bedrucken von Stoffen mit unterschiedlichen Mustern in Textilfabrik.
Kuppelproduktion	Mit technischer Notwendigkeit fallen gleichzeitig mehrere Produkte an.	Wolle und Schaffleisch, Benzin und Öle.

4.2

Als Isogewinlinie (Isodeckungsbeitragslinie) bezeichnet man jene Gerade, die die Mengenkombinationen x_a/x_b enthält, welche denselben Gewinn (dieselbe Deckungsbeitragssumme) abwerfen. Die wesentlichen Eigenschaften der Isogewinnlinien eines Betriebes sind:

a) Je weiter entfernt vom Ursprung eine Isogewinnlinie verläuft, desto höher ist der Gewinn.

b) Bei einer Abstandsverdopplung ergibt sich ein doppelt so hoher Gewinn.

c) Isogewinnlinien verlaufen parallel und haben die Steigung - d_a/d_b.

4.3

a)

Maschine	t_a (Std/Stück)	t_b (Std/Stück)	T (Std/Monat)	Kapazitätslinie
1	3	4	240	$3\ x_a + 4\ x_b = 240$
2	6	3	300	$6\ x_a + 3\ x_b = 300$
3	-	5	250	$5\ x_b = 250$

b) Aus den tabellarisch zusammengestellten Daten des Betriebes folgt, dass die Maschine 1 zur Produktion von A und B eingesetzt wird. Gleiches gilt für die Maschine 2. Die dritte Maschine dagegen findet nur für die Endfertigung von B Verwendung. Somit lässt sich der Produktionsablauf schematisch folgendermaßen darstellen:

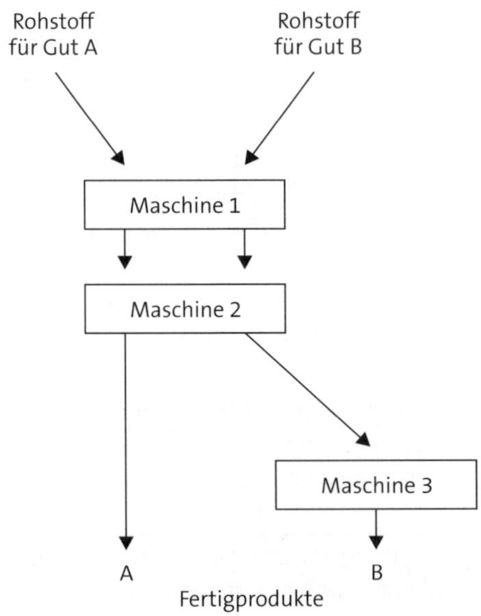

c) Die Kapazitätslinie des Betriebes ist der folgenden Abbildung zu entnehmen (Linienzug $E_1E_2E_3E_4$).

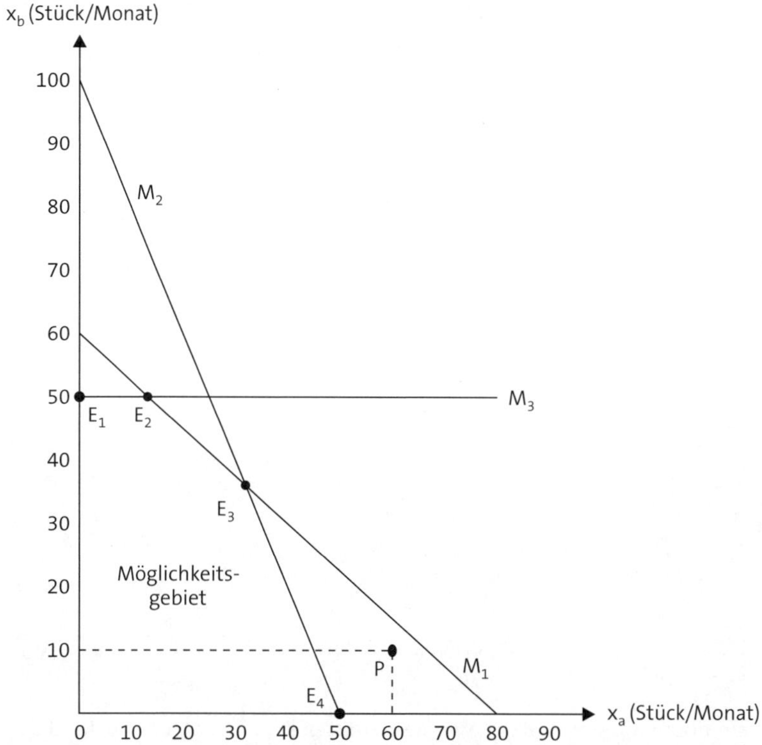

d) Die Kombination $x_a = 60$ und $x_b = 10$ liegt außerhalb des Möglichkeitsgebietes und ist nicht realisierbar, weil Maschine 2 eine derartige Kombination nicht zulässt. P liegt außerhalb des Möglichkeitsgebietes von Maschine 2.

4.4

a) Die Isogewinnlinien für die verschiedenen Gewinne sind in der folgenden Abbildung dargestellt.

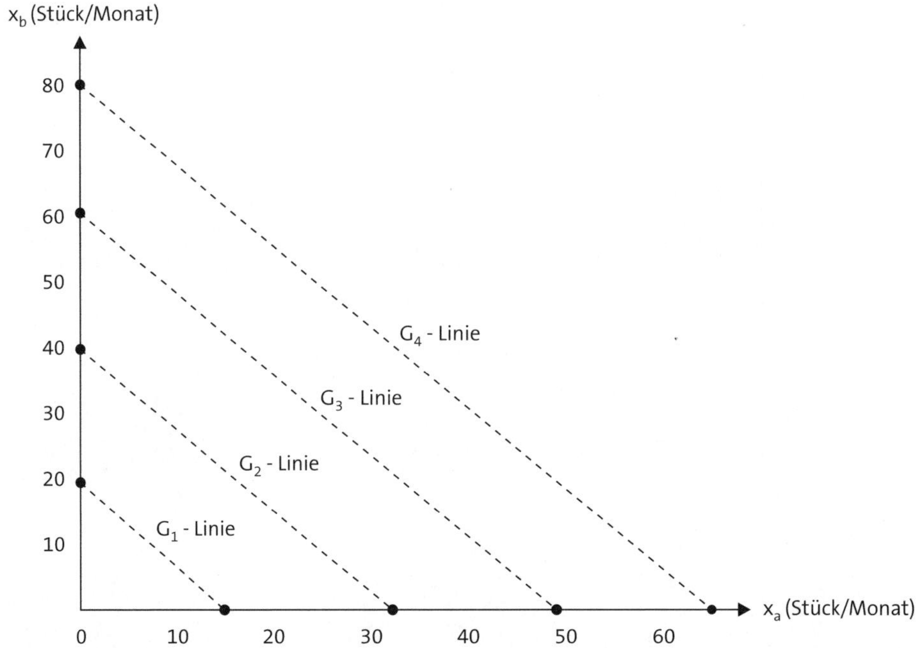

b) Bei einer Verdopplung des Bruttogewinnes verdoppelt sich auch der Abstand der Isogewinnlinien vom Ursprung. Eine Bruttogewinnverdopplung sieht man bei G_1 und G_2 sowie bei G_2 und G_4.

4.5

a) Die Grafik zeigt das Möglichkeitsgebiet und die Isogewinnlinien.

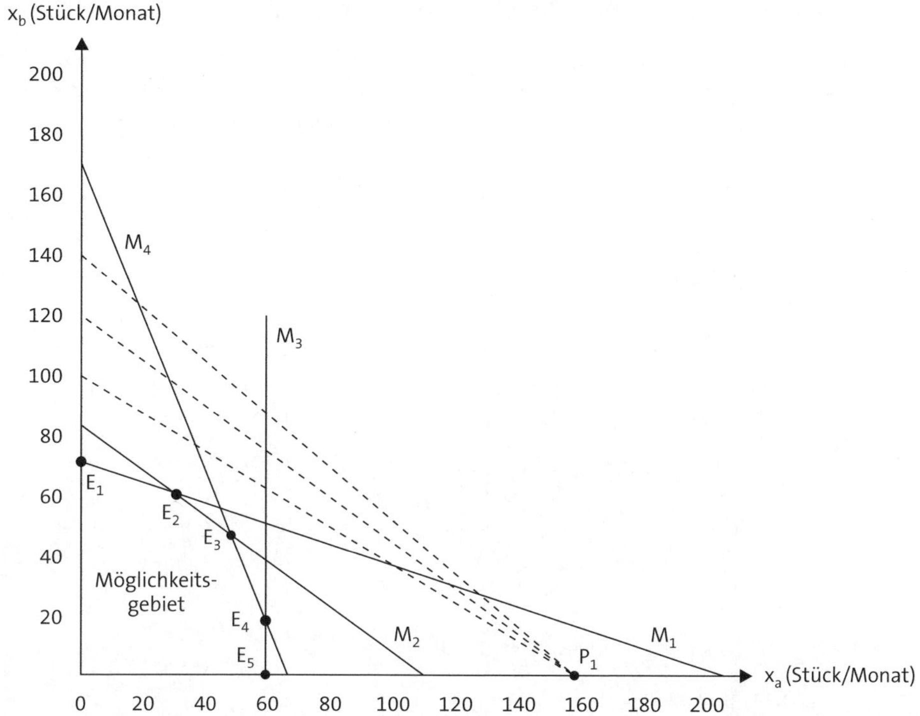

Man erkennt, dass in der Ausgangssituation (d_a = 12 und d_b = 16) die mittlere Isogewinnlinie Gültigkeit hat. Sie verläuft parallel zur Kapazitätslinie der Maschine 2, was man auch rechnerisch nachweisen kann, indem man die Steigung der Kapazitätslinie von Maschine 2 ($- t_a/t_b = - 3/4$) mit der der Isogewinnlinie ($- d_a/d_b = - 12/16 = - 3/4$) vergleicht. Somit sind alle x_a/x_b-Kombinationen auf der Strecke E_2E_3 gewinnoptimal. Greifen wir etwa E_3 heraus, so ergibt sich nach Kopplung der Gleichungen M_2 und M_4:

Programm: $x_a = 50$; $x_b = 45$

Gewinn: $G_{br} = 12 \cdot 50 + 16 \cdot 45 = 1.320$ (€/Monat)

b) Steigt der A-Deckungsbeitrag auf 14 €/Stück, so verläuft die neue Isogewinnlinie steiler. Sie hat dann die Steigung - 14/16. Optimal ist dann die Ecke E_3 mit $x_a = 50$ und $x_b = 45$. Als Bruttogewinn erhält man:

$$G_{br} = 14 \cdot 50 + 16 \cdot 45 = 1.420 \text{ (€/Monat)}$$

Sinkt der A-Deckungsbeitrag auf 10 €/Stück, so verläuft die neue Isogewinnlinie flacher. Sie hat dann die Steigung - 10/16. Optimal ist die Ecke E_2 mit $x_a = 30$ und $x_b = 60$ (folgt aus M_1 und M_2). Der Bruttogewinn beträgt:

$$G_{br} = 10 \cdot 30 + 16 \cdot 60 = 1.260 \text{ (€/Monat)}$$

c) Es gilt: $d_a = 12$ und $d_b = 16$ (€/St).

Optimal ist E_3 (50/45).

(1) Mindest- und Höchstwert für d_a bei d_b = const = 16 (€/St)

Mindestwert: Die Isogewinnlinie (IGL) dreht sich bei abnehmendem d_a um P_1 und verläuft flacher. E_3 ist dann gerade noch optimal, wenn die Steigung der Kapazitätslinie M_2 mit der Steigung der neuen (gedrehten) Isogewinnlinie übereinstimmt. Somit gilt:

$$\left.\begin{aligned}\text{Steigung } M_2 &= -\frac{t_a}{t_b} = -\frac{3}{4}\\ \text{Steigung IGL} &= -\frac{d_a}{d_b} = -\frac{d_a}{16}\end{aligned}\right\} \frac{d_a}{16} = \frac{3}{4} \longrightarrow d_a = 12 \text{ (€/St)}$$

Höchstwert: Die IGL dreht sich bei zunehmendem d_a bei d_b = const = 16 €/St um P_1 und verläuft steiler. E_3 ist dann gerade noch optimal, wenn die Steigung der Kapazitätslinie M_4 mit der Steigung der neuen (gedrehten) IGL übereinstimmt. Somit gilt:

$$\left.\begin{aligned}\text{Steigung } M_4 &= -\frac{t_a}{t_b} = -\frac{5}{2}\\ \text{Steigung IGL} &= -\frac{d_a}{d_b} = -\frac{d_a}{16}\end{aligned}\right\} \frac{d_a}{16} = \frac{5}{2} \longrightarrow d_a = 40 \text{ (€/St)}$$

(2) Mindest- und Höchstwert für d_b bei d_a = const = 12 (€/St)

$$\left.\begin{aligned}\text{Steigung } M_4 &= -\frac{5}{2}\\ \text{Steigung IGL} &= -\frac{14}{d_b}\end{aligned}\right\} \frac{5}{2} = \frac{12}{d_b} \longrightarrow d_b = 4{,}80 \text{ (€/St)} \qquad \text{Mindestwert}$$

$$\left.\begin{aligned}\text{Steigung } M_2 &= -\frac{3}{4}\\ \text{Steigung IGL} &= -\frac{14}{d_b}\end{aligned}\right\} \frac{3}{4} = \frac{12}{d_b} \longrightarrow d_b = 16{,}00 \text{ (€/St)} \qquad \text{Höchstwert}$$

4.6

a)

Höchstwert k_{va}

Steigung Isogewinnlinie	=	Steigung Kapazitätslinie
$-\frac{d_a}{d_b}$	=	$-\frac{t_a}{t_b}$
$\frac{180 - k_{va}}{120}$	=	$\frac{3}{6}$
k_{va}	=	120 (T€/St)

Mindestwert k_{va}

Steigung Isogewinnlinie	=	Steigung Kapazitätslinie
$-\frac{d_a}{d_b}$	=	$-\frac{t_a}{t_b}$
$\frac{180 - k_{va}}{120}$	=	$\frac{4}{3}$
k_{va}	=	20 (T€/St)

Höchstwert k_{vb}

Steigung Isogewinnlinie	=	Steigung Kapazitätslinie
$-\frac{d_a}{d_b}$	=	$-\frac{t_a}{t_b}$
$\frac{90}{200 - k_{vb}}$	=	$\frac{4}{3}$
k_{vb}	=	132,5 (T€/St)

Mindestwert k_{vb}

Steigung Isogewinnlinie	=	Steigung Kapazitätslinie
$-\frac{d_a}{d_b}$	=	$-\frac{t_a}{t_b}$
$\frac{90}{200 - k_{vb}}$	=	$\frac{3}{6}$
k_{vb}	=	20 (T€/St)

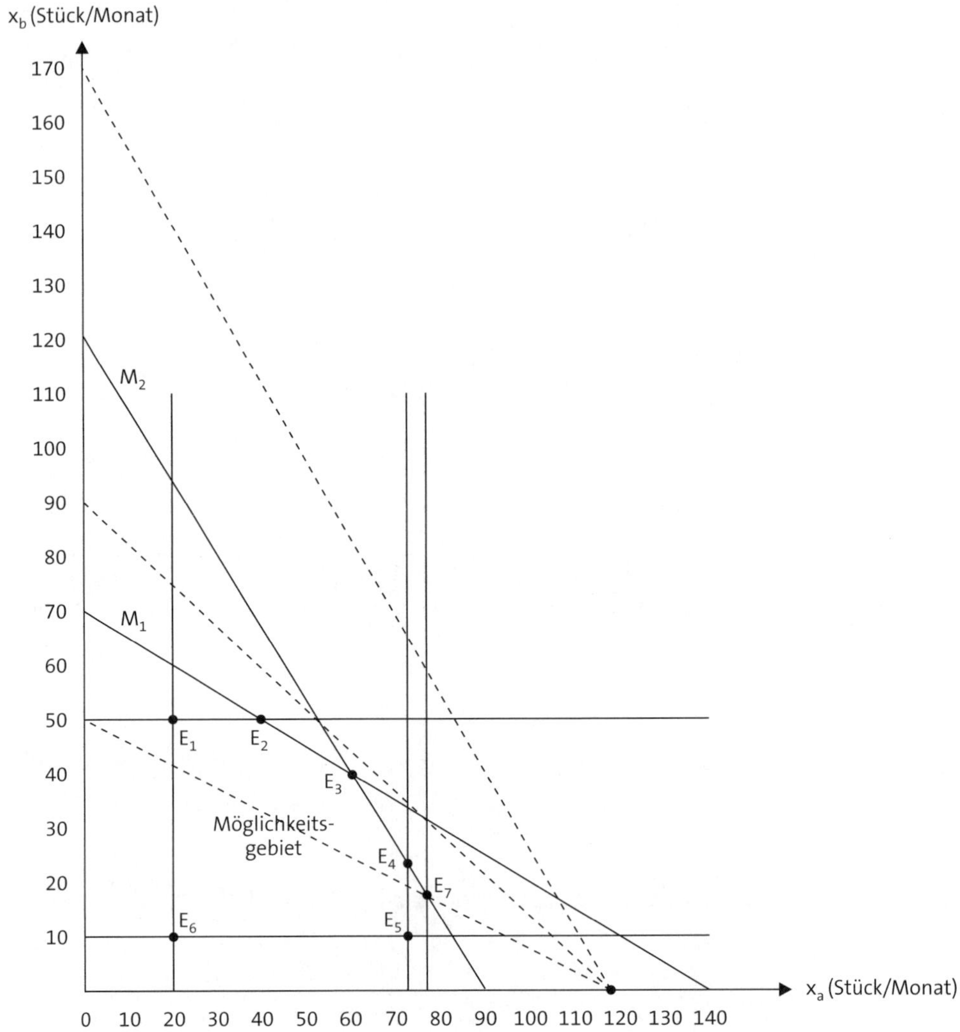

b) Sinkt der Deckungsbeitrag von A auf 50 T€/Stück, ist in die Abbildung eine neue Isogewinnlinie mit der Steigung von - 50/120 einzuzeichnen. Die Rechnung ergibt, dass in der neuen Situation die Ecke E_2 mit $x_a = 40$ und $x_b = 50$ optimal ist. Der Bruttogewinn beträgt:

$$G_{br} = 50 \cdot 40 + 120 \cdot 50 = 8.000 \text{ (T€/Monat)}$$

c) Stehen die Spezialventile zur Produktion von Alu-Tanks in beliebiger Menge zur Verfügung, entfällt die Restriktion $x_a \leq 75$ (Rohstoffengpass). Sie wird durch $x_a \leq 80$ ersetzt. Ein Blick in die Zeichnung lässt vermuten, dass die Isogewinnlinie mit $d_a = 170$ und $d_b = 120$ parallel zur Kapazitätslinie M_2 verläuft. Dann wären alle Mengenkombinationen auf der Strecke E_3E_7 optimal. Überprüft man diese Parallelitätsvermutung mit Hilfe des Steigungsvergleichs zeigt sich aber, dass die Isogewinnlinie steiler verläuft als M_2:

$$\text{Steigung Isogewinnlinie} = -d_a/d_b = -\frac{170}{120} = -1{,}41\overline{6}$$

$$\text{Steigung Kapazitätslinie} = -t_a/t_b = -\frac{120}{90} = -\ 1{,}3\overline{3}$$

Optimal ist ausschließlich E_7. Die Rechnung ergibt für E_7: $x_a = 80$ und $x_b = 13{,}3\overline{3}$.
Der Bruttogewinn beträgt:

$$G_{br} = 170 \cdot 80 + 120 \cdot 133{,}3\overline{3} = 15.200 \text{ (T€/Monat)}.$$

d)

(1) $d_a = 58$ (T€/Tank), $d_b = 120$ (T€/Tank)

→ IGL flacher als Kapazitätslinie M_1, somit ist E_2 optimal.

Programm: $x_a = 40$ (Tanks/Monat), $x_b = 50$ (Tanks/Monat).

(2) $d_a = 90$ (T€/Tank), $d_b = 65$ (T€/Tank)

→ IGL steiler als Kapazitätslinie M_2, somit ist E_4 optimal.

Programm: $x_a = 75$ (Tanks/Monat), $x_b = 20$ (Tanks/Monat).

4.7

a)

x_a	$\geq$	5 Stück/Woche
x_b	$\geq$	10 Stück/Woche
120	=	$4\,x_a + 2\,x_b$
t_a	=	10 Stunden/Stück
T	=	200 Stunden/Woche
d_b	$\geq$	20 €/Stück
d_a	$\geq$	80 €/Stück
d_a	<	0 €/Stück
d_b	<	0 €/Stück
d_b	=	25 €/Stück
d_b	=	0 €/Stück

b) Sie haben die zu bestimmten Werten der Stückdeckungsbeiträge gehörenden Isogewinnlinien ins Diagramm eingetragen und vermuten, dass die Isogewinnlinien und die Kapazitätslinie der Maschine 1 *parallel* verlaufen.

Steigungsvergleich

Steigung Isogewinnlinie = Steigung Kapazitätslinie

$G_{br} = d_a x_a + d_b x_b$

$T = t_a x_a + t_b x_b$

$d_b x_b = G_{br} - d_a x_a$

$t_b x_b = T - t_a x_a$

$x_b = \frac{G_{br}}{d_b} - \frac{d_a}{d_b} x_a$

$x_b = \frac{T}{d_b} - \frac{t_a}{t_b} x_a$

$-\frac{d_a}{d_b} \; \begin{matrix} > \\ = \\ < \end{matrix} \; -\frac{t_a}{t_b}$

$-\frac{66}{33} = -\frac{4}{2}$

$-2 = -2$

Gewinnvergleich

Gewinn bei E_2 = Gewinn bei E_3

Gewinn bei E_2	Gewinn bei E_3
$x_b = 40$	$x_a = 20$
$120 = 4x_a + 80$	$120 = 80 + 2x_b$
$x_a = 10$	$x_b = 20$
$G_{br} = 660 + 1.320$ $G_{br} = 1.980$ €/Woche	$G_{br} = 1.320 + 660$ $G_{br} = 1.980$ €/Woche

4.8

Betriebliche Engpasssituation	Kein Engpass	Ein Engpass	Mehrere Engpässe
Programm-optimierung erfolgt mit	Absoluten Stückdeckungs-beiträgen	Spezifischen Deckungs-beiträgen	linearer Optimierung/linearer Programmierung
Abkürzung des Begriffs	d	d_s	LO/LP

Kapitel 5

5.1

Bei mehr als zwei Gütern kommt man mit der zweidimensionalen Darstellung in der Zeichenebene nicht aus, weil man für jedes Gut eine Achse benötigt. Der allgemein gültige Lösungsweg für beliebig viele Güter muss also unabhängig von der Zeichnung rein arithmetisch durchgeführt werden.

5.2

Lineare Programmierung ist die Minimierung oder Maximierung einer Zielfunktion bei gleichzeitiger Beachtung diverser Restriktionen (Nebenbedingungen), wobei Zielfunktion und Nebenbedingungen Gleichungen erster Ordnung sein müssen.

5.3

Die Simplex-Methode bietet gegenüber der kombinatorischen Lösung den Vorteil, dass sie sich von vornherein auf zulässige Lösungen beschränkt, so dass die Anzahl der zu untersuchenden Möglichkeiten deutlich kleiner bleibt als bei der kombinatorischen Lösung. Deshalb lassen sich Probleme mit bis zu 10 Variablen mit Hilfe der Simplex-Methode noch manuell lösen. Bei größeren Problemen ist ein EDV-Programm zu nutzen.

5.4

a) Mathematisch stellt die Schlupfvariable den Betrag dar, um den die kleinere Seite einer Ungleichung zu erhöhen ist, damit aus der Ungleichung eine Gleichung wird.

b) Ökonomisch ist die Schlupfvariable stets als „freier Rest" zu interpretieren. Sie gibt bei maschinellen Restriktionen die noch freie Kapazität an. Bei Absatzrestriktionen zeigt der Wert der Schlupfvariablen, wie weit der tatsächliche Absatz vom maximal zulässigen Absatz entfernt ist.

5.5

Die Basisvariablen sind die nicht gleich Null gesetzten Variablen, deren Werte sich aus den Gleichungen berechnen lassen. Sie bilden, wie der Name sagt, die Basis einer Lösung.

Entsprechend versteht man unter den Nichtbasisvariablen jene Variablen, die gleich Null gesetzt werden.

5.6

Die Simplex-Methode geht beim Zwei-Güter-Fall grundsätzlich nach folgenden drei Schritten vor:

(1) Man erhält durch die Bedingung „zwei Variablen gleich Null und restliche Variablen positiv" die zulässigen Ecken.

(2) Ausgehend von einer beliebigen zulässigen Ecke wird ein Nachbareckpunkt mit höherem Gewinn gesucht.

(3) Diese Suche wird solange fortgesetzt, bis kein Nachbareckpunkt mit höherem Gewinn mehr existiert. Dann ist das Optimum erreicht.

5.7

Die Pivotspalte ist die Spalte eines Simplex-Tableaus, in der die neue Basisvariable steht. Man wählt als neue Basisvariable die mit dem höchsten positiven Koeffizienten (Deckungsbeitrag) in der Zielfunktion.

Die Pivotzeile repräsentiert diejenige Restriktion, die als erste wirksam wird, wenn (nach Wahl der Pivotspalte) eine bestimmte Variable sukzessive erhöht wird. Man ermittelt die Pivotzeile in der Weise, dass man den niedrigsten Quotienten aus der rechten Tableauseite und den positiven Koeffizienten der Pivotspalte sucht.

5.8

Ist die Zielfunktion aufgestellt und sind die Restriktionsgleichungen formuliert, so wird die weitere Arbeit in der Praxis meist mit Hilfe der EDV erledigt. Jedoch darf nicht vergessen werden, dass die Ergebnisinterpretation sowie die Einleitung der notwendigen Konsequenzen den Einsatz qualifizierter Fachleute erforderlich machen.

5.9

Anzahl der Nebenbedingungen (ohne Zielfunktion) - (max. 50): 4
Anzahl der Variablen (max. 30): 3

1. Nebenbedingung:

x_1 * 2
x_2 * 6
x_3 * 4
≤ 480

2. Nebenbedingung:

x_1 * 3
x_2 * 4
x_3 * 6
≤ 420

3. Nebenbedingung:

x_1 * 3
x_2 * 0
x_3 * 2
≤ 360

4. Nebenbedingung:

x_1 * 5
x_2 * 2
x_3 * 4
≤ 400

Zielfunktion

x_1 * 12
x_2 * 16
x_3 * 20
= max!

Simplex-Tableau 1

1	2,0	6,0	4,0	1,0	0,0	0,0	0,0	=	480,00
2	3,0	4,0	6,0	0,0	1,0	0,0	0,0	=	420,00
3	3,0	0,0	2,0	0,0	0,0	1,0	0,0	=	360,00
4	5,0	2,0	4,0	0,0	0,0	0,0	1,0	=	400,00
ZF	12,0	16,0	20,0	0,0	0,0	0,0	0,0	=	0

Simplex-Tableau 2

1	0,0	3,3	0,0	1,0	- 0,7	0,0	0,0	=	200,00
2	0,5	0,7	1,0	0,0	0,2	0,0	0,0	=	70,00
3	2,0	- 1,3	0,0	0,0	- 0,3	1,0	0,0	=	220,00
4	3,0	- 0,7	0,0	0,0	- 0,7	0,0	1,0	=	120,00
ZF	2,0	2,7	0,0	0,0	- 3,3	0,0	0,0	=	1.400,00

Simplex-Tableau 3

1	0,0	1,0	0,0	0,3	- 0,2	0,0	0,0	=	60,00
2	0,5	0,0	1,0	- 0,2	0,3	0,0	0,0	=	30,00
3	2,0	0,0	0,0	0,4	- 0,6	1,0	0,0	=	300,00
4	3,0	0,0	0,0	0,2	- 0,8	0,0	1,0	=	160,00
ZF	2,0	0,0	0,0	- 0,8	- 2,8	0,0	0,0	=	1.560,00

Simplex-Tableau 4

1	0,0	1,0	0,0	0,3	- 0,2	0,0	0,0	=	60,00
2	0,0	0,0	1,0	- 0,2	0,4	0,0	- 0,2	=	3,33
3	0,0	0,0	0,0	0,3	- 0,1	1,0	- 0,7	=	193,33
4	1,0	0,0	0,0	0,1	- 0,3	0,0	0,3	=	53,33
ZF	0,0	0,0	0,0	- 0,9	- 2,3	0,0	- 0,7	=	1.666,67

Ergebnis

Bei Herstellung von:	Produkt 1 mit:	53 Stück
	Produkt 2 mit:	60 Stück
	Produkt 3 mit:	3 Stück
ergibt sich ein Optimum von:		1.667,67 €
Freie Kapazitäten bei Nebenbedingung 3:		193 Kapazitätseinheiten
Dualvariable/Schattenpreise	bei Nebenbedingung 1:	0,93 €
	bei Nebenbedingung 2:	2,27 €
	bei Nebenbedingung 4:	0,67 €

Kapitel 6

6.1

Die Fixkosten eines Betriebes lassen sich stufenweise nach ihrer Zurechenbarkeit aufspalten, indem man fragt, welche Fixkosten künftig wegfallen, falls man:

1. auf die Erstellung eines bestimmten Produktes verzichtet,
2. die Produktion einer bestimmten Erzeugnisgruppe einstellt,
3. einen betrieblichen Teilbereich stilllegt,
4. die Unternehmung verkauft oder liquidiert.

Entsprechend unterscheidet man:

1. Erzeugnisartenfixkosten (Beispiele: Kalkulatorische Abschreibungen und kalkulatorische Zinsen für Spezialwerkzeuge, Spezialmaschinen und Spezialfahrzeuge, die ausschließlich der Erstellung, Bearbeitung und Verteilung einer bestimmten Produktart dienen).
2. Erzeugnisgruppenfixkosten (Beispiele: Meistergehalt, Beleuchtungs- und Reinigungskosten in Kostenstellen, die der Fertigung mehrerer Erzeugnisse dienen).
3. Bereichsfixkosten (Beispiele: Gehalt des Bereichsleiters, Verwaltungskosten des Bereichs, bereichsbezogene Forschungs- und Entwicklungskosten).
4. Unternehmungsfixkosten (Beispiele: Vorstandsgehälter, kalkulatorische Abschreibungen und kalkulatorische Zinsen auf das Verwaltungsgebäude).

6.2

Bereichsfixkosten sind Einzelkosten in Bezug auf die Bereiche, da sie künftig wegfallen, falls man den betreffenden Bereich stilllegt. Sie können also nur einem Bereich als Ganzes zugerechnet werden und nicht etwa den Produktgruppen oder gar Einzelprodukten, die den betreffenden Bereich ausmachen. Da die Bereichsfixkosten durch die Herausnahme einzelner Produkte oder Produktgruppen nicht beeinflusst werden können, sind sie in Bezug auf die Produkte oder Produktgruppen Gemeinkosten, d. h. nicht direkt zurechenbar.

6.3

Die Abbaufähigkeit der Fixkosten wird stets durch die Beantwortung der Frage bestimmt, welche Fixkosten künftig wegfallen, wenn man auf ein bestimmtes Rechnungsobjekt (Produkt, Produktgruppe, Bereich) verzichtet. Nur die Fixkostenanteile, die tatsächlich nach Herausnahme eines bestimmten Rechnungsobjektes wegfallen, sind diesem verursachungsgerecht zurechenbar.

6.4

Die Fixkosten sind nur langfristig veränderbar. Deshalb ist eine stufenweise Fixkostendeckungsrechnung nur für langfristige Programmentscheidungen geeignet und notwendig. Sie kann die übliche Deckungsbeitragsrechnung, die zur kurzfristigen Programmoptimierung eingesetzt wird, nicht ersetzen, sondern bildet eine Ergänzung der kurzfristigen Rechnung.

6.5

Wenn man ausschließlich auf das Kriterium einer aussagefähigen stufenweisen Fixkostendeckungsrechnung abstellt, ist eine divisionale Betriebsorganisation günstiger als eine funktionale, da bei divisionaler Organisation vergleichsweise hohe Fixkostenanteile auf Bereichsebene zugerechnet werden können.

6.6

Die stufenweise Fixkostendeckungsrechnung (SFD) kann beispielsweise angewendet werden zur Ermittlung des Deckungsbeitrags oder Restdeckungsbeitrags von

- Erzeugnisgruppen, -hauptgruppen und Bereichen,
- Kunden, Kundengruppen,
- Verkaufsbezirken, Ländern, Kontinenten,
- betrieblichen Abteilungen, Zweigbetrieben, Filialen,
- unterschiedlichen Absatzwegen (Groß- und Einzelhandel, Direktvertrieb).

6.7

a) Begriffsbestimmung und Beispiele

Begriff	Definition
Erzeugnisartenfixkosten (EFK)	fallen beim Verzicht auf eine Erzeugnisart künftig weg (Patentkosten für ein bestimmtes Erzeugnis, Werbungskosten für einen Artikel, kalkulatorische Abschreibungen für Spezialmaschine).
Erzeugnisgruppenfixkosten (EGFK)	fallen beim Verzicht auf eine Erzeugnisgruppe künftig weg (kalkulatorische Abschreibungen und Zinsen für Gefrieranlage, Transportfahrzeuge, Tiefkühltruhe bei Produktion von Tiefkühlkost).
Bereichsfixkosten (BFK)	fallen bei Schließung eines betrieblichen Teilbereiches künftig weg (Gehalt des Bereichsdirektors, Fixkosten Bereichsverwaltung).
Unternehmungsfixkosten (UFK)	fallen erst dann weg, wenn die ganze Unternehmung verkauft oder stillgelegt wird (Fixkosten im Bereich Lohnbuchhaltung, Fixkosten der zentralen EDV, Vorstandsgehälter, Beleuchtung, Betriebssicherheit).

b) Charakterisierung der stufenweisen Fixkostendeckungsrechnung (SFD):

Im Rahmen der stufenweisen Fixkostendeckungsrechnung (SFD) erfolgt eine **langfristige** Optimierung des Produktionsprogramms. Dabei ist es **unzweckmäßig**, die Unternehmensfixkosten mittels Schlüsselung auf die Produktgruppen zu verteilen. Für die Zurechenbarkeit der Fixkosten ist es günstig, wenn der Betrieb **divisional** gegliedert ist. Die Durchführung einer stufenweisen Fixkostendeckungsrechnung **ergänzt** die kurzfristige Programmoptimierung mit Hilfe der Deckungsbeitragsrechnung.

c) Durchführung der stufenweisen Fixkostendeckungsrechnung für die Playtime KG

(1) Formular für SFD

Produkte	1	2	3	4	5	6	7	8	9	10
U	31	25	50	13	42	20	53	17	19	39
- K_v	21	15	25	10	30	12	31	11	12	26
DB	+ 10	+ 10	+ 25	+ 3	+ 12	+ 8	+ 22	+ 6	+ 7	+ 13
- EFK	19	–	–	5	–	–	2	3	–	4
RDB I	- 9	+ 10	+ 25	- 2	+ 12	+ 8	+ 20	+ 3	+ 7	+ 9
Produktgruppen	I			II		III		IV		
RDB I je Gruppe	+ 26			+ 10		+ 28		+ 19		
- EGFK	9			7		8		28		
RDB II	+ 17			+ 3		+ 20		- 9		
Bereiche	A					B				
RDB II je Bereich	+ 20					+ 11				
- BFK	25					5				
RDB III	- 5					+ 6				
RDB III der Untern.	+ 1									
- UFK	20									
Nettogewinn	- 19									

U = Umsatz je Produktart (T€/Jahr)
K_v = variable Kosten je Produktart (T€/Jahr)
D = Deckungsbeitrag je Produktart (T€/Jahr)
RDB = Restdeckungsbeitrag (T€/Jahr)
EFK = Erzeugnisfixkosten (T€/Jahr)
EGFK = Erzeugnisgruppenfixkosten (T€/Jahr)
BFK = Bereichsfixkosten (T€/Jahr)
UFK = Unternehmungsfixkosten (T€/Jahr)

(2) Nettogewinn in Ausgangssituation

Der Nettogewinn in der Ausgangssituation beläuft sich auf - 19.000 € pro Jahr. Langfristig kann die Unternehmung mit einem derartigen Verlust nicht existieren. Es ist also zu überlegen, ob und wie das Produktionsprogramm geändert werden kann.

(3) Programmentscheidungen und neuer Nettogewinn

- Die Herausnahme des Produktes 1 erbringt eine Gewinnverbesserung von 9.000 €/Jahr.
- Der Verzicht auf Produkt 4 erbringt eine Gewinnverbesserung von 2.000 €/Jahr.
- Der Verzicht auf die Produktgruppe IV verbessert das Betriebsergebnis jährlich um 9.000 €.

Führt man diese drei Maßnahmen durch, so verbessert sich der Nettogewinn um insgesamt 20.000 €, so dass man einen neuen Nettogewinn von 1.000 €/Jahr erzielt. Da dieser positiv ist, kann die Playtime KG damit langfristig überleben.

(4) SFD als langfristige Programmoptimierung

Die Entscheidung, sich von fünf Produkten zu trennen, gilt nur langfristig. Kurzfristig, d. h. solange die zu verkaufenden oder zu verschrottenden Spezialmaschinen, -werkzeuge und -abteilungen noch betriebsbereit dastehen, sind alle Produkte mit positivem Deckungsbeitrag im Sortiment zu behalten.

(5) SFD als rechnerische Entscheidungshilfe

Die stufenweise Fixkostendeckungsrechnung ist eine Entscheidungshilfe, die zwar gewisse Entscheidungen nahelegt, aber nicht erzwingt. Langfristige Produktionsverzichte sind schwerwiegende Einschnitte, die genau überlegt sein wollen. Allerdings muss Produktionsverzicht nicht automatisch Angebotsverzicht bedeuten, solange die Möglichkeit des Fremdbezugs besteht. Mit Rücksicht auf das Betriebsklima und den sozialen Frieden im Unternehmen verzichtet man vielleicht ganz oder teilweise auf die von der SFD nahegelegten Produktionseinschnitte. Dann zeigt die stufenweise Fixkostendeckungsrechnung aber, was es kostet, die entsprechenden Produkte, Gruppen und/oder Bereiche weiter mit durchzuschleppen.

Kapitel 7

7.1

a) Da über die Maschinenbelegung in der Praxis häufig von Technikern entschieden wird, besteht bei kurzfristigen Entscheidungen und freien Kapazitäten die Gefahr, dass nach dem Motto „große Serie große Maschine, kleine Serie kleine Maschine" verfahren wird. In Wirklichkeit sollte bei Unterbeschäftigung jede Serie (und sei sie noch so klein) auf der großen (d. h. modernen) Anlage gefahren werden, weil man so die allein entscheidungsrelevanten variablen Kosten minimieren kann. Die Fixkosten aller im Betrieb stehenden Anlagen fallen ohnehin an. Sie bleiben in der kurzen Periode konstant und sind für die Maschinenbelegung unerheblich.

b)

(1) Gesamtkosten bei unterschiedlichen Verfahren

Maschine	Gesamtkosten (€/Monat)	Stückzeit (€/Stück)
1	150.000+ 750 · 750 = 712.500	950
2	300.000+ 375 · 750 = **581.250**	**775**
3	450.000+ 225 · 750 = 618.750	825

Maschine 2 wird gewählt.

(2) Variable Kosten bei unterschiedlichen Verfahren

Maschine	variable Kosten (€/Monat)	variable Stückkosten (€/Stück)
1	562.500	750
2	281.250	375
3	**168.750**	**225**

Maschine 3 wird gewählt. Diese Wahl bleibt auch dann bestehen, wenn man die Kostenstelle mit all ihren fixen und variablen Kosten belastet.

7.2

Folgende Situationen sind denkbar:

- Kurzfristige Verfahrenswahl ohne Engpässe: Hier ist zu entscheiden, welche Anlagen produzieren und welche stillstehen sollen.
- Kurzfristige Verfahrenswahl mit einem Engpass: Hier ist zu entscheiden, mit welchen Anlagen der Engpass am wirtschaftlichsten entlastet werden kann.
- Kurzfristige Verfahrenswahl mit mehreren Engpässen: Hier ist die Fertigung unter gleichzeitiger Beachtung aller Nebenbedingungen optimal auf die verschiedenen Anlagen zu verteilen.
- Langfristige Verfahrenswahl mit Investition: Hier ist zu untersuchen, welche von mehreren in Frage kommenden Investitionsmöglichkeiten am vorteilhaftesten ist.
- Langfristige Verfahrenswahl mit Desinvestition: Hier ist zu untersuchen, welche Anlage im Betrieb bleiben und welche abgebaut werden soll.

7.3

Zeitbezug	Situation	Entscheidungsregel im Telegrammstil
kurzfristige Verfahrenswahl	kein Engpass	variable Stückkosten minimieren
	ein Engpass	spezifische Mehrkosten bei Produktionsverlagerung minimieren
	mehrere Engpässe	Kostenminimierung mit Hilfe der linearen Optimierung (Simplex-Methode)
langfristige Verfahrenswahl	Investitionsfall	dynamische Investitionsrechnung (Annuitätenmethode): DJA minimieren
	Desinvestitionsfall	dynamische Investitionsrechnung (Annuitätenmethode): korrigierte DJA minimieren

7.4

x (ME/Monat)	1.000	800	600	400	200	100
k (€/ME)	3	3,25	3,66	4,5	7	12
k_v (€/ME)	2	2	2	2	2	2

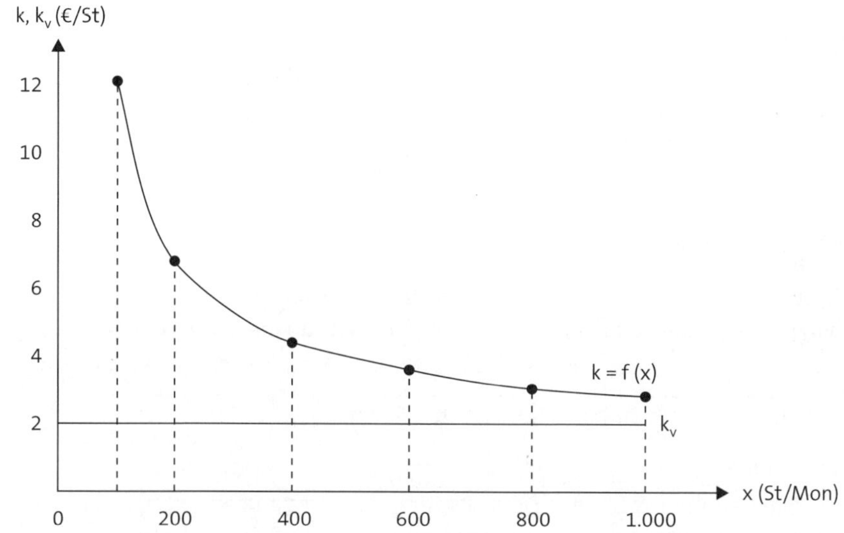

Bei geringer Fertigungsmenge steigen die vollen Stückkosten stark an, während die variablen Stückkosten konstant bleiben. Hat der Abteilungsleiter nach den vollen Stückkosten der zur Produktion herangezogenen Anlage abzurechnen, während die Fixkosten der stillstehenden Anlagen direkt ins Betriebsergebnis übernommen werden, so besteht die Gefahr, dass moderne und leistungsstarke Maschinen bei Unterbeschäftigung gemieden werden, obwohl mit ihrer Hilfe die Produktion zu geringeren variablen Kosten möglich wäre.

7.5

Die spezifischen Mehrkosten bei Produktionsverlagerung repräsentieren die Mehrkosten je freigesetzter Engpasskapazitätseinheit, falls eine Produkteinheit auf einer anderen im Vergleich zum Engpasssektor weniger kostengünstigen Anlage gefertigt wird. Man dividiert die Mehrkosten je Stück (k_v - k_{vE}) durch die bei Produktionsverlagerung eines Stückes freiwerdende Engpasskapazität je Stück e_E:

$$\text{spezifische Mehrkosten bei Produktionsverlagerung} = \frac{\text{Mehrkosten je Stück}}{\text{Engpassetlassung je Stück}} = \frac{k_v - k_{vE}}{e_E}$$

Beim Vergleich des spezifischen Deckungsbeitrages und der spezifischen Mehrkosten lassen sich unter anderem folgende Gemeinsamkeiten feststellen:

- gleiche Beschäftigungssituation (in beiden Fällen liegt ein einziger Engpass vor),
- gleicher Zeitbezug (jeweils kurzfristige Planung, d. h. die Fixkosten bleiben unverändert),
- gleiche Dimension (aus dem Aufbau folgt für beide Größen die Dimension €/Engpasskapazitätseinheit),
- gleicher Aufbau (bei beiden Größen wird eine Geldbetragsdifferenz zu Kapazitätseinheiten in Relation gesetzt).

Mögliche Unterschiede:

- Entscheidungsproblem: Beim spezifischen Deckungsbeitrag fragt man nach Art und Zahl der zu erzeugenden Produkte. Bei den spezifischen Mehrkosten fragt man: Auf welchen Anlagen sollen die Produkte erstellt werden?
- Zähler: Beim spezifischen Deckungsbeitrag erhält man die Geldbetragsdifferenz im Zähler, indem man vom Stückpreis die variablen Kosten pro Stück abzieht. Bei den spezifischen Mehrkosten ergibt sich der Zähler als Stückkostendifferenz.

7.6

a) Kein Engpass - Fertigung auf Maschine mit minimalen variablen Stückkosten

Drehbank	Grenzkosten (€/Min)		Stückzeiten (Min/St)		variable Stückkosten (€/Stück)	
	A	B	A	B	A	B
	I		II		III = I · II	
Drehautomat	2,00	1,50	1,50	2,00	3,00	3,00
Revolver-Drehbank	2,50	3,00	4,00	3,00	10,00	9,00
Universal-Drehbank	4,00	3,50	6,00	5,00	24,00	17,50

Da die variablen Stückkosten für die Werkstücke A und B beim Drehautomaten am geringsten sind, ist es wirtschaftlich sinnvoll, alle benötigten Werkstücke auf dem Drehautomaten zu bearbeiten. Es ist zu prüfen, ob dessen Kapazität hierfür ausreicht.

Werkstück	benötigte Stückzahl (St/Mon) I	Stückzeit auf Drehautomat (Min/Stück) II	Kapazität (Min/Mon) III = I · II
A	2.400	1,5	3.600
B	3.000	2,0	6.000
benötigte Kapazität			9.600
variable Kosten: 3 · 2.400 + 3 · 3.000 =			16.200 (€/Monat)

b) Es besteht ein Engpass, die Maschinenbelegung erfolgt nach den spezifischen Mehrkosten.

spezifische Mehrkosten (€/Minute)		
Werkstück → / Maschine ↓	A	B
von Drehautomat zu Revolver-Drehbank	$\frac{7,00}{1,5} = 4,67$	$\frac{6,00}{2} = 3,00$ (eingekreist)
von Drehautomat zu Universal-Drehbank	$\frac{21,00}{1,5} = 14,00$	$\frac{14,50}{2} = 7,25$ (eingekreist)

Werkstück	Stückzahl (St/Mon)	Drehbank	Stückzeit (Min/Stück)	Kapazität (Min/Mon)
A	3.000	Automat	1,5	4.500
B	2.550	Automat	2,0	5.100
B	450	Revolver-Drehbank	3,0	1.350
benötigte Kapazität				10.950
variable Kosten: 3 · 3.000 + 3 · 2.550 + 9 · 450 =				20.700 (€/Monat)

c) Drehbank-Belegung bei einem Engpass

Im Unterschied zu b) wird der Engpass-Drehautomat jetzt schon durch die Bearbeitung der 7.000 A-Werkstücke überfordert, so dass nicht nur B-Werkstücke, sondern auch A-Werkstücke auf andere Drehbänke zu verlagern sind. Die oben ermittelten spezifischen Mehrkosten zeigen, wie die Engpass-Anlage am besten entlastet wird: Man bearbeitet alle B-Stücke auf der Revolver-Drehbank (spezifische Mehrkosten: 3 €/Minute) und verlagert darüber hinaus so viele A-Stücke wie zur Entlastung des Drehautomaten nötig auf die Revolver-Drehbank (spezifische Mehrkosten: 4,67 €/Minute). Dann ergibt sich folgende Maschinenbelegung:

Werkstück	Stückzahl (St/Mon)	Drehbank	Stückzeit (Min/Stück)	Kapazität (Min/Mon)
A	6.400	Automat	1,5	9.600
B	2.400	Revolver-Drehbank	3,0	7.200
A	600		4,0	2.400
benötigte Kapazität				19.200
variable Kosten: 3 · 6.400 + 10 · 600 + 9 · 2.400 =				46.800 (€/Monat)

d) Drehbank-Belegung bei mehreren Engpässen

Sollen 8.000 A-Stücke und 3.000 B-Stücke gedreht werden, so wird nicht nur der Drehautomat zum Engpass. Es liegt also die Situation mit mehreren Engpässen vor, die durch den Einsatz der linearen Optimierung mit Hilfe der Simplex-Methode zu lösen ist. In der Oberzeile des folgenden Tableaus sind die verschiedenen Produktionsmöglichkeiten aufgelistet. Die unterschiedlichen Produktionsmöglichkeiten tragen die Symbole x_1, x_2, ..., x_6. Sie haben folgende Bedeutung:

x_1 = A/M_1: Menge des Werkstückes A, die auf Maschine 1 produziert wird,

x_2 = A/M_2: Menge des Werkstückes A, die auf Maschine 2 produziert wird,

x_3 = A/M_3: Menge des Werkstückes A, die auf Maschine 3 produziert wird,

x_4 = B/M_1: Menge des Werkstückes B, die auf Maschine 1 produziert wird,

x_5 = B/M_2: Menge des Werkstückes B, die auf Maschine 2 produziert wird,

x_6 = B/M_3: Menge des Werkstückes B, die auf Maschine 3 produziert wird.

M_1 = Drehautomat

M_2 = Revolver-Drehbank

M_3 = Universal-Drehbank

Z_F = Zielfunktion

lfd. Nr.	x_1 A/M_1	x_2 A/M_2	x_3 A/M_3	x_4 B/M_1	x_5 B/M_2	x_6 B/M_3		
M_1	1,5	0	0	2	0	0,0	≤	9.600
M_2	0,0	4	0	0	3	0,0	≤	9.600
M_3	0,0	0	6	0	0	5,0	≤	9.600
4	1,0	1	1	0	0	0,0	=	a 2.400 b 3.000 c 7.000 d 8.000
5	0,0	0	0	1	1	1,0	=	a 3.000 b 3.000 c 2.400 d 3.000
ZF	3,0	10	24	3	9	17,5	Min !	

Die in der rechten Spalte unter a) bis d) festgehaltenen Werte repräsentieren die unterschiedlichen Fertigungsmengen der benötigten Werkstücke A und B bei den Teilaufgaben. Der nachfolgend wiedergegebene Computerausdruck beschränkt sich auf die Lösung d); man hätte sich die manuell erarbeiteten Lösungen a) bis c) aber auch mit Hilfe des Computers erstellen lassen können.

Anzahl der Nebenbedingungen (ohne Zielfunktion) - (max. 50): 5
Anzahl der Variablen (max. 30): 6

1. Nebenbedingung:	2. Nebenbedingung:	3. Nebenbedingung:	4. Nebenbedingung:	5. Nebenbedingung:	Zielfunktion:
x_1 * 1,5	x_1 * 0	x_1 * 0	x_1 * 1	x_1 * 0	x_1 * 3,0
x_2 * 0,0	x_2 * 4	x_2 * 0	x_2 * 1	x_2 * 0	x_2 * 10,0
x_3 * 0,0	x_3 * 0	x_3 * 6	x_3 * 1	x_3 * 0	x_3 * 24,0
x_4 * 2,0	x_4 * 0	x_4 * 0	x_4 * 0	x_4 * 1	x_4 * 3,0
x_5 * 0,0	x_5 * 3	x_5 * 0	x_5 * 0	x_5 * 1	x_5 * 9,0
x_6 * 0,0	x_6 * 0	x_6 * 5	x_6 * 0	x_6 * 1	x_6 * 17,5
$\leq$ 9.600	$\leq$ 9.600	$\leq$ 9.600	= 8.000	= 3.000	K_f = 0
					Minimierung!

	Ergebnis	
	x_1:	6.400,00 Einheiten
	x_2:	1.500,00 Einheiten
	x_3:	100,00 Einheiten
	x_4:	0,00 Einheiten
	x_5:	1.200,00 Einheiten
	x_6:	1.800,00 Einheiten
Optimum:		78.900,00 €
Freie Kapazitäten:		keine !
Dualvariable	bei Nebenbedingung 1:	30,00 €
	bei Nebenbedingung 2:	9,50 €
	bei Nebenbedingung 4:	4,00 €

Ergebnis

Die Produktionsmenge von 8.000 Einheiten A ist wie folgt auf die Maschinen zu verteilen:

Maschine 1:	6.400	8.000
Maschine 2:	1.500	
Maschine 3:	100	

Die Produktionsmenge von 3.000 Einheiten B ist wie folgt auf die Maschinen zu verteilen:

Maschine 2:	1.200	3.000
Maschine 3:	1.800	

Die variablen Kosten belaufen sich auf 78.900 €/Monat.

e) Die Fixkosten sind im vorliegenden Fall nicht entscheidungsrelevant, da eine Kurzfristplanung durchzuführen ist, bei der Produktionsapparat und zugehörige Fixkosten unverändert bleiben.

7.7

a) Für 15.500 Einheiten/Jahr

Kostenvergleichsrechnung	Annuitätenmethode
$K = \frac{A}{n} + \frac{A}{2} = \cdot i + k_v x$	$DJA = A \cdot KFW + a_v \cdot x$
K_1 = 50.000 + 25.000 + 155.000	DJA_1 = 500.000 · 0,162745 + 155.000
K_1 = 230.000 (€/Jahr)	DJA_1 = **236.373** (€/Jahr)
K_2 = 70.000 + 35.000 + 124.000	DJA_2 = 700.000 · 0,162745 + 124.000
K_2 = **229.000** (€/Jahr)	DJA_2 = 237.922 (€/Jahr)
K_3 = 100.000 + 50.000 + 93.000	DJA_3 = 1.000.000 · 0,162745 + 93.000
K_3 = 243.000 (€/Jahr)	DJA_3 = 255.745 (€/Jahr)

Symbole

A = Anschaffungspreis (€)

n= Laufzeit (Jahre)

k_v = variable Stückkosten (€/St)

i = Kalkulationszinssatz (%)

KWF = Kapitalwiedergewinnungsfaktor

a_v = variable Stückauszahlungen (€/St)

Für 23.500 Einheiten/Jahr

Kostenvergleichsrechnung	Annuitätenmethode
$K_1 = 50.000 + 25.000 + 235.000$	$DJA_1 = 500.000 \cdot 0{,}162745 + 235.000$
$K_1 = 310.000$ (€/Jahr)	$DJA_1 = 316.373$ (€/Jahr)
$K_2 = 70.000 + 35.000 + 188.000$	$DJA_2 = 700.000 \cdot 0{,}162745 + 188.000$
$K_2 = 293.000$ (€/Jahr)	$DJA_2 =$ **301.922** (€/Jahr)
$K_3 = 100.000 + 50.000 + 141.000$	$DJA_3 = 1.000.000 \cdot 0{,}162745 + 93.000$
$K_3 =$ **291.000** (€/Jahr)	$DJA_3 = 255.745$ (€/Jahr)

Die Kostenvergleichsrechnung kann wegen der ungenauen Zinsberücksichtigung zu Fehlentscheidungen führen. In der Praxis ist stets der Annuitätenmethode der Vorzug zu geben.

b)

	Kostenvergleichsrechnung
von Verfahren 1 zu Verfahren 2	$50.000 + 25.000 + 10\,x_{kr} = 70.000 + 35.000 + 8\,x_{kr}$ $2\,x_{kr} = 30.000$ $x_{kr} = 15.000$ (ME/Jahr)
von Verfahren 2 zu Verfahren 3	$70.000 + 35.000 + 8\,x'_{kr} = 100.000 + 50.000 + 6\,x'_{kr}$ $2\,x'_{kr} = 45.000$ $x'_{kr} = 22.500$ (ME/Jahr)

	Annuitätenmethode
von Verfahren 1 zu Verfahren 2	$500.000 \cdot 0{,}162745 + 10\,x_{kr} = 700.000 \cdot 0{,}162745 + 8\,x_{kr}$ $2\,x_{kr} = 200.000 \cdot 0{,}162745$ $x_{kr} = 16.275$ (ME/Jahr)
von Verfahren 2 zu Verfahren 3	$700.000 \cdot 0{,}162745 + 8\,x'_{kr} = 1.000.000 \cdot 0{,}162745 + 6\,x'_{kr}$ $2\,x'_{kr} = 300.000 \cdot 0{,}162745$ $x'_{kr} = 24.412$ (ME/Jahr)

7.8

a) Kurzfristig sollte man sich für Anlage 3 entscheiden, weil deren variable Kosten am geringsten sind.

b)

variable Auszahlungen bei Maschine 1 ↓ — abbaufähige Fixauszahlungen bei Verzicht auf Maschine 2 und 3 ↓

$$DJA_1^{korr} = 20.000x + 3.300.000 - 1.000.000 - 600.000 \cdot 0{,}250456$$

↑ Maschine 1 gewählt — ↑ gesamte Fixauszahlungen (alle Maschinen) — ↑ periodisierte Restwerteinzahlungen bei Verkauf von Maschine 2 und 3

$DJA_1^{korr} = 20.000x + 2.149.726$

$DJA_1^{korr} = 2.949.726$ (€/Jahr)

variable Auszahlungen bei Maschine 2 ↓ — abbaufähige Fixauszahlungen bei Verzicht auf Maschine 1 und 3 ↓

$$DJA_2^{korr} = 2.500x + 3.300.000 - 650.000 - 420.000 \cdot 0{,}250456$$

↑ Maschine 2 gewählt — ↑ gesamte Fixauszahlungen (alle Maschinen) — ↑ periodisierte Restwerteinzahlungen bei Verkauf von Maschine 1 und 3

$DJA_2^{korr} = 2.500x + 2.544.808$

$DJA_2^{korr} = 2.644.808$ (€/Jahr)

variable Auszahlungen bei Maschine 3 ↓ — abbaufähige Fixauszahlungen bei Verzicht auf Maschine 1 und 2 ↓

$$DJA_3^{korr} = 1.000x + 3.300.000 - 450.000 - 220.000 \cdot 0{,}250456$$

↑ Maschine 3 gewählt — ↑ gesamte Fixauszahlungen (alle Maschinen) — ↑ periodisierte Restwerteinzahlungen bei Verkauf von Maschine 1 und 2

$DJA_3^{korr} = 1.000x + 2.794.900$

$DJA_3^{korr} = 2.834.900$ (€/Jahr)

Die korrigierten durchschnittlichen jährlichen Auszahlungen sind mit 2.644.808 € jährlich am geringsten, wenn man Anlage 2 langfristig behält und sich von Anlage 1 und 3 trennt.

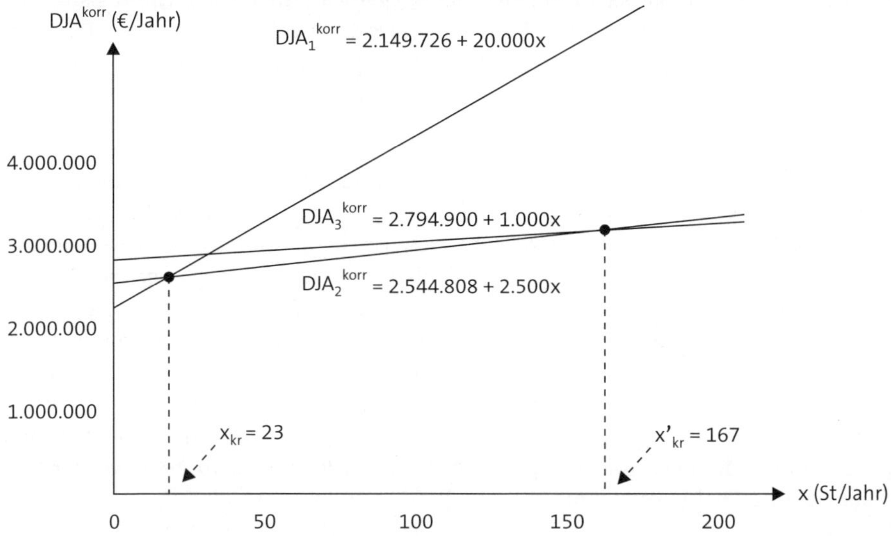

x_{kr} →

$$DJA_1^{korr} = DJA_2^{korr}$$
$$20.000\, x_{kr} + 2.149.726 = 2.500\, x_{kr} + 2.544.808$$
$$17.500\, x_{krr} = 395.082$$
$$x_{kr} = 22{,}58 \text{ (Stück/Jahr)}$$

x'_{kr} →

$$DJA_2^{korr} = DJA_3^{korr}$$
$$2.500\, x'_{kr} + 2.544.808 = 1.000\, x'_{kr} + 2.794.900$$
$$1.500\, x'_{kr} = 250.092$$
$$x'_{kr} = 166{,}73 \text{ (Stück/Jahr)}$$

Kapitel 8

8.1

EF-Entscheidungen sind in der betrieblichen Praxis in sämtlichen Teilbereichen, also auch außerhalb des Funktionsbereiches Fertigung, zu fällen. So kann im Vertrieb eine eigene oder eine fremde Absatzorganisation gewählt werden; die Transporte können durch eigene Lkw oder als Fremdtransporte durchgeführt werden. Im Finanzbereich ist anstelle eines eigenen Mahn- und Inkassowesens die Inanspruchnahme einer Factoringgesellschaft denkbar; die Investitionsplanung könnte selbst erstellt oder durch externe Berater durchgeführt werden. Im Verwaltungsbereich spielt die Wahl zwischen eigener und externer Datenverarbeitung eine Rolle. Es könnte ein eigener Reinigungsdienst oder die Fremdreinigung eingesetzt werden.

8.2

Im praktischen Fall ist es denkbar, dass ein an sich günstiger Fremdbezug unterbleibt, weil man beispielsweise um die Produktqualität fürchtet, die Geheimhaltung nicht gewährt sieht, die potentielle Konkurrenz mächtig werdender Zulieferer vermeiden will. Jedoch ist auch in solchen Fällen eine genaue EF-Rechnung erforderlich, damit man stets sieht und weiß, was die Erfüllung bestimmter qualitativer Aspekte kostet.

8.3

Ein Betrieb, der langfristig vom Fremdbezug zur Eigenfertigung übergeht, hat zunächst die zur Eigenfertigung notwendigen Grundstücke, Gebäude und Anlagen bereit zu stellen: Er hat Investitionen durchzuführen. Wird umgekehrt der Übergang von der Eigenfertigung zum Fremdbezug geplant, so entfallen Ersatz und Erneuerung der bislang zur Eigenfertigung verwendeten Anlagen, so dass fixe Kosten künftig reduziert werden. Man hat bei EF-Entscheidungen langfristiger Art also zu fragen, ob die Durchführung oder die Unterlassung von Investitionen günstiger ist. Vorteilhafte Investitionen werden durchgeführt, unvorteilhafte unterlassen. Die Einordnung in vorteilhaft und unvorteilhaft erfolgt mit Hilfe der Investitions- und Wirtschaftlichkeitsrechnung unter Verwendung einer der dynamischen Investitionsrechnungsmethoden (Kapitalwertmethode, interne Zinsfuß-Methode, Annuitätenmethode) wobei letztere dem kostenrechnerischen Denken am weitesten entgegenkommt.

8.4

Zeitbezug	Situation	Entscheidungsregel im Telegrammstil
kurzfristige EF-Entscheidungen	kein Engpass	$p_F > k_v \rightarrow$ Eigenfertigung $p_F < k_v \rightarrow$ Fremdbezug
	ein Engpass	spezifische Mehrkosten bei Fremdfertigung minimieren
	mehrere Engpässe	Kostenminimierung mit Hilfe der linearen Optimierung
langfristige EF-Entscheidungen	Investitionsfall	DJA minimieren
	Desinvestitionsfall	korrigierte DJA minimieren

8.5

Sägekette	p_F (€/Kette)	k_v (€/Kette)	k (€/Kette)	Entscheidung	Begründung
A	33	24	38	eigenfertigen	$p_F > k_v$
B	8	4	7	eigenfertigen	$p_F > k_v$
C	15	16	25	fremdbeziehen	$p_F < k_v$
D	44	30	42	eigenfertigen	$p_F > k_v$
E	28	31	36	eigenfertigen	Know-how

8.6

a) Für alle Beschläge gilt $p_F > k_v$, somit ist Eigenfertigung vorteilhaft. Sie wird auch generell durchgeführt, da die verfügbare Kapazität (42.000 Min/Mon) die für die Eigenfertigung erforderliche Kapazität (40.000 Min/Mon) übersteigt.

b) Für alle Beschläge ist wegen $p_F > k_v$ grundsätzlich Eigenfertigung vorteilhaft. Allerdings reicht die verfügbare Kapazität (27.000 Min/Mon) nicht für die Eigenfertigung aller Beschläge aus. Die Beschläge konkurrieren um den Engpass, wobei die Rangfolge nach den spezifischen Mehrkosten bei Fremdfertigung von Bedeutung ist:

Typ	$p_F - k_v$ (€/St)	t (Min/St)	$\frac{p_F - k_v}{t}$ (€/Min)	Rang
A	2	0,5	4,00	2.
B	8	2,5	3,20	3.
C	6	2,0	3,00	4.
D	5	1,0	5,00	1.

Die Engpasszeit wird nach Maßgabe der zu minimierenden spezifischen Mehrkosten bei Fremdfertigung wie folgt auf die Beschlägetypen verteilt:

Rang	Typ	zur Verfügung stehende Kapazität (Min/Mon)	x_E Eigenfertigungsmenge (St/Mon)	t (Min/St)	$x_E \cdot t$ (Min/Mon)
1.	D	27.000	3.000	1,0	3.000
2.	A	24.000	1.000	0,5	500
3.	B	23.500	5.000	2,5	12.500
4.	C	11.000	5.500	2,0	11.000
für Eigenfertigung benötigte Kapazität (Min/Mon):					27.000

Von C sind 5.500 Einheiten je Monat eigen zu fertigen; der restliche Bedarf von 6.500 Einheiten ist fremd zu beziehen. Alle anderen Typen sind vollständig eigen zu fertigen.

8.7

a) x_e = Eigenverbrauch (kWh/Jahr)

Bei der kritischen Eigenverbrauchsmenge x_{kr}^e sind die eigenstrombedingten durchschnittlichen jährlichen Mehrauszahlungen (= Nachteil der Eigenstromerzeugung) genauso groß wie die durch die Eigenstromerzeugung veranlassten durchschnittlichen jährlichen Minderauszahlungen (= Vorteil der Eigenstromerzeugung). Zur Ermittlung der durchschnittlichen jährlichen Mehrauszahlungen verteilt man die zusätzliche Anschaffungsauszahlung für das

BHWK mit Hilfe des Kapitalwiedergewinnungsfaktors KWF auf die 40jährige Nutzungsdauer. Es gilt also:

durchschnittliche jährliche Mehrauszahlungen wegen Eigenstromerzeugung	=	durchschnittliche jährliche Minderauszahlungen wegen Eigenstromerzeugung

$$
\begin{aligned}
1.500.000 \cdot KWF_{40} + 50.000 + 0{,}04 \cdot 1.600.000 &= 0{,}20\ x_{kr}^{e} + (1.600.000 - x_{kr}^{e}) \cdot 0{,}09 \\
1.500.000 \cdot 0{,}121304 + 50.000 + 64.000 &= 0{,}20\ x_{kr}^{e} + 144.000 - 0{,}09\ x_{kr}^{e} \\
295.955 &= 0{,}11\ x_{kr}^{e} + 144.000 \\
x_{kr}^{e} &= 1.381.409\ (\text{kWh/Jahr})
\end{aligned}
$$

Beträgt der Eigenstromverbrauch 1.381.409 kWh/Jahr oder mehr, so lohnt sich die Errichtung eines Blockheizkraftwerkes.

b) F = Förderung der Anschaffungsmehrauszahlung für BHKW durch Staat (€)

$$
\begin{aligned}
(1.500.000 - F) \cdot KWF_{40} + 50.000 + 64.000 &= 0{,}11 \cdot 400.000 + 144.000 \\
(1.500.000 - F) \cdot KWF_{40} + 114.000 &= 188.000 \\
1.500.000 - F &= \frac{74.000}{KWF} \\
F &= 1.500.000 - 610.038 \\
F &= 889.962\ (€)
\end{aligned}
$$

Bei einem Staatszuschuss von mindestens 889.962 € (= 59 % der Anschaffungsmehrauszahlungen des BHKW) lohnt sich die Installation des BHKW auch bei dem geringen Eigenverbrauch von x_e = 400.000 kWh/Jahr.

c) p = Preis je kWh eingespeisten Stroms (€/kWh)

$$
\begin{aligned}
1.500.000 \cdot 0{,}121304 + 50.000 + 64.000 &= 0{,}20 \cdot 400.000 + (1.600.000 - 400.000)\ p \\
295.955 &= 80.000 + 1.200.000\ p \\
p &= 0{,}18\ (€/\text{kWh})
\end{aligned}
$$

Bei einem Einspeisungspreis von mindestens 0,18 €/kWh lohnt sich die Installation des BHKW auch bei dem geringen Eigenverbrauch von x_e = 400.000 kWh/Jahr.

8.8

Jürgen Grabe Seerosenweg 5 24146 Kiel Telefon: 04 31 / 78 52 52	Korrekturleser(in): ____________ Anschrift: ____________ ____________ Telefon: ____________

Ich habe in der Kostenrechnung 2, Deckungsbeitragsrechnung, 9. Auflage, die folgenden Schreib- und Rechenfehler gefunden:

Seite o = oberes Drittel m = mittleres Drittel u = unteres Drittel	Art des Fehlers (Kurzbeschreibung)

Die folgenden Passagen des Buches sollte man bei einer Neuauflage **p** praxisnäher, **v** verständlicher, **k** kürzer, **a** ausführlicher formulieren:

Seite o = oberes Drittel m = mittleres Drittel u = unteres Drittel	Vorschlag für Neuformulierung

Außerdem möchte ich noch bemerken:

11. Lösungen Testklausur Deckungsbeitragsrechnung

Aufgabe	a)	b)	c)	Punktzahl
1.	(-)	(-)	(+)	3
2.	(+)	(+)	(+)	3
3.	(+)	(-)	(-)	3
4.	(-)	(+)	(-)	3
5.	(-)	(+)	(+)	3
6.	(+)	(-)	(+)	3
7.	(-)	(+)	(+)	3
8.	(-)	(+)	(-)	3
9.	(-)	(+)	(+)	3
10.	(+)	(-)	(+)	3
11.	(-)	(-)	(+)	3
12.	(-)	(+)	(+)	3
13.	(-)	(-)	(+)	3
14.	(-)	(+)	(+)	3
15.	(-)	(-)	(+)	3
16.	(-)	(-)	(+)	3
17.	(-)	(-)	(+)	3
18.	(+)	(+)	(+)	3
19.	(-)	(-)	(-)	3
20.	(-)	(-)	(+)	3
21.	(+)	(+)	(+)	3
22.	(-)	(+)	(-)	3
23.	(+)	(-)	(-)	3
24.	(-)	(-)	(+)	3
25.	(-)	(-)	(+)	3
26.	(-)	(-)	(+)	3
27.	(+)	(+)	(+)	3
Gesamt				81

Punktvergabe

Kennzeichen richtig	= 1 Punkt,
Kennzeichen weiß nicht oder falsch	= 0 Punkte.

Beispiel

	a)	b)	c)	Punktzahl
Musterlösung zu Satz 1.	(-)	(-)	(+)	3
andere Lösungen	(-)	(-)	(-)	2
	( )	(-)	( )	1
	(+)	(+)	(-)	0

Bewertung

Note	Punkte
4	40 bis 49
3	50 bis 61
2	62 bis 72
1	73 bis 81

12. Finanzmathematischer Tabellenanhang

Die finanzmathematischen Faktoren sind wichtige Hilfsmittel für die Bewältigung finanzmathematischer Probleme. Mögliche Anwendungsgebiete:

- Zinseszinsrechnung,
- Investitions- und Wirtschaftlichkeitsrechnung,
- Kostenrechnung,
- Rentenrechnung,
- Tilgungsrechnung,
- Effektivzinsberechnung,
- Versicherungsmathematik,
- Finanzierungsrechnung.

Die investitionsrechnerischen Beispiele in diesem Buch können Sie alle mit Hilfe des finanzmathematischen Tabellenanhangs lösen. Er enthält die Werte der finanz-mathematischen Faktoren für Zinssätze von 3 % bis 20 %. Sollten Sie praktische Probleme zu lösen haben, so kann es notwendig sein, auf ein ausführlicheres Tabellenwerk zurückzugreifen, das auch für die Meisterung unterjähriger Probleme geeignet ist[1].

Die folgende Übersicht gibt eine stark komprimierte Darstellung der sechs finanz-mathematischen Faktoren und ihrer Wirkungsweise. In der ersten Spalte sind die sechs Faktoren in der Schreibweise wiedergegeben, die in der Betriebswirtschaftslehre üblich ist. In allgemein-mathematischen Darstellungen finden Sie gelegentlich eine andere mögliche Schreibweise bei der $(1 + i) = q$ gesetzt wird. Diese Schreibweise ist in der zweiten Spalte ergänzend aufgenommen worden. Die dritte Spalte enthält die verschiedenen Bezeichnungen für die Faktoren sowie die zugehörigen Abkürzungen. So wird der Diskontierungssummenfaktor DSF im Bereich der Rentenrechnung häufig auch (Renten-)Barwertfaktor genannt; im Bereich der Unternehmensbewertung nennt man den DSF auch Kapitalisierungsfaktor. Der Kapitalwiedergewinnungsfaktor KWF heißt Verrentungsfaktor, wenn es um die Ermittlung einer Rente geht; bei Banken spricht man vom Annuitätenfaktor, wenn die zu einem bestimmten Darlehen gehörende Annuität ermittelt werden soll. Die vierte Spalte beschreibt die Faktoren im Hinblick auf ihre finanzmathematische Funktion verbal. Die fünfte Spalte ergänzt die verbale Beschreibung durch eine Zeitstrahl-Darstellung, um die Funktion der finanzmathematischen Faktoren grafisch zu verdeutlichen.

Symbole

i = Zinssatz (dezimal)

n = Laufzeit (Jahre)

g = Geldbetrag pro Jahr (€/Jahr)

K_0 = Einmalzahlung zum Zeitpunkt 0 (€)

K_n = Einmalzahlung zum Zeitpunkt n (€)

1 Vgl. hierzu: K.-D. Däumler, Finanzmathematisches Tabellenwerk. Dieses Tabellenwerk erschließt einen Bereich von 1 % bis 30 %. Die Schritte zwischen den Tabellenzinssätzen belaufen sich auf 0,10 Prozentpunkte im Bereich bis 3 %, 0,25 Prozentpunkte bis 6 % und 0,50 Prozentpunkte bis 30 %.

Faktor	Andere Schreibweise $(1+i) = q$	Bezeichnung
$(1+i)^n$	q^n	Aufzinsungsfaktor (AuF)
$(1+i)^{-n}$	q^{-n}	Abzinsungsfaktor (AbF) Diskontierungsfaktor
$\frac{(1+i)^n - 1}{i\,(1+i)^n}$	$\frac{q^n - 1}{q^n\,(q-1)}$	Diskontierungssummenfaktor (DSF) Abzinsungssummenfaktor Barwertfaktor Rentenbarwertfaktor Kapitalisierungsfaktor
$\frac{i\,(1+i)^n}{(1+i)^n - 1}$	$\frac{q^n\,(q-1)}{q^n - 1}$	Kapitalwiedergewinnungsfaktor (KWF) Verrentungsfaktor Annuitätenfaktor
$\frac{i}{(1+i)^n - 1}$	$\frac{q-1}{q^n - 1}$	Restwertverteilungsfaktor (RVF) Rückwärtsverteilungsfaktor
$\frac{(1+i)^n - 1}{i}$	$\frac{q^n - 1}{q-1}$	Endwertfaktor (EWF) Aufzinsungssummenfaktor Rentenendwertfaktor

Funktion (verbal)	Funktion (grafisch)
zinst einen jetzt fälligen Geldbetrag K_0 mit Zins und Zinseszins auf einen nach n Perioden fälligen Geldbetrag K_n auf (verwandelt „Einmalzahlung jetzt" in „Einmalzahlung nach n Perioden")	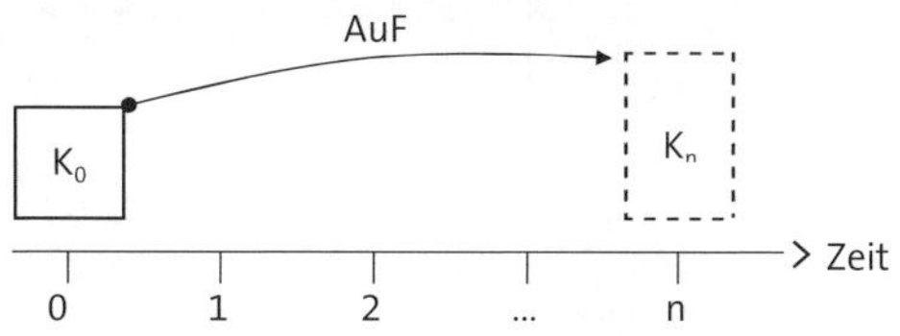
zinst einen nach n Perioden fälligen Geldbetrag K_n unter Berücksichtigung von Zins und Zinseszins auf einen jetzt fälligen Geldbetrag K_0 ab (verwandelt „Einmalzahlung nach n Perioden" in „Einmalzahlung jetzt")	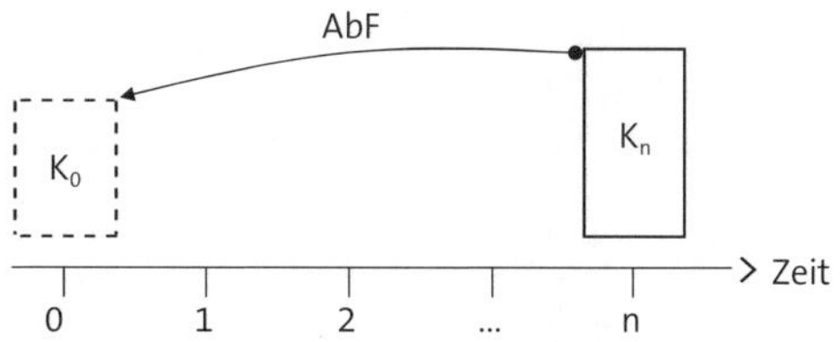
zinst die Glieder g einer Zahlungsreihe unter Berücksichtigung von Zins und Zinseszins ab und addiert gleichzeitig die Barwerte (verwandelt Zahlungsreihe in „Einmalzahlung jetzt")	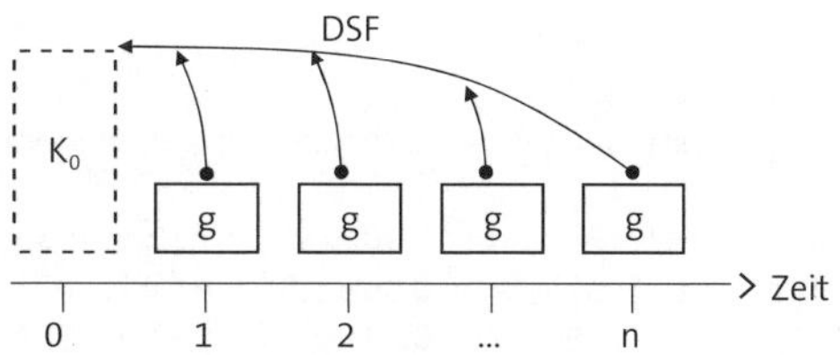
verteilt einen jetzt fälligen Geldbetrag K_0 in gleiche Annuitäten g unter Berücksichtigung von Zins und Zinseszins auf n Perioden (verwandelt „Einmalzahlung jetzt" in Zahlungsreihen)	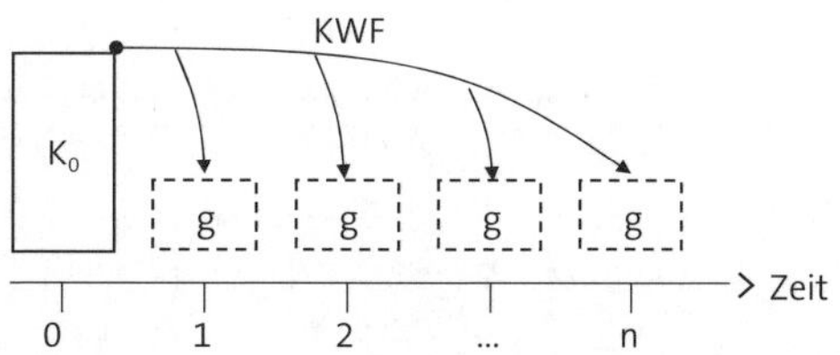
verteilt eine nach n Perioden fällige Einmalzahlung K_n unter Berücksichtigung von Zins und Zinseszins auf die Laufzeit von n Perioden (verwandelt „Einmalzahlung nach n Perioden" in Zahlungsreihe)	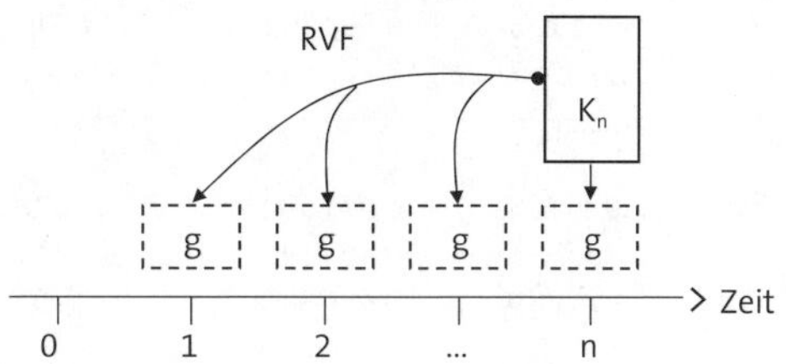
zinst die Glieder g einer Zahlungsreihe unter Berücksichtigung von Zins und Zinseszins auf und addiert gleichzitig die Endwerte (verwandelt Zahlungsreihe in „Einmalzahlung nach n Perioden")	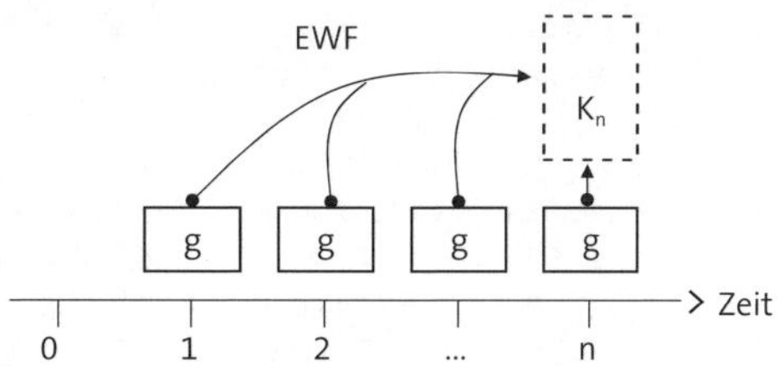

3,00 %						
n	AuF $(1+i)^n$	AbF $(1+i)^{-n}$	DSF $\frac{(1+i)^n-1}{i(1+i)^n}$	KWF $\frac{i(1+i)^n}{(1+i)^n-1}$	EWF $\frac{(1+i)^n-1}{i}$	RVF $\frac{i}{(1+i)^n-1}$
1	1.030000	0.970874	0.970874	1.030000	1.000000	1.000000
2	1.060900	0.942596	1.913470	0.522611	2.030000	0.492611
3	1.092727	0.915142	2.828611	0.353530	3.090900	0.323530
4	1.125509	0.888487	3.717098	0.269027	4.183627	0.239027
5	1.159274	0.862609	4.579707	0.218355	5.309136	0.188355
6	1.194052	0.837484	5.417191	0.184598	6.468410	0.154598
7	1.229874	0.813092	6.230283	0.160506	7.662462	0.130506
8	1.266770	0.789409	7.019692	0.142456	8.892336	0.112456
9	1.304773	0.766417	7.786109	0.128434	10.159106	0.098434
10	1.343916	0.744094	8.530203	0.117231	11.463879	0.087231
11	1.384234	0.722421	9.252624	0.108077	12.807796	0.078077
12	1.425761	0.701380	9.954004	0.100462	14.192030	0.070462
13	1.468534	0.680951	10.634955	0.094030	15.617790	0.064030
14	1.512590	0.661118	11.296073	0.088526	17.086324	0.058526
15	1.557967	0.641862	11.937935	0.083767	18.598914	0.053767
16	1.604706	0.623167	12.561102	0.079611	20.156881	0.049611
17	1.652848	0.605016	13.166118	0.075953	21.761588	0.045953
18	1.702433	0.587395	13.753513	0.072709	23.414435	0.042709
19	1.753506	0.570286	14.323799	0.069814	25.116868	0.039814
20	1.806111	0.553676	14.877475	0.067216	26.870374	0.037216
21	1.860295	0.537549	15.415024	0.064872	28.676486	0.034872
22	1.916103	0.521893	15.936917	0.062747	30.536780	0.032747
23	1.973587	0.506692	16.443608	0.060814	32.452884	0.030814
24	2.032794	0.491934	16.935542	0.059047	34.426470	0.029047
25	2.093778	0.477606	17.413148	0.057428	36.459264	0.027428
26	2.156591	0.463695	17.876842	0.055938	38.553042	0.025938
27	2.221289	0.450189	18.327031	0.054564	40.709634	0.024564
28	2.287928	0.437077	18.764108	0.053293	42.930923	0.023293
29	2.356566	0.424346	19.188455	0.052115	45.218850	0.022115
30	2.427262	0.411987	19.600441	0.051019	47.575416	0.021019
35	2.813862	0.355383	21.487220	0.046539	60.462082	0.016539
40	3.262038	0.306557	23.114772	0.043262	75.401260	0.013262
45	3.781596	0.264439	24.518713	0.040785	92.719861	0.010785
50	4.383906	0.228107	25.729764	0.038865	112.796867	0.008865

3,50 %						
n	AuF $(1+i)^n$	AbF $(1+i)^{-n}$	DSF $\frac{(1+i)^n-1}{i(1+i)^n}$	KWF $\frac{i(1+i)^n}{(1+i)^n-1}$	EWF $\frac{(1+i)^n-1}{i}$	RVF $\frac{i}{(1+i)^n-1}$
1	1.035000	0.966184	0.966184	1.035000	1.000000	1.000000
2	1.071225	0.933511	1.899694	0.526400	2.035000	0.491400
3	1.108718	0.901943	2.801637	0.356934	3.106225	0.321934
4	1.147523	0.871442	3.673079	0.272251	4.214943	0.237251
5	1.187686	0.841973	4.515052	0.221481	5.362466	0.186481
6	1.229255	0.813501	5.328553	0.187668	6.550152	0.152668
7	1.272279	0.785991	6.114544	0.163544	7.779408	0.128544
8	1.316809	0.759412	6.873956	0.145477	9.051687	0.110477
9	1.362897	0.733731	7.607687	0.131446	10.368496	0.096445
10	1.410599	0.708919	8.316605	0.120241	11.731393	0.085241
11	1.459970	0.684946	9.001551	0.111092	13.141992	0.076092
12	1.511069	0.661783	9.663334	0.103484	14.601962	0.068484
13	1.563956	0.639404	10.302738	0.097062	16.113030	0.062062
14	1.618695	0.617782	10.920520	0.091571	17.676986	0.056571
15	1.675349	0.596891	11.517411	0.086825	19.295681	0.051825
16	1.733986	0.576706	12.094117	0.082685	20.971030	0.047685
17	1.794676	0.557204	12.651321	0.079043	22.705016	0.044043
18	1.857489	0.538361	13.189682	0.075817	24.499691	0.040817
19	1.922501	0.520156	13.709837	0.072940	26.357180	0.037940
20	1.989789	0.502566	14.212403	0.070361	28.279682	0.035361
21	2.059431	0.485571	14.697974	0.068037	30.269471	0.033037
22	2.131512	0.469151	15.167125	0.065932	32.328902	0.030932
23	2.206114	0.453286	15.620410	0.064019	34.460414	0.029019
24	2.283328	0.437957	16.058368	0.062273	36.666528	0.027273
25	2.363245	0.423147	16.481515	0.060674	38.949857	0.025674
26	2.445959	0.408838	16.890352	0.059205	41.313102	0.024205
27	2.531567	0.395012	17.285365	0.057852	43.759060	0.022852
28	2.620172	0.381654	17.667019	0.056603	46.290627	0.021603
29	2.711878	0.368748	18.035767	0.055445	48.910799	0.020445
30	2.806794	0.356278	18.392045	0.054371	51.622677	0.019371
35	3.333590	0.299977	20.000661	0.049998	66.674013	0.014998
40	3.959260	0.252572	21.355072	0.046827	84.550278	0.011827
45	4.702359	0.212659	22.495450	0.044453	105.781673	0.009453
50	5.584927	0.179053	23.455618	0.042634	130.997910	0.007634

4,00 %						
n	AuF $(1+i)^n$	AbF $(1+i)^{-n}$	DSF $\frac{(1+i)^n-1}{i(1+i)^n}$	KWF $\frac{i(1+i)^n}{(1+i)^n-1}$	EWF $\frac{(1+i)^n-1}{i}$	RVF $\frac{i}{(1+i)^n-1}$
1	1.040000	0.961538	0.961538	1.040000	1.000000	1.000000
2	1.081600	0.924556	1.886095	0.530196	2.040000	0.490196
3	1.124864	0.888996	2.775091	0.360349	3.121600	0.320349
4	1.169859	0.854804	3.629895	0.275490	4.246464	0.235490
5	1.216653	0.821927	4.451822	0.224627	5.416323	0.184627
6	1.265319	0.790315	5.242137	0.190762	6.632975	0.150762
7	1.315932	0.759918	6.002055	0.166610	7.898294	0.126610
8	1.368569	0.730690	6.732745	0.148528	9.214226	0.108528
9	1.423312	0.702587	7.435332	0.134493	10.582795	0.094493
10	1.480244	0.675564	8.110896	0.123291	12.006107	0.083291
11	1.539454	0.649581	8.760477	0.114149	13.486351	0.074149
12	1.601032	0.624597	9.385074	0.106552	15.025805	0.066552
13	1.665074	0.600574	9.985648	0.100144	16.626838	0.060144
14	1.731676	0.577475	10.563123	0.094669	18.291911	0.054669
15	1.800944	0.555265	11.118387	0.089941	20.023588	0.049941
16	1.872981	0.533908	11.652296	0.085820	21.824531	0.045820
17	1.947900	0.513373	12.165669	0.082199	23.697512	0.042199
18	2.025817	0.493628	12.659297	0.078993	25.645413	0.038993
19	2.106849	0.474642	13.133939	0.076139	27.671229	0.036139
20	2.191123	0.456387	13.590326	0.073582	29.778079	0.033582
21	2.278768	0.438834	14.029160	0.071280	31.969202	0.031280
22	2.369919	0.421955	14.451115	0.069199	34.247970	0.029199
23	2.464716	0.405726	14.856842	0.067309	36.617889	0.027309
24	2.563304	0.390121	15.246963	0.065587	39.082604	0.025587
25	2.665836	0.375117	15.622080	0.064012	41.645908	0.024012
26	2.772470	0.360689	15.982769	0.062567	44.311745	0.022567
27	2.883369	0.346817	16.329586	0.061239	47.084214	0.021239
28	2.998703	0.333477	16.663063	0.060013	49.967583	0.020013
29	3.118651	0.320651	16.983715	0.058880	52.966286	0.018880
30	3.243398	0.308319	17.292033	0.057830	56.084938	0.017830
35	3.946089	0.253415	18.664613	0.053577	73.652225	0.013577
40	4.801021	0.208289	19.792774	0.050523	95.025516	0.010523
45	5.841176	0.171198	20.720040	0.048262	121.029392	0.008262
50	7.106683	0.140713	21.482185	0.046550	152.667084	0.006550

4,50 %						
n	AuF $(1+i)^n$	AbF $(1+i)^{-n}$	DSF $\frac{(1+i)^n-1}{i(1+i)^n}$	KWF $\frac{i(1+i)^n}{(1+i)^n-1}$	EWF $\frac{(1+i)^n-1}{i}$	RVF $\frac{i}{(1+i)^n-1}$
1	1.045000	0.956938	0.956938	1.045000	1.000000	1.000000
2	1.092025	0.915730	1.872668	0.533998	2.045000	0.488998
3	1.141166	0.876297	2.748964	0.363773	3.137025	0.318773
4	1.192519	0.838561	3.587526	0.278744	4.278191	0.233744
5	1.246182	0.802451	4.389977	0.227792	5.470710	0.182792
6	1.302260	0.767896	5.157872	0.193878	6.716892	0.148878
7	1.360862	0.734828	5.892701	0.169701	8.019152	0.124701
8	1.422101	0.703185	6.595886	0.151610	9.380014	0.106610
9	1.486095	0.672904	7.268790	0.137574	10.802114	0.092574
10	1.552969	0.643928	7.912718	0.126379	12.288209	0.081379
11	1.622853	0.616199	8.528917	0.117248	13.841179	0.072248
12	1.695881	0.589664	9.118581	0.109666	15.464032	0.064666
13	1.772196	0.564272	9.682852	0.103275	17.159913	0.058275
14	1.851945	0.539973	10.222825	0.097820	18.932109	0.052820
15	1.935282	0.516720	10.739546	0.093114	20.784054	0.048114
16	2.022370	0.494469	11.234015	0.089015	22.719337	0.044015
17	2.113377	0.473176	11.707191	0.085418	24.741707	0.040418
18	2.208479	0.452800	12.159992	0.082237	26.855084	0.037237
19	2.307860	0.433302	12.593294	0.079407	29.063562	0.034407
20	2.411714	0.414643	13.007936	0.076876	31.371423	0.031876
21	2.520241	0.396787	13.404724	0.074601	33.783137	0.029601
22	2.633652	0.379701	13.784425	0.072546	36.303378	0.027546
23	2.752166	0.363350	14.147775	0.070682	38.937030	0.025682
24	2.876014	0.347703	14.495478	0.068987	41.689196	0.023987
25	3.005434	0.332731	14.828209	0.067439	44.565210	0.022439
26	3.140679	0.318402	15.146611	0.066021	47.570645	0.021021
27	3.282010	0.304691	15.451303	0.064719	50.711324	0.019719
28	3.429700	0.291571	15.742874	0.063521	53.993333	0.018521
29	3.584036	0.279015	16.021889	0.062415	57.423033	0.017415
30	3.745318	0.267000	16.288889	0.061392	61.007070	0.016392
35	4.667348	0.214254	17.461012	0.057270	81.496618	0.012270
40	5.816365	0.171929	18.401584	0.054343	107.030323	0.009343
45	7.248248	0.137964	19.156347	0.052202	138.849965	0.007202
50	9.032636	0.110710	19.762008	0.050602	178.503028	0.005602

5,00 %						
n	AuF $(1+i)^n$	AbF $(1+i)^{-n}$	DSF $\frac{(1+i)^n-1}{i(1+i)^n}$	KWF $\frac{i(1+i)^n}{(1+i)^n-1}$	EWF $\frac{(1+i)^n-1}{i}$	RVF $\frac{i}{(1+i)^n-1}$
1	1.050000	0.952381	0.952381	1.050000	1.000000	1.000000
2	1.102500	0.907029	1.859410	0.537805	2.050000	0.487805
3	1.157625	0.863838	2.723248	0.367209	3.152500	0.317209
4	1.215506	0.822702	3.545951	0.282012	4.310125	0.232012
5	1.276282	0.783526	4.329477	0.230975	5.525631	0.180975
6	1.340096	0.746215	5.075692	0.197017	6.801913	0.147017
7	1.407100	0.710681	5.786373	0.172820	8.142008	0.122820
8	1.477455	0.676839	6.463213	0.154722	9.549109	0.104722
9	1.551328	0.644609	7.107822	0.140690	11.026564	0.090690
10	1.628895	0.613913	7.721735	0.129505	12.577893	0.079505
11	1.710339	0.584679	8.306414	0.120389	14.206787	0.070389
12	1.795856	0.556837	8.863252	0.112825	15.917127	0.062825
13	1.885649	0.530321	9.393573	0.106456	17.712983	0.056456
14	1.979932	0.505068	9.898641	0.101024	19.598632	0.051024
15	2.078928	0.481017	10.379658	0.096342	21.578564	0.046342
16	2.182875	0.458112	10.837770	0.092270	23.657492	0.042270
17	2.292018	0.436297	11.274066	0.088699	25.840366	0.038699
18	2.406619	0.415521	11.689587	0.085546	28.132385	0.035546
19	2.526950	0.395734	12.085321	0.082745	30.539004	0.032745
20	2.653298	0.376889	12.462210	0.080243	33.065954	0.030243
21	2.785963	0.358942	12.821153	0.077996	35.719252	0.027996
22	2.925261	0.341850	13.163003	0.075971	38.505214	0.025971
23	3.071524	0.325571	13.488574	0.074137	41.430475	0.024137
24	3.225100	0.310068	13.798642	0.072471	44.501999	0.022471
25	3.386355	0.295303	14.093945	0.070952	47.727099	0.020952
26	3.555673	0.281241	14.375185	0.069564	51.113454	0.019564
27	3.733456	0.267848	14.643034	0.068292	54.669126	0.018292
28	3.920129	0.255094	14.898127	0.067123	58.402583	0.017123
29	4.116136	0.242946	15.141074	0.066046	62.322712	0.016046
30	4.321942	0.231377	15.372451	0.065051	66.438848	0.015051
35	5.516015	0.181290	16.374194	0.061072	90.320307	0.011072
40	7.039989	0.142046	17.159086	0.058278	120.799774	0.008278
45	8.985008	0.111297	17.774070	0.056262	159.700156	0.006262
50	11.467400	0.087204	18.255925	0.054777	209.347996	0.004777

5,50 %						
n	AuF $(1+i)^n$	AbF $(1+i)^{-n}$	DSF $\frac{(1+i)^n-1}{i(1+i)^n}$	KWF $\frac{i(1+i)^n}{(1+i)^n-1}$	EWF $\frac{(1+i)^n-1}{i}$	RVF $\frac{i}{(1+i)^n-1}$
1	1.055000	0.947867	0.947867	1.055000	1.000000	1.000000
2	1.113025	0.898452	1.846320	0.541618	2.055000	0.486618
3	1.174241	0.851614	2.697933	0.370654	3.168025	0.315654
4	1.238825	0.807217	3.505150	0.285294	4.342266	0.230294
5	1.306960	0.765134	4.270284	0.234176	5.581091	0.179176
6	1.378843	0.725246	4.995530	0.200179	6.888051	0.145179
7	1.454679	0.687437	5.682967	0.175964	8.266894	0.120964
8	1.534687	0.651599	6.334566	0.157864	9.721573	0.102864
9	1.619094	0.617629	6.952195	0.143839	11.256260	0.088839
10	1.708144	0.585431	7.537626	0.132668	12.875354	0.077668
11	1.802092	0.554911	8.092536	0.123571	14.583498	0.068571
12	1.901207	0.525982	8.618518	0.116029	16.385591	0.061029
13	2.005774	0.498561	9.117079	0.109684	18.286798	0.054684
14	2.116091	0.472569	9.589648	0.104279	20.292572	0.049279
15	2.232476	0.447933	10.037581	0.099626	22.408663	0.044626
16	2.355263	0.424581	10.462162	0.095583	24.641140	0.040583
17	2.484802	0.402447	10.864609	0.092042	26.996403	0.037042
18	2.621466	0.381466	11.246074	0.088920	29.481205	0.033920
19	2.765647	0.361579	11.607654	0.086150	32.102671	0.031150
20	2.917757	0.342729	11.950382	0.083679	34.868318	0.028679
21	3.078234	0.324862	12.275244	0.081465	37.786076	0.026465
22	3.247537	0.307926	12.583170	0.079471	40.864310	0.024471
23	3.426152	0.291873	12.875042	0.077670	44.111847	0.022670
24	3.614590	0.276657	13.151699	0.076036	47.537998	0.021036
25	3.813392	0.262234	13.413933	0.074549	51.152588	0.019549
26	4.023129	0.248563	13.662495	0.073193	54.965981	0.018193
27	4.244401	0.235605	13.898100	0.071952	58.989109	0.016952
28	4.477843	0.223322	14.121422	0.070814	63.233510	0.015814
29	4.724124	0.211679	14.333101	0.069769	67.711354	0.014769
30	4.983951	0.200644	14.533745	0.068805	72.435478	0.013805
35	6.513825	0.153520	15.390552	0.064975	100.251364	0.009975
40	8.513309	0.117463	16.046125	0.062320	136.605614	0.007320
45	11.126554	0.089875	16.547726	0.060431	184.119165	0.005431
50	14.541961	0.068767	16.931518	0.059061	246.217476	0.004061

6,00 %						
n	AuF $(1+i)^n$	AbF $(1+i)^{-n}$	DSF $\frac{(1+i)^n-1}{i(1+i)^n}$	KWF $\frac{i(1+i)^n}{(1+i)^n-1}$	EWF $\frac{(1+i)^n-1}{i}$	RVF $\frac{i}{(1+i)^n-1}$
1	1.060000	0.943396	0.943396	1.060000	1.000000	1.000000
2	1.123600	0.889996	1.833393	0.545437	2.060000	0.485437
3	1.191016	0.839619	2.673012	0.374110	3.183600	0.314110
4	1.262477	0.792094	3.465106	0.288591	4.374616	0.228591
5	1.338226	0.747258	4.212364	0.237396	5.637093	0.177396
6	1.418519	0.704961	4.917324	0.203363	6.975319	0.143363
7	1.503630	0.665057	5.582381	0.179135	8.393838	0.119135
8	1.593848	0.627412	6.209794	0.161036	9.897468	0.101036
9	1.689479	0.591898	6.801692	0.147022	11.491316	0.087022
10	1.790848	0.558395	7.360087	0.135868	13.180795	0.075868
11	1.898299	0.526788	7.886875	0.126793	14.971643	0.066793
12	2.012196	0.496969	8.383844	0.119277	16.869941	0.059277
13	2.132928	0.468839	8.852683	0.112960	18.882138	0.052960
14	2.260904	0.442301	9.294984	0.107585	21.015066	0.047585
15	2.396558	0.417265	9.712249	0.102963	23.275970	0.042963
16	2.540352	0.393646	10.105895	0.098952	25.672528	0.038952
17	2.692773	0.371364	10.477260	0.095445	28.212880	0.035445
18	2.854339	0.350344	10.827603	0.092357	30.905653	0.032357
19	3.025600	0.330513	11.158116	0.089621	33.759992	0.029621
20	3.207135	0.311805	11.469921	0.087185	36.785591	0.027185
21	3.399564	0.294155	11.764077	0.085005	39.992727	0.025005
22	3.603537	0.277505	12.041582	0.083046	43.392290	0.023046
23	3.819750	0.261797	12.303379	0.081278	46.995828	0.021278
24	4.048935	0.246979	12.550358	0.079679	50.815577	0.019679
25	4.291871	0.232999	12.783356	0.078227	54.864512	0.018227
26	4.549383	0.219810	13.003166	0.076904	59.156383	0.016904
27	4.822346	0.207368	13.210534	0.075697	63.705766	0.015697
28	5.111687	0.195630	13.406164	0.074593	68.528112	0.014593
29	5.418388	0.184557	13.590721	0.073580	73.639798	0.013580
30	5.743491	0.174110	13.764831	0.072649	79.058186	0.012649
35	7.686087	0.130105	14.498246	0.068974	111.434780	0.008974
40	10.285718	0.097222	15.046297	0.066462	154.761966	0.006462
45	13.764611	0.072650	15.455832	0.064700	212.743514	0.004700
50	18.420154	0.054288	15.761861	0.063444	290.335905	0.003444

6,50 %						
n	AuF $(1+i)^n$	AbF $(1+i)^{-n}$	DSF $\frac{(1+i)^n-1}{i(1+i)^n}$	KWF $\frac{i(1+i)^n}{(1+i)^n-1}$	EWF $\frac{(1+i)^n-1}{i}$	RVF $\frac{i}{(1+i)^n-1}$
1	1.065000	0.938967	0.938967	1.065000	1.000000	1.000000
2	1.134225	0.881659	1.820626	0.549262	2.065000	0.484262
3	1.207950	0.827849	2.648476	0.377576	3.199225	0.312576
4	1.286466	0.777323	3.425799	0.291903	4.407175	0.226903
5	1.370087	0.729881	4.155679	0.240635	5.693641	0.175635
6	1.459142	0.685334	4.841014	0.206568	7.063728	0.141568
7	1.553987	0.643506	5.484520	0.182331	8.522870	0.117331
8	1.654996	0.604231	6.088751	0.164237	10.076856	0.099237
9	1.762570	0.567353	6.656104	0.150238	11.731852	0.085238
10	1.877137	0.532726	7.188830	0.139105	13.494423	0.074105
11	1.999151	0.500212	7.689042	0.130055	15.371560	0.065055
12	2.129096	0.469683	8.158725	0.122568	17.370711	0.057568
13	2.267487	0.441017	8.599742	0.116283	19.499808	0.051283
14	2.414874	0.414100	9.013842	0.110940	21.767295	0.045940
15	2.571841	0.388827	9.402669	0.106353	24.182169	0.041353
16	2.739011	0.365095	9.767764	0.102378	26.754010	0.037378
17	2.917046	0.342813	10.110577	0.098906	29.493021	0.033906
18	3.106654	0.321890	10.432466	0.095855	32.410067	0.030855
19	3.308587	0.302244	10.734710	0.093156	35.516722	0.028156
20	3.523645	0.283797	11.018507	0.090756	38.825309	0.025756
21	3.752682	0.266476	11.284983	0.088613	42.348954	0.023613
22	3.996606	0.250212	11.535196	0.086691	46.101636	0.021691
23	4.256386	0.234941	11.770137	0.084961	50.098242	0.019961
24	4.533051	0.220602	11.990739	0.083398	54.354628	0.018398
25	4.827699	0.207138	12.197877	0.081981	58.887679	0.016981
26	5.141500	0.194496	12.392373	0.080695	63.715378	0.015695
27	5.475697	0.182625	12.574998	0.079523	68.856877	0.014523
28	5.831617	0.171479	12.746477	0.078453	74.332574	0.013453
29	6.210672	0.161013	12.907490	0.077474	80.164192	0.012474
30	6.614366	0.151186	13.058676	0.076577	86.374864	0.011577
35	9.062255	0.110348	13.686957	0.073062	124.034690	0.008062
40	12.416075	0.080541	14.145527	0.070694	175.631916	0.005694
45	17.011098	0.058785	14.480228	0.069060	246.324587	0.004060
50	23.306679	0.042906	14.724521	0.067914	343.179672	0.002914

7,00 %						
n	AuF $(1+i)^n$	AbF $(1+i)^{-n}$	DSF $\frac{(1+i)^n-1}{i(1+i)^n}$	KWF $\frac{i(1+i)^n}{(1+i)^n-1}$	EWF $\frac{(1+i)^n-1}{i}$	RVF $\frac{i}{(1+i)^n-1}$
1	1.070000	0.934579	0.934579	1.070000	1.000000	1.000000
2	1.144900	0.873439	1.808018	0.553092	2.070000	0.483092
3	1.225043	0.816298	2.624316	0.381052	3.214900	0.311052
4	1.310796	0.762895	3.387211	0.295228	4.439943	0.225228
5	1.402552	0.712986	4.100197	0.243891	5.750739	0.173891
6	1.500730	0.666342	4.766540	0.209796	7.153291	0.139796
7	1.605781	0.622750	5.389289	0.185553	8.654021	0.115553
8	1.718186	0.582009	5.971299	0.167468	10.259803	0.097468
9	1.838459	0.543934	6.515232	0.153486	11.977989	0.083486
10	1.967151	0.508349	7.023582	0.142378	13.816448	0.072378
11	2.104852	0.475093	7.498674	0.133357	15.783599	0.063357
12	2.252192	0.444012	7.942686	0.125902	17.888451	0.055902
13	2.409845	0.414964	8.357651	0.119651	20.140643	0.049651
14	2.578534	0.387817	8.745468	0.114345	22.550488	0.044345
15	2.759032	0.362446	9.107914	0.109795	25.129022	0.039795
16	2.952164	0.338735	9.446649	0.105858	27.888054	0.035858
17	3.158815	0.316574	9.763223	0.102425	30.840217	0.032425
18	3.379932	0.295864	10.059087	0.099413	33.999033	0.029413
19	3.616528	0.276508	10.335595	0.096753	37.378965	0.026753
20	3.869684	0.258419	10.594014	0.094393	40.995492	0.024393
21	4.140562	0.241513	10.835527	0.092289	44.865177	0.022289
22	4.430402	0.225713	11.061240	0.090406	49.005739	0.020406
23	4.740530	0.210947	11.272187	0.088714	53.436141	0.018714
24	5.072367	0.197147	11.469334	0.087189	58.176671	0.017189
25	5.427433	0.184249	11.653583	0.085811	63.249038	0.015811
26	5.807353	0.172195	11.825779	0.084561	68.676470	0.014561
27	6.213868	0.160930	11.986709	0.083426	74.483823	0.013426
28	6.648838	0.150402	12.137111	0.082392	80.697691	0.012392
29	7.114257	0.140563	12.277674	0.081449	87.346529	0.011449
30	7.612255	0.131367	12.409041	0.080586	94.460786	0.010586
35	10.676581	0.093663	12.947672	0.077234	138.236878	0.007234
40	14.974458	0.066780	13.331709	0.075009	199.635112	0.005009
45	21.002452	0.047613	13.605522	0.073500	285.749311	0.003500
50	29.457025	0.033948	13.800746	0.072460	406.528929	0.002460

7,50 %						
n	AuF $(1+i)^n$	AbF $(1+i)^{-n}$	DSF $\frac{(1+i)^n-1}{i(1+i)^n}$	KWF $\frac{i(1+i)^n}{(1+i)^n-1}$	EWF $\frac{(1+i)^n-1}{i}$	RVF $\frac{i}{(1+i)^n-1}$
1	1.075000	0.930233	0.930233	1.075000	1.000000	1.000000
2	1.155625	0.865333	1.795565	0.556928	2.075000	0.481928
3	1.242297	0.804961	2.600526	0.384538	3.230625	0.309538
4	1.335469	0.748801	3.349326	0.298568	4.472922	0.223568
5	1.435629	0.696559	4.045885	0.247165	5.808391	0.172165
6	1.543302	0.647962	4.693846	0.213045	7.244020	0.138045
7	1.659049	0.602755	5.296601	0.188800	8.787322	0.113800
8	1.783478	0.560702	5.857304	0.170727	10.446371	0.095727
9	1.917239	0.521583	6.378887	0.156767	12.229849	0.081767
10	2.061032	0.485194	6.864081	0.145686	14.147087	0.070686
11	2.215609	0.451343	7.315424	0.136697	16.208119	0.061697
12	2.381780	0.419854	7.735278	0.129278	18.423728	0.054278
13	2.560413	0.390562	8.125840	0.123064	20.805508	0.048064
14	2.752444	0.363313	8.489154	0.117797	23.365921	0.042797
15	2.958877	0.337966	8.827120	0.113287	26.118365	0.038287
16	3.180793	0.314387	9.141507	0.109391	29.077242	0.034391
17	3.419353	0.292453	9.433960	0.106000	32.258035	0.031000
18	3.675804	0.272049	9.706009	0.103029	35.677388	0.028029
19	3.951489	0.253069	9.959078	0.100411	39.353192	0.025411
20	4.247851	0.235413	10.194491	0.098092	43.304681	0.023092
21	4.566440	0.218989	10.413480	0.096029	47.552532	0.021029
22	4.908923	0.203711	10.617191	0.094187	52.118972	0.019187
23	5.277092	0.189498	10.806689	0.092535	57.027895	0.017535
24	5.672874	0.176277	10.982967	0.091050	62.304987	0.016050
25	6.098340	0.163979	11.146946	0.089711	67.977862	0.014711
26	6.555715	0.152539	11.299485	0.088500	74.076201	0.013500
27	7.047394	0.141896	11.441381	0.087402	80.631916	0.012402
28	7.575948	0.131997	11.573378	0.086405	87.679310	0.011405
29	8.144144	0.122788	11.696165	0.085498	95.255258	0.010498
30	8.754955	0.114221	11.810386	0.084671	103.399403	0.009671
35	12.568870	0.079562	12.272511	0.081483	154.251606	0.006483
40	18.044239	0.055419	12.594409	0.079400	227.256520	0.004400
45	25.904839	0.038603	12.818629	0.078011	332.064515	0.003011
50	37.189746	0.026889	12.974812	0.077072	482.529947	0.002072

8,00 %						
n	AuF $(1+i)^n$	AbF $(1+i)^{-n}$	DSF $\frac{(1+i)^n-1}{i(1+i)^n}$	KWF $\frac{i(1+i)^n}{(1+i)^n-1}$	EWF $\frac{(1+i)^n-1}{i}$	RVF $\frac{i}{(1+i)^n-1}$
1	1.080000	0.925926	0.925926	1.080000	1.000000	1.000000
2	1.166400	0.857339	1.783265	0.560769	2.080000	0.480769
3	1.259712	0.793832	2.577097	0.388034	3.246400	0.308034
4	1.360489	0.735030	3.312127	0.301921	4.506112	0.221921
5	1.469328	0.680583	3.992710	0.250456	5.866601	0.170456
6	1.586874	0.630170	4.622880	0.216315	7.335929	0.136315
7	1.713824	0.583490	5.206370	0.192072	8.922803	0.112072
8	1.850930	0.540269	5.746639	0.174015	10.636628	0.094015
9	1.999005	0.500249	6.246888	0.160080	12.487558	0.080080
10	2.158925	0.463193	6.710081	0.149029	14.486562	0.069029
11	2.331639	0.428883	7.138964	0.140076	16.645487	0.060076
12	2.518170	0.397114	7.536078	0.132695	18.977126	0.052695
13	2.719624	0.367698	7.903776	0.126522	21.495297	0.046522
14	2.937194	0.340461	8.244237	0.121297	24.214920	0.041297
15	3.172169	0.315242	8.559479	0.116830	27.152114	0.036830
16	3.425943	0.291890	8.851369	0.112977	30.324283	0.032977
17	3.700018	0.270269	9.121638	0.109629	33.750226	0.029629
18	3.996019	0.250249	9.371887	0.106702	37.450244	0.026702
19	4.315701	0.231712	9.603599	0.104128	41.446263	0.024128
20	4.660957	0.214548	9.818147	0.101852	45.761964	0.021852
21	5.033834	0.198656	10.016803	0.099832	50.422921	0.019832
22	5.436540	0.183941	10.200744	0.098032	55.456755	0.018032
23	5.871464	0.170315	10.371059	0.096422	60.893296	0.016422
24	6.341181	0.157699	10.528758	0.094978	66.764759	0.014978
25	6.848475	0.146018	10.674776	0.093679	73.105940	0.013679
26	7.396353	0.135202	10.809978	0.092507	79.954415	0.012507
27	7.988061	0.125187	10.935165	0.091448	87.350768	0.011448
28	8.627106	0.115914	11.051078	0.090489	95.338830	0.010489
29	9.317275	0.107328	11.158406	0.089619	103.965936	0.009619
30	10.062657	0.099377	11.257783	0.088827	113.283211	0.008827
35	14.785344	0.067635	11.654568	0.085803	172.316804	0.005803
40	21.724521	0.046031	11.924613	0.083860	259.056519	0.003860
45	31.920449	0.031328	12.108402	0.082587	386.505617	0.002587
50	46.901613	0.021321	12.233485	0.081743	573.770156	0.001743

8,50 %						
n	AuF $(1+i)^n$	AbF $(1+i)^{-n}$	DSF $\frac{(1+i)^n-1}{i(1+i)^n}$	KWF $\frac{i(1+i)^n}{(1+i)^n-1}$	EWF $\frac{(1+i)^n-1}{i}$	RVF $\frac{i}{(1+i)^n-1}$
1	1.085000	0.921659	0.921659	1.085000	1.000000	1.000000
2	1.177225	0.849455	1.771114	0.564616	2.085000	0.479616
3	1.277289	0.782908	2.554022	0.391539	3.262225	0.306539
4	1.385859	0.721574	3.275597	0.305288	4.539514	0.220288
5	1.503657	0.665045	3.940642	0.253766	5.925373	0.168766
6	1.631468	0.612945	4.553587	0.219607	7.429030	0.134607
7	1.770142	0.564926	5.118514	0.195369	9.060497	0.110369
8	1.920604	0.520669	5.639183	0.177331	10.830639	0.092331
9	2.083856	0.479880	6.119063	0.163424	12.751244	0.078424
10	2.260983	0.442285	6.561348	0.152408	14.835099	0.067408
11	2.453167	0.407636	6.968984	0.143493	17.096083	0.058493
12	2.661686	0.375702	7.344686	0.136153	19.549250	0.051153
13	2.887930	0.346269	7.690955	0.130023	22.210936	0.045023
14	3.133404	0.319142	8.010097	0.124842	25.098866	0.039842
15	3.399743	0.294140	8.304237	0.120420	28.232269	0.035420
16	3.688721	0.271097	8.575333	0.116614	31.632012	0.031614
17	4.002262	0.249859	8.825192	0.113312	35.320733	0.028312
18	4.342455	0.230285	9.055476	0.110430	39.322995	0.025430
19	4.711563	0.212244	9.267720	0.107901	43.665450	0.022901
20	5.112046	0.195616	9.463337	0.105671	48.377013	0.020671
21	5.546570	0.180292	9.643628	0.103695	53.489059	0.018695
22	6.018028	0.166167	9.809796	0.101939	59.035629	0.016939
23	6.529561	0.153150	9.962945	0.100372	65.053658	0.015372
24	7.084574	0.141152	10.104097	0.098970	71.583219	0.013970
25	7.686762	0.130094	10.234191	0.097712	78.667792	0.012712
26	8.340137	0.119902	10.354093	0.096580	86.354555	0.011580
27	9.049049	0.110509	10.464602	0.095560	94.694692	0.010560
28	9.818218	0.101851	10.566453	0.094639	103.743741	0.009639
29	10.652766	0.093872	10.660326	0.093806	113.561959	0.008806
30	11.558252	0.086518	10.746844	0.093051	124.214725	0.008051
35	17.379642	0.057539	11.087781	0.090189	192.701675	0.005189
40	26.133016	0.038266	11.314520	0.088382	295.682536	0.003382
45	39.295084	0.025448	11.465312	0.087220	450.530397	0.002220
50	59.086316	0.016924	11.565595	0.086463	683.368418	0.001463

9,00 %						
n	AuF $(1+i)^n$	AbF $(1+i)^{-n}$	DSF $\frac{(1+i)^n-1}{i(1+i)^n}$	KWF $\frac{i(1+i)^n}{(1+i)^n-1}$	EWF $\frac{(1+i)^n-1}{i}$	RVF $\frac{i}{(1+i)^n-1}$
1	1.090000	0.917431	0.917431	1.090000	1.000000	1.000000
2	1.188100	0.841680	1.759111	0.568469	2.090000	0.478469
3	1.295029	0.772183	2.531295	0.395055	3.278100	0.305055
4	1.411582	0.708425	3.239720	0.308669	4.573129	0.218669
5	1.538624	0.649931	3.889651	0.257092	5.984711	0.167092
6	1.677100	0.596267	4.485919	0.222920	7.523335	0.132920
7	1.828039	0.547034	5.032953	0.198691	9.200435	0.108691
8	1.992563	0.501866	5.534819	0.180674	11.028474	0.090674
9	2.171893	0.460428	5.995247	0.166799	13.021036	0.076799
10	2.367364	0.422411	6.417658	0.155820	15.192930	0.065820
11	2.580426	0.387533	6.805191	0.146947	17.560293	0.056947
12	2.812665	0.355535	7.160725	0.139651	20.140720	0.049651
13	3.065805	0.326179	7.486904	0.133567	22.953385	0.043567
14	3.341727	0.299246	7.786150	0.128433	26.019189	0.038433
15	3.642482	0.274538	8.060688	0.124059	29.360916	0.034059
16	3.970306	0.251870	8.312558	0.120300	33.003399	0.030300
17	4.327633	0.231073	8.543631	0.117046	36.973705	0.027046
18	4.717120	0.211994	8.755625	0.114212	41.301338	0.024212
19	5.141661	0.194490	8.950115	0.111730	46.018458	0.021730
20	5.604411	0.178431	9.128546	0.109546	51.160120	0.019546
21	6.108808	0.163698	9.292244	0.107617	56.764530	0.017617
22	6.658600	0.150182	9.442425	0.105905	62.873338	0.015905
23	7.257874	0.137781	9.580207	0.104382	69.531939	0.014382
24	7.911083	0.126405	9.706612	0.103023	76.789813	0.013023
25	8.623081	0.115968	9.822580	0.101806	84.700896	0.011806
26	9.399158	0.106393	9.928972	0.100715	93.323977	0.010715
27	10.245082	0.097608	10.026580	0.099735	102.723135	0.009735
28	11.167140	0.089548	10.116128	0.098852	112.968217	0.008852
29	12.172182	0.082155	10.198283	0.098056	124.135356	0.008056
30	13.267678	0.075371	10.273654	0.097336	136.307539	0.007336
35	20.413968	0.048986	10.566821	0.094636	215.710755	0.004636
40	31.409420	0.031838	10.757360	0.092960	337.882445	0.002960
45	48.327286	0.020692	10.881197	0.091902	525.858734	0.001902
50	74.357520	0.013449	10.961683	0.091227	815.083556	0.001227

9,50 %						
n	AuF $(1+i)^n$	AbF $(1+i)^{-n}$	DSF $\frac{(1+i)^n-1}{i(1+i)^n}$	KWF $\frac{i(1+i)^n}{(1+i)^n-1}$	EWF $\frac{(1+i)^n-1}{i}$	RVF $\frac{i}{(1+i)^n-1}$
1	1.095000	0.913242	0.913242	1.095000	1.000000	1.000000
2	1.199025	0.834011	1.747253	0.572327	2.095000	0.477327
3	1.312932	0.761654	2.508907	0.398580	3.294025	0.303580
4	1.437661	0.695574	3.204481	0.312063	4.606957	0.217063
5	1.574239	0.635228	3.839709	0.260436	6.044618	0.165436
6	1.723791	0.580117	4.419825	0.226253	7.618857	0.131253
7	1.887552	0.529787	4.949612	0.202036	9.342648	0.107036
8	2.066869	0.483824	5.433436	0.184046	11.230200	0.089046
9	2.263222	0.441848	5.875284	0.170205	13.297069	0.075205
10	2.478228	0.403514	6.278798	0.159266	15.560291	0.064266
11	2.713659	0.368506	6.647304	0.150437	18.038518	0.055437
12	2.971457	0.336535	6.983839	0.143188	20.752178	0.048188
13	3.253745	0.307338	7.291178	0.137152	23.723634	0.042152
14	3.562851	0.280674	7.571852	0.132068	26.977380	0.037068
15	3.901322	0.256323	7.828175	0.127744	30.540231	0.032744
16	4.271948	0.234085	8.062260	0.124035	34.441553	0.029035
17	4.677783	0.213777	8.276037	0.120831	38.713500	0.025831
18	5.122172	0.195230	8.471266	0.118046	43.391283	0.023046
19	5.608778	0.178292	8.649558	0.115613	48.513454	0.020613
20	6.141612	0.162824	8.812382	0.113477	54.122233	0.018477
21	6.725065	0.148697	8.961080	0.111594	60.263845	0.016594
22	7.363946	0.135797	9.096876	0.109928	66.988910	0.014928
23	8.063521	0.124015	9.220892	0.108449	74.352856	0.013449
24	8.829556	0.113256	9.334148	0.107134	82.416378	0.012134
25	9.668364	0.103430	9.437578	0.105959	91.245934	0.010959
26	10.586858	0.094457	9.532034	0.104909	100.914297	0.009909
27	11.592610	0.086262	9.618296	0.103969	111.501156	0.008969
28	12.693908	0.078778	9.697074	0.103124	123.093766	0.008124
29	13.899829	0.071943	9.769018	0.102364	135.787673	0.007364
30	15.220313	0.065702	9.834719	0.101681	149.687502	0.006681
35	23.960406	0.041736	10.086995	0.099138	241.688483	0.004138
40	37.719399	0.026512	10.247247	0.097587	386.519992	0.002587
45	59.379340	0.016841	10.349043	0.096627	614.519364	0.001627
50	93.477257	0.010698	10.413707	0.096027	973.444808	0.001027

10,00 %						
n	AuF $(1+i)^n$	AbF $(1+i)^{-n}$	DSF $\frac{(1+i)^n-1}{i(1+i)^n}$	KWF $\frac{i(1+i)^n}{(1+i)^n-1}$	EWF $\frac{(1+i)^n-1}{i}$	RVF $\frac{i}{(1+i)^n-1}$
1	1.100000	0.909091	0.909091	1.100000	1.000000	1.000000
2	1.210000	0.826446	1.735537	0.576190	2.100000	0.476190
3	1.331000	0.751315	2.486852	0.402115	3.310000	0.302115
4	1.464100	0.683013	3.169865	0.315471	4.641000	0.215471
5	1.610510	0.620921	3.790787	0.263797	6.105100	0.163797
6	1.771561	0.564474	4.355261	0.229607	7.715610	0.129607
7	1.948717	0.513158	4.868419	0.205405	9.487171	0.105405
8	2.143589	0.466507	5.334926	0.187444	11.435888	0.087444
9	2.357948	0.424098	5.759024	0.173641	13.579477	0.073641
10	2.593742	0.385543	6.144567	0.162745	15.937425	0.062745
11	2.853117	0.350494	6.495061	0.153963	18.531167	0.053963
12	3.138428	0.318631	6.813692	0.146763	21.384284	0.046763
13	3.452271	0.289664	7.103356	0.140779	24.522712	0.040779
14	3.797498	0.263331	7.366687	0.135746	27.974983	0.035746
15	4.177248	0.239392	7.606080	0.131474	31.772482	0.031474
16	4.594973	0.217629	7.823709	0.127817	35.949730	0.027817
17	5.054470	0.197845	8.021553	0.124664	40.544703	0.024664
18	5.559917	0.179859	8.201412	0.121930	45.599173	0.021930
19	6.115909	0.163508	8.364920	0.119547	51.159090	0.019547
20	6.727500	0.148644	8.513564	0.117460	57.274999	0.017460
21	7.400250	0.135131	8.648694	0.115624	64.002499	0.015624
22	8.140275	0.122846	8.771540	0.114005	71.402749	0.014005
23	8.954302	0.111678	8.883218	0.112572	79.543024	0.012572
24	9.849733	0.101526	8.984744	0.111300	88.497327	0.011300
25	10.834706	0.092296	9.077040	0.110168	98.347059	0.010168
26	11.918177	0.083905	9.160945	0.109159	109.181765	0.009159
27	13.109994	0.076278	9.237223	0.108258	121.099942	0.008258
28	14.420994	0.069343	9.306567	0.107451	134.209936	0.007451
29	15.863093	0.063039	9.369606	0.106728	148.630930	0.006728
30	17.449402	0.057309	9.426914	0.106079	164.494023	0.006079
35	28.102437	0.035584	9.644159	0.103690	271.024368	0.003690
40	45.259256	0.022095	9.779051	0.102259	442.592556	0.002259
45	72.890484	0.013719	9.862808	0.101391	718.904837	0.001391
50	117.390853	0.008519	9.914814	0.100859	1.163.908529	0.000859

10,50 %						
n	AuF $(1+i)^n$	AbF $(1+i)^{-n}$	DSF $\frac{(1+i)^n-1}{i(1+i)^n}$	KWF $\frac{i(1+i)^n}{(1+i)^n-1}$	EWF $\frac{(1+i)^n-1}{i}$	RVF $\frac{i}{(1+i)^n-1}$
1	1.105000	0.904977	0.904977	1.105000	1.000000	1.000000
2	1.221025	0.818984	1.723961	0.580059	2.105000	0.475059
3	1.349233	0.741162	2.465123	0.405659	3.326025	0.300659
4	1.490902	0.670735	3.135858	0.318892	4.675258	0.213892
5	1.647447	0.607000	3.742858	0.267175	6.166160	0.162175
6	1.820429	0.549321	4.292179	0.232982	7.813606	0.127982
7	2.011574	0.497123	4.789303	0.208799	9.634035	0.103799
8	2.222789	0.449885	5.239188	0.190869	11.645609	0.085869
9	2.456182	0.407136	5.646324	0.177106	13.868398	0.072106
10	2.714081	0.368449	6.014773	0.166257	16.324579	0.061257
11	2.999059	0.333438	6.348211	0.157525	19.038660	0.052525
12	3.313961	0.301754	6.649964	0.150377	22.037720	0.045377
13	3.661926	0.273080	6.923045	0.144445	25.351680	0.039445
14	4.046429	0.247132	7.170176	0.139467	29.013607	0.034467
15	4.471304	0.223648	7.393825	0.135248	33.060035	0.030248
16	4.940791	0.202397	7.596221	0.131644	37.531339	0.026644
17	5.459574	0.183164	7.779386	0.128545	42.472130	0.023545
18	6.032829	0.165760	7.945146	0.125863	47.931703	0.020863
19	6.666276	0.150009	8.095154	0.123531	53.964532	0.018531
20	7.366235	0.135755	8.230909	0.121493	60.630808	0.016493
21	8.139690	0.122855	8.353764	0.119707	67.997043	0.014707
22	8.994357	0.111181	8.464945	0.118134	76.136732	0.013134
23	9.938764	0.100616	8.565561	0.116747	85.131089	0.011747
24	10.982335	0.091055	8.656616	0.115519	95.069854	0.010519
25	12.135480	0.082403	8.739019	0.114429	106.052188	0.009429
26	13.409705	0.074573	8.813592	0.113461	118.187668	0.008461
27	14.817724	0.067487	8.881079	0.112599	131.597373	0.007599
28	16.373585	0.061074	8.942153	0.111830	146.415097	0.006830
29	18.092812	0.055271	8.997423	0.111143	162.788683	0.006143
30	19.992557	0.050019	9.047442	0.110528	180.881494	0.005528
35	32.936673	0.030361	9.234654	0.108288	304.158792	0.003288
40	54.261416	0.018429	9.348292	0.106971	507.251579	0.001971
45	89.392794	0.011187	9.417271	0.106188	841.836132	0.001188
50	147.269869	0.006790	9.459140	0.105718	1.393.046373	0.000718

11,00 %						
n	AuF $(1+i)^n$	AbF $(1+i)^{-n}$	DSF $\frac{(1+i)^n-1}{i(1+i)^n}$	KWF $\frac{i(1+i)^n}{(1+i)^n-1}$	EWF $\frac{(1+i)^n-1}{i}$	RVF $\frac{i}{(1+i)^n-1}$
1	1.110000	0.900901	0.900901	1.110000	1.000000	1.000000
2	1.232100	0.811622	1.712523	0.583934	2.110000	0.473934
3	1.367631	0.731191	2.443715	0.409213	3.342100	0.299213
4	1.518070	0.658731	3.102446	0.322326	4.709731	0.212326
5	1.685058	0.593451	3.695897	0.270570	6.227801	0.160570
6	1.870415	0.534641	4.230538	0.236377	7.912860	0.126377
7	2.076160	0.481658	4.712196	0.212215	9.783274	0.102215
8	2.304538	0.433926	5.146123	0.194321	11.859434	0.084321
9	2.558037	0.390925	5.537048	0.180602	14.163972	0.070602
10	2.839421	0.352184	5.889232	0.169801	16.722009	0.059801
11	3.151757	0.317283	6.206515	0.161121	19.561430	0.051121
12	3.498451	0.285841	6.492356	0.154027	22.713187	0.044027
13	3.883280	0.257514	6.749870	0.148151	26.211638	0.038151
14	4.310441	0.231995	6.981865	0.143228	30.094918	0.033228
15	4.784589	0.209004	7.190870	0.139065	34.405359	0.029065
16	5.310894	0.188292	7.379162	0.135517	39.189948	0.025517
17	5.895093	0.169633	7.548794	0.132471	44.500843	0.022471
18	6.543553	0.152822	7.701617	0.129843	50.395936	0.019843
19	7.263344	0.137678	7.839294	0.127563	56.939488	0.017563
20	8.062312	0.124034	7.963328	0.125576	64.202832	0.015576
21	8.949166	0.111742	8.075070	0.123838	72.265144	0.013838
22	9.933574	0.100669	8.175739	0.122313	81.214309	0.012313
23	11.026267	0.090693	8.266432	0.120971	91.147884	0.010971
24	12.239157	0.081705	8.348137	0.119787	102.174151	0.009787
25	13.585464	0.073608	8.421745	0.118740	114.413307	0.008740
26	15.079865	0.066314	8.488058	0.117813	127.998771	0.007813
27	16.738650	0.059742	8.547800	0.116989	143.078636	0.006989
28	18.579901	0.053822	8.601622	0.116257	159.817286	0.006257
29	20.623691	0.048488	8.650110	0.115605	178.397187	0.005605
30	22.892297	0.043683	8.693793	0.115025	199.020878	0.005025
35	38.574851	0.025924	8.855240	0.112927	341.589555	0.002927
40	65.000867	0.015384	8.951051	0.111719	581.826066	0.001719
45	109.530242	0.009130	9.007910	0.111014	986.638559	0.001014
50	184.564827	0.005418	9.041653	0.110599	1.668.771152	0.000599

11,50 %						
n	AuF $(1+i)^n$	AbF $(1+i)^{-n}$	DSF $\frac{(1+i)^n-1}{i(1+i)^n}$	KWF $\frac{i(1+i)^n}{(1+i)^n-1}$	EWF $\frac{(1+i)^n-1}{i}$	RVF $\frac{i}{(1+i)^n-1}$
1	1.115000	0.896861	0.896861	1.115000	1.000000	1.000000
2	1.243225	0.804360	1.701221	0.587813	2.115000	0.472813
3	1.386196	0.721399	2.422619	0.412776	3.358225	0.297776
4	1.545608	0.646994	3.069614	0.325774	4.744421	0.210774
5	1.723353	0.580264	3.649878	0.273982	6.290029	0.158982
6	1.921539	0.520416	4.170294	0.239791	8.013383	0.124791
7	2.142516	0.466741	4.637035	0.215655	9.934922	0.100655
8	2.388905	0.418602	5.055637	0.197799	12.077438	0.082799
9	2.663629	0.375428	5.431064	0.184126	14.466343	0.069126
10	2.969947	0.336706	5.767771	0.173377	17.129972	0.058377
11	3.311491	0.301979	6.069750	0.164751	20.099919	0.049751
12	3.692312	0.270833	6.340583	0.157714	23.411410	0.042714
13	4.116928	0.242900	6.563482	0.151895	27.103722	0.036895
14	4.590375	0.217847	6.801329	0.147030	31.220650	0.032030
15	5.118268	0.195379	6.996708	0.142924	35.811025	0.027924
16	5.706869	0.175227	7.171935	0.139432	40.929293	0.024432
17	6.363159	0.157155	7.329090	0.136443	46.636161	0.021443
18	7.094922	0.140946	7.470036	0.133868	52.999320	0.018868
19	7.910838	0.126409	7.596445	0.131641	60.094242	0.016641
20	8.820584	0.113371	7.709816	0.129705	68.005080	0.014705
21	9.834951	0.101678	7.811494	0.128016	76.825664	0.013016
22	10.965971	0.091191	7.902685	0.126539	86.660615	0.011539
23	12.227057	0.081786	7.984471	0.125243	97.626586	0.010243
24	13.633169	0.073351	8.057822	0.124103	109.853643	0.009103
25	15.200983	0.065785	8.123607	0.123098	123.486812	0.008098
26	16.949096	0.059000	8.182607	0.122210	138.687796	0.007210
27	18.898243	0.052915	8.235522	0.121425	155.636892	0.006425
28	21.071540	0.047457	8.282979	0.120730	174.535135	0.005730
29	23.494768	0.042563	8.325542	0.120112	195.606675	0.005112
30	26.196666	0.038173	8.363715	0.119564	219.101443	0.004564
35	45.146112	0.022150	8.503041	0.117605	383.879238	0.002605
40	77.802705	0.012853	8.583887	0.116497	667.849607	0.001497
45	134.081553	0.007458	8.630799	0.115864	1.157.230898	0.000864
50	231.069896	0.004328	8.658020	0.115500	2.000.607793	0.000500

12,00 %						
n	AuF $(1+i)^n$	AbF $(1+i)^{-n}$	DSF $\frac{(1+i)^n-1}{i(1+i)^n}$	KWF $\frac{i(1+i)^n}{(1+i)^n-1}$	EWF $\frac{(1+i)^n-1}{i}$	RVF $\frac{i}{(1+i)^n-1}$
1	1.120000	0.892857	0.892857	1.120000	1.000000	1.000000
2	1.254400	0.797194	1.690051	0.591698	2.120000	0.471698
3	1.404928	0.711780	2.401831	0.416349	3.374400	0.296349
4	1.573519	0.635518	3.037349	0.329234	4.779328	0.209234
5	1.762342	0.567427	3.604776	0.277410	6.352847	0.157410
6	1.973823	0.506631	4.111407	0.243226	8.115189	0.123226
7	2.210681	0.452349	4.563757	0.219118	10.089012	0.099118
8	2.475963	0.403883	4.967640	0.201303	12.299693	0.081303
9	2.773079	0.360610	5.328250	0.187679	14.775656	0.067679
10	3.105848	0.321973	5.650223	0.176984	17.548735	0.056984
11	3.478550	0.287476	5.937699	0.168415	20.654583	0.048415
12	3.895976	0.256675	6.194374	0.161437	24.133133	0.041437
13	4.363493	0.229174	6.423548	0.155677	28.029109	0.035677
14	4.887112	0.204620	6.628168	0.150871	32.392602	0.030871
15	5.473566	0.182696	6.810864	0.146824	37.279715	0.026824
16	6.130394	0.163122	6.973986	0.143390	42.753280	0.023390
17	6.866041	0.145644	7.119630	0.140457	48.883674	0.020457
18	7.689966	0.130040	7.249670	0.137937	55.749715	0.017937
19	8.612762	0.116107	7.365777	0.135763	63.439681	0.015763
20	9.646293	0.103667	7.469444	0.133879	72.052442	0.013879
21	10.803848	0.092560	7.562003	0.132240	81.698736	0.012240
22	12.100310	0.082643	7.644646	0.130811	92.502584	0.010811
23	13.552347	0.073788	7.718434	0.129560	104.602894	0.009560
24	15.178629	0.065882	7.784316	0.128463	118.155241	0.008463
25	17.000064	0.058823	7.843139	0.127500	133.333870	0.007500
26	19.040072	0.052521	7.895660	0.126652	150.333934	0.006652
27	21.324881	0.046894	7.942554	0.125904	169.374007	0.005904
28	23.883866	0.041869	7.984423	0.125244	190.698887	0.005244
29	26.749930	0.037383	8.021806	0.124660	214.582754	0.004660
30	29.959922	0.033378	8.055184	0.124144	241.332684	0.004144
35	52.799620	0.018940	8.175504	0.122317	431.663496	0.002317
40	93.050970	0.010747	8.243777	0.121304	767.091420	0.001304
45	163.987604	0.006098	8.282516	0.120736	1.358.230032	0.000736
50	289.002190	0.003460	8.304498	0.120417	2.400.018249	0.000417

12,50 %						
n	AuF $(1+i)^n$	AbF $(1+i)^{-n}$	DSF $\frac{(1+i)^n-1}{i(1+i)^n}$	KWF $\frac{i(1+i)^n}{(1+i)^n-1}$	EWF $\frac{(1+i)^n-1}{i}$	RVF $\frac{i}{(1+i)^n-1}$
1	1.125000	0.888889	0.888889	1.125000	1.000000	1.000000
2	1.265625	0.790123	1.679012	0.595588	2.125000	0.470588
3	1.423828	0.702332	2.381344	0.419931	3.390625	0.294931
4	1.601807	0.624295	3.005639	0.332708	4.814453	0.207708
5	1.802032	0.554929	3.560568	0.280854	6.416260	0.155854
6	2.027287	0.493270	4.053839	0.246680	8.218292	0.121680
7	2.280697	0.438462	4.492301	0.222603	10.245579	0.097603
8	2.565785	0.389744	4.882045	0.204832	12.526276	0.079832
9	2.886508	0.346439	5.228485	0.191260	15.092061	0.066260
10	3.247321	0.307946	5.536431	0.180622	17.978568	0.055622
11	3.653236	0.273730	5.810161	0.172112	21.225889	0.047112
12	4.109891	0.243315	6.053476	0.165194	24.879125	0.040194
13	4.623627	0.216280	6.269757	0.159496	28.989016	0.034496
14	5.201580	0.192249	6.462006	0.154751	33.612643	0.029751
15	5.851778	0.170888	6.632894	0.150764	38.814223	0.025764
16	6.583250	0.151901	6.784795	0.147388	44.666001	0.022388
17	7.406156	0.135023	6.919818	0.144512	51.249252	0.019512
18	8.331926	0.120020	7.039838	0.142049	58.655408	0.017049
19	9.373417	0.106685	7.146523	0.139928	66.987334	0.014928
20	10.545094	0.094831	7.241353	0.138096	76.360751	0.013096
21	11.863231	0.084294	7.325647	0.136507	86.905845	0.011507
22	13.346134	0.074928	7.400575	0.135125	98.769075	0.010125
23	15.014401	0.066603	7.467178	0.133919	112.115210	0.008919
24	16.891201	0.059202	7.526381	0.132866	127.129611	0.007866
25	19.002602	0.052624	7.579005	0.131943	144.020812	0.006943
26	21.377927	0.046777	7.625782	0.131134	163.023414	0.006134
27	24.050168	0.041580	7.667362	0.130423	184.401340	0.005423
28	27.056438	0.036960	7.704322	0.129797	208.451508	0.004797
29	30.438493	0.032853	7.737175	0.129246	235.507946	0.004246
30	34.243305	0.029203	7.766378	0.128760	265.946440	0.003760
35	61.707547	0.016205	7.870356	0.127059	485.660379	0.002059
40	111.199004	0.008993	7.928057	0.126134	881.592033	0.001134
45	200.384216	0.004990	7.960077	0.125627	1.595.073729	0.000627
50	361.098864	0.002769	7.977845	0.125347	2.880.790913	0.000347

13,00 %						
n	AuF $(1+i)^n$	AbF $(1+i)^{-n}$	DSF $\frac{(1+i)^n-1}{i(1+i)^n}$	KWF $\frac{i(1+i)^n}{(1+i)^n-1}$	EWF $\frac{(1+i)^n-1}{i}$	RVF $\frac{i}{(1+i)^n-1}$
1	1.130000	0.884956	0.884956	1.130000	1.000000	1.000000
2	1.276900	0.783147	1.668102	0.599484	2.130000	0.469484
3	1.442897	0.693050	2.361153	0.423522	3.406900	0.293522
4	1.630474	0.613319	2.974471	0.336194	4.849797	0.206194
5	1.842435	0.542760	3.517231	0.284315	6.480271	0.154315
6	2.081952	0.480319	3.997550	0.250153	8.322706	0.120153
7	2.352605	0.425061	4.422610	0.226111	10.404658	0.096111
8	2.658444	0.376160	4.798770	0.208387	12.757263	0.078387
9	3.004042	0.332885	5.131655	0.194869	15.415707	0.064869
10	3.394567	0.294588	5.426243	0.184290	18.419749	0.054290
11	3.835861	0.260698	5.686941	0.175841	21.814317	0.045841
12	4.334523	0.230706	5.917647	0.168986	25.650178	0.038986
13	4.898011	0.204165	6.121812	0.163350	29.984701	0.033350
14	5.534753	0.180677	6.302488	0.158667	34.882712	0.028667
15	6.254270	0.159891	6.462379	0.154742	40.417464	0.024742
16	7.067326	0.141496	6.603875	0.151426	46.671735	0.021426
17	7.986078	0.125218	6.729093	0.148608	53.739060	0.018608
18	9.024268	0.110812	6.839905	0.146201	61.725138	0.016201
19	10.197423	0.098064	6.937969	0.144134	70.749406	0.014134
20	11.523088	0.086782	7.024752	0.142354	80.946829	0.012354
21	13.021089	0.076798	7.101550	0.140814	92.469917	0.010814
22	14.713831	0.067963	7.169513	0.139479	105.491006	0.009479
23	16.626629	0.060144	7.229658	0.138319	120.204837	0.008319
24	18.788091	0.053225	7.282883	0.137308	136.831465	0.007308
25	21.230542	0.047102	7.329985	0.136426	155.619556	0.006426
26	23.990513	0.041683	7.371668	0.135655	176.850098	0.005655
27	27.109279	0.036888	7.408556	0.134979	200.840611	0.004979
28	30.633486	0.032644	7.441200	0.134387	227.949890	0.004387
29	34.615839	0.028889	7.470088	0.133867	258.583376	0.003867
30	39.115898	0.025565	7.495653	0.133411	293.199215	0.003411
35	72.068506	0.013876	7.585572	0.131829	546.680819	0.001829
40	132.781552	0.007531	7.634376	0.130986	1.013.704243	0.000986
45	244.641402	0.004088	7.660864	0.130534	1.874.164630	0.000534
50	450.735925	0.002219	7.675242	0.130289	3.459.507117	0.000289

13,50 %						
n	AuF $(1+i)^n$	AbF $(1+i)^{-n}$	DSF $\frac{(1+i)^n-1}{i(1+i)^n}$	KWF $\frac{i(1+i)^n}{(1+i)^n-1}$	EWF $\frac{(1+i)^n-1}{i}$	RVF $\frac{i}{(1+i)^n-1}$
1	1.135000	0.881057	0.881057	1.135000	1.000000	1.000000
2	1.288225	0.776262	1.657319	0.603384	2.135000	0.468384
3	1.462135	0.683931	2.341250	0.427122	3.423225	0.292122
4	1 .659524	0.602583	2.943833	0.339693	4.885360	0.204693
5	1.883559	0.530910	3.474743	0.287791	6.544884	0.152791
6	2.137840	0.467762	3.942505	0.253646	8.428443	0.118646
7	2.426448	0.412125	4.354630	0.229641	10.566283	0.094641
8	2.754019	0.363106	4.717735	0.211966	12.992731	0.076966
9	3.125811	0.319917	5.037652	0.198505	15.746750	0.063505
10	3.547796	0.281865	5.319517	0.187987	18.872561	0.052987
11	4.026748	0.248339	5.567857	0.179602	22.420357	0.044602
12	4.570359	0.218801	5.786658	0.172811	26.447106	0.037811
13	5.187358	0.192776	5.979434	0.167240	31.017465	0.032240
14	5.887651	0.169847	6.149281	0.162621	36.204823	0.027621
15	6.682484	0.149645	6.298926	0.158757	42.092474	0.023757
16	7.584619	0.131846	6.430772	0.155502	48.774957	0.020502
17	8.608543	0.116164	6.546936	0.152743	56.359577	0.017743
18	9.770696	0.102347	6.649283	0.150392	64.968120	0.015392
19	11.089740	0.090173	6.739456	0.148380	74.738816	0.013380
20	12.586855	0.079448	6.818904	0.146651	85.828556	0.011651
21	14.286080	0.069998	6.888902	0.145161	98.415411	0.010161
22	16.214701	0.061672	6.950575	0.143873	112.701491	0.008873
23	18.403686	0.054337	7.004912	0.142757	128.916193	0.007757
24	20.888184	0.047874	7.052786	0.141788	147.319879	0.006788
25	23.708088	0.042180	7.094965	0.140945	168.208062	0.005945
26	26.908680	0.037163	7.132128	0.140211	191.916151	0.005211
27	30.541352	0.032742	7.164870	0.139570	218.824831	0.004570
28	34.664435	0.028848	7.193718	0.139010	249.366183	0.004010
29	39.344133	0.025417	7.219135	0.138521	284.030618	0.003521
30	44.655591	0.022394	7.241529	0.138092	323.374752	0.003092
35	84.111457	0.011889	7.319341	0.136624	615.640419	0.001624
40	158.428920	0.006312	7.360652	0.135858	1.166.140147	0.000858
45	298.410272	0.003351	7.382585	0.135454	2.203.039053	0.000454
50	562.073456	0.001779	7.394229	0.135241	4.156.099677	0.000241

14,00 %						
n	AuF $(1+i)^n$	AbF $(1+i)^{-n}$	DSF $\frac{(1+i)^n-1}{i(1+i)^n}$	KWF $\frac{i(1+i)^n}{(1+i)^n-1}$	EWF $\frac{(1+i)^n-1}{i}$	RVF $\frac{i}{(1+i)^n-1}$
1	1.140000	0.877193	0.877193	1.140000	1.000000	1.000000
2	1.299600	0.769468	1.646661	0.607290	2.140000	0.467290
3	1.481544	0.674972	2.321632	0.430731	3.439600	0.290731
4	1.688960	0.592080	2.913712	0.343205	4.921144	0.203205
5	1.925415	0.519369	3.433081	0.291284	6.610104	0.151284
6	2.194973	0.455587	3.888668	0.257157	8.535519	0.117157
7	2.502269	0.399637	4.288305	0.233192	10.730491	0.093192
8	2.852586	0.350559	4.638864	0.215570	13.232760	0.075570
9	3.251949	0.307508	4.946372	0.202168	16.085347	0.062168
10	3.707221	0.269744	5.216116	0.191714	19.337295	0.051714
11	4.226232	0.236617	5.452733	0.183394	23.044516	0.043394
12	4.817905	0.207559	5.660292	0.176669	27.270749	0.036669
13	5.492411	0.182069	5.842362	0.171164	32.088654	0.031164
14	6.261349	0.159710	6.002072	0.166609	37.581065	0.026609
15	7.137938	0.140096	6.142168	0.162809	43.842414	0.022809
16	8.137249	0.122892	6.265060	0.159615	50.980352	0.019615
17	9.276464	0.107800	6.372859	0.156915	59.117601	0.016915
18	10.575169	0.094561	6.467420	0.154621	68.394066	0.014621
19	12.055693	0.082948	6.550369	0.152663	78.969235	0.012663
20	13.743490	0.072762	6.623131	0.150986	91.024928	0.010986
21	15.667578	0.063826	6.686957	0.149545	104.768418	0.009545
22	17.861039	0.055988	6.742944	0.148303	120.435996	0.008303
23	20.361585	0.049112	6.792056	0.147231	138.297035	0.007231
24	23.212207	0.043081	6.835137	0.146303	158.658620	0.006303
25	26.461916	0.037790	6.872927	0.145498	181.870827	0.005498
26	30.166584	0.033149	6.906077	0.144800	208.332743	0.004800
27	34.389906	0.029078	6.935155	0.144193	238.499327	0.004193
28	39.204493	0.025507	6.960662	0.143664	272.889233	0.003664
29	44.693122	0.022375	6.983037	0.143204	312.093725	0.003204
30	50.950159	0.019627	7.002664	0.142803	356.786847	0.002803
35	98.100178	0.010194	7.070045	0.141442	693.572702	0.001442
40	188.883514	0.005294	7.105041	0.140745	1.342.025099	0.000745
45	363.679072	0.002750	7.123217	0.140386	2.590.564800	0.000386
50	700.232988	0.001428	7.132656	0.140200	4.994.521346	0.000200

15,00 %						
n	AuF $(1+i)^n$	AbF $(1+i)^{-n}$	DSF $\frac{(1+i)^n-1}{i(1+i)^n}$	KWF $\frac{i(1+i)^n}{(1+i)^n-1}$	EWF $\frac{(1+i)^n-1}{i}$	RVF $\frac{i}{(1+i)^n-1}$
1	1.150000	0.869565	0.869565	1.150000	1.000000	1.000000
2	1.322500	0.756144	1.625709	0.615116	2.150000	0.465116
3	1.520875	0.657516	2.283225	0.437977	3.472500	0.287977
4	1.749006	0.571753	2.854978	0.350265	4.993375	0.200265
5	2.011357	0.497177	3.352155	0.298316	6.742381	0.148316
6	2.313061	0.432328	3.784483	0.264237	8.753738	0.114237
7	2.660020	0.375937	4.160420	0.240360	11.066799	0.090360
8	3.059023	0.326902	4.487322	0.222850	13.726819	0.072850
9	3.517876	0.284262	4.771584	0.209574	16.785842	0.059574
10	4.045558	0.247185	5.018769	0.199252	20.303718	0.049252
11	4.652391	0.214943	5.233712	0.191069	24.349276	0.041069
12	5.350250	0.186907	5.420619	0.184481	29.001667	0.034481
13	6.152788	0.162528	5.583147	0.179110	34.351917	0.029110
14	7.075706	0.141329	5.724476	0.174688	40.504705	0.024688
15	8.137062	0.122894	5.847370	0.171017	47.580411	0.021017
16	9.357621	0.106865	5.954235	0.167948	55.717472	0.017948
17	10.761264	0.092926	6.047161	0.165367	65.075093	0.015367
18	12.375454	0.080805	6.127966	0.163186	75.836357	0.013186
19	14.231772	0.070265	6.198231	0.161336	88.211811	0.011336
20	16.366537	0.061100	6.259331	0.159761	102.443583	0.009761
21	18.821518	0.053131	6.312462	0.158417	118.810120	0.008417
22	21.644746	0.046201	6.358663	0.157266	137.631638	0.007266
23	24.891458	0.040174	6.398837	0.156278	159.276384	0.006278
24	28.625176	0.034934	6.433771	0.155430	184.167841	0.005430
25	32.918953	0.030378	6.464149	0.154699	212.793017	0.004699
26	37.856796	0.026415	6.490564	0.154070	245.711970	0.004070
27	43.535315	0.022970	6.513534	0.153526	283.568766	0.003526
28	50.065612	0.019974	6.533508	0.153057	327.104080	0.003057
29	57.575454	0.017369	6.550877	0.152651	377.169693	0.002651
30	66.211772	0.015103	6.565980	0.152300	434.745146	0.002300
35	133.175523	0.007509	6.616607	0.151135	881.170156	0.001135
40	267.863546	0.003733	6.641778	0.150562	1.779.090308	0.000562
45	538.769269	0.001856	6.654293	0.150279	3.585.128460	0.000279
50	1.083.657442	0.000923	6.660515	0.150139	7.217.716277	0.000139

16,00 %						
n	AuF $(1+i)^n$	AbF $(1+i)^{-n}$	DSF $\frac{(1+i)^n-1}{i(1+i)^n}$	KWF $\frac{i(1+i)^n}{(1+i)^n-1}$	EWF $\frac{(1+i)^n-1}{i}$	RVF $\frac{i}{(1+i)^n-1}$
1	1.160000	0.862069	0.862069	1.160000	1.000000	1.000000
2	1.345600	0.743163	1.605232	0.622963	2.160000	0.462963
3	1.560896	0.640658	2.245890	0.445258	3.505600	0.285258
4	1.810639	0.552291	2.798181	0.357375	5.066496	0.197375
5	2.100342	0.476113	3.274294	0.305409	6.877135	0.145409
6	2.436396	0.410442	3.684736	0.271390	8.977477	0.111390
7	2.826220	0.353830	4.038565	0.247613	11.413873	0.087613
8	3.278415	0.305025	4.343591	0.230224	14.240093	0.070224
9	3.802961	0.262953	4.606544	0.217082	17.518508	0.057082
10	4.411435	0.226654	4.833227	0.206901	21.321469	0.046901
11	5.117265	0.195471	5.028644	0.198861	25.732904	0.038861
12	5.936027	0.168463	5.197107	0.192415	30.850169	0.032415
13	6.885791	0.145227	5.342334	0.187184	36.786196	0.027184
14	7.987518	0.125195	5.467529	0.182898	43.671987	0.022898
15	9.265521	0.107927	5.575456	0.179358	51.659505	0.019358
16	10.748004	0.093041	5.668497	0.176414	60.925026	0.016414
17	12.467685	0.080207	5.748704	0.173952	71.673030	0.013952
18	14.462514	0.069144	5.817848	0.171885	84.140715	0.011885
19	16.776517	0.059607	5.877455	0.170142	98.603230	0.010142
20	19.460759	0.051385	5.928841	0.168667	115.379747	0.008667
21	22.574481	0.044298	5.973139	0.167416	134.840506	0.007416
22	26.186398	0.038188	6.011326	0.166353	157.414987	0.006353
23	30.376222	0.032920	6.044247	0.165447	183.601385	0.005447
24	35.236417	0.028380	6.072627	0.164673	213.977607	0.004673
25	40.874244	0.024465	6.097092	0.164013	249.214024	0.004013
26	47.414123	0.021091	6.118183	0.163447	290.088267	0.003447
27	55.000382	0.018182	6.136364	0.162963	337.502390	0.002963
28	63.800444	0.015674	6.152038	0.162548	392.502773	0.002548
29	74.008515	0.013512	6.165550	0.162192	456.303216	0.002192
30	85.849877	0.011648	6.177198	0.161886	530.311731	0.001886
35	180.314073	0.005546	6.215338	0.160892	1.120.712955	0.000892
40	378.721158	0.002640	6.233497	0.160424	2.360.757241	0.000424
45	795.443826	0.001257	6.242143	0.160201	4.965.273911	0.000201
50	1.670.703804	0.000599	6.246259	0.160096	10.435.648773	0.000096

17,00 %						
n	AuF $(1+i)^n$	AbF $(1+i)^{-n}$	DSF $\frac{(1+i)^n-1}{i(1+i)^n}$	KWF $\frac{i(1+i)^n}{(1+i)^n-1}$	EWF $\frac{(1+i)^n-1}{i}$	RVF $\frac{i}{(1+i)^n-1}$
1	1.170000	0.854701	0.854701	1.170000	1.000000	1.000000
2	1.368900	0.730514	1.585214	0.630829	2.170000	0.460829
3	1.601613	0.624371	2.209585	0.452574	3.538900	0.282574
4	1.873887	0.533650	2.743235	0.364533	5.140513	0.194533
5	2.192448	0.456111	3.199346	0.312564	7.014400	0.142564
6	2.565164	0.389839	3.589185	0.278615	9.206848	0.108615
7	3.001242	0.333195	3.922380	0.254947	11.772012	0.084947
8	3.511453	0.284782	4.207163	0.237690	14.773255	0.067690
9	4.108400	0.243404	4.450566	0.224691	18.284708	0.054691
10	4.806828	0.208037	4.658604	0.214657	22.393108	0.044657
11	5.623989	0.177810	4.836413	0.206765	27.199937	0.036765
12	6.580067	0.151974	4.988387	0.200466	32.823926	0.030466
13	7.698679	0.129892	5.118280	0.195378	39.403993	0.025378
14	9.007454	0.111019	5.229299	0.191230	47.102672	0.021230
15	10.538721	0.094888	5.324187	0.187822	56.110126	0.017822
16	12.330304	0.081101	5.405288	0.185004	66.648848	0.015004
17	14.426456	0.069317	5.474605	0.182662	78.979152	0.012662
18	16.878953	0.059245	5.533851	0.180706	93.405608	0.010706
19	19.748375	0.050637	5.584488	0.179067	110.284561	0.009067
20	23.105599	0.043280	5.627767	0.177690	130.032936	0.007690
21	27.033551	0.036991	5.664758	0.176530	153.138535	0.006530
22	31.629255	0.031616	5.696375	0.175550	180.172086	0.005550
23	37.006228	0.027022	5.723397	0.174721	211.801341	0.004721
24	43.297287	0.023096	5.746493	0.174019	248.807569	0.004019
25	50.657826	0.019740	5.766234	0.173423	292.104856	0.003423
26	59.269656	0.016872	5.783106	0.172917	342.762681	0.002917
27	69.345497	0.014421	5.797526	0.172487	402.032337	0.002487
28	81.134232	0.012325	5.809851	0.172121	471.377835	0.002121
29	94.927051	0.010534	5.820386	0.171810	552.512066	0.001810
30	111.064650	0.009004	5.829390	0.171545	647.439118	0.001545
35	243.503474	0.004107	5.858196	0.170701	1.426.491022	0.000701
40	533.868713	0.001873	5.871335	0.170319	3.134.521839	0.000319
45	1.170.479411	0.000854	5.877327	0.170145	6.879.290650	0.000145
50	2.566.215284	0.000390	5.880061	0.170066	15.089.501673	0.000066

18,00 %						
n	AuF $(1 + i)^n$	AbF $(1 + i)^{-n}$	DSF $\frac{(1 + i)^n - 1}{i\,(1 + i)^n}$	KWF $\frac{i\,(1 + i)^n}{(1 + i)^n - 1}$	EWF $\frac{(1 + i)^n - 1}{i}$	RVF $\frac{i}{(1 + i)^n - 1}$
1	1.180000	0.847458	0.847458	1.180000	1.000000	1.000000
2	1.392400	0.718184	1.565642	0.638716	2.180000	0.458716
3	1.643032	0.608631	2.174273	0.459924	3.572400	0.279924
4	1.938778	0.515789	2.690062	0.371739	5.215432	0.191739
5	2.287758	0.437109	3.127171	0.319778	7.154210	0.139778
6	2.699554	0.370432	3.497603	0.285910	9.441968	0.105910
7	3.185474	0.313925	3.811528	0.262362	12.141522	0.082362
8	3.758859	0.266038	4.077566	0.245244	15.326996	0.065244
9	4.435454	0.225456	4.303022	0.232395	19.085855	0.052395
10	5.233836	0.191064	4.494086	0.222515	23.521309	0.042515
11	6.175926	0.161919	4.656005	0.214776	28.755144	0.034776
12	7.287593	0.137220	4.793225	0.208628	34.931070	0.028628
13	8.599359	0.116288	4.909513	0.203686	42.218663	0.023686
14	10.147244	0.098549	5.008062	0.199678	50.818022	0.019678
15	11.973748	0.083516	5.091578	0.196403	60.965266	0.016403
16	14.129023	0.070776	5.162354	0.193710	72.939014	0.013710
17	16.672247	0.059980	5.222334	0.191485	87.068036	0.011485
18	19.673251	0.050830	5.273164	0.189639	103.740283	0.009639
19	23.214436	0.043077	5.316241	0.188103	123.413534	0.008103
20	27.393035	0.036506	5.352746	0.186820	146.627970	0.006820
21	32.323781	0.030937	5.383683	0.185746	174.021005	0.005746
22	38.142061	0.026218	5.409901	0.184846	206.344785	0.004846
23	45.007632	0.022218	5.432120	0.184090	244.486847	0.004090
24	53.109006	0.018829	5.450949	0.183454	289.494479	0.003454
25	62.668627	0.015957	5.466906	0.182919	342.603486	0.002919
26	73.948980	0.013523	5.480429	0.182467	405.272113	0.002467
27	87.259797	0.011460	5.491889	0.182087	479.221093	0.002087
28	102.966560	0.009712	5.501601	0.181765	566.480890	0.001765
29	121.500541	0.008230	5.509831	0.181494	669.447450	0.001494
30	143.370638	0.006975	5.516806	0.181264	790.947991	0.001264
35	327.997290	0.003049	5.538618	0.180550	1.816.651612	0.000550
40	750.378345	0.001333	5.548152	0.180240	4.163.213027	0.000240
45	1.716.683879	0.000583	5.552319	0.180105	9.531.577105	0.000105
50	3.927.356860	0.000255	5.554141	0.180046	21.813.093666	0.000046

19,00 %						
n	AuF $(1+i)^n$	AbF $(1+i)^{-n}$	DSF $\frac{(1+i)^n-1}{i(1+i)^n}$	KWF $\frac{i(1+i)^n}{(1+i)^n-1}$	EWF $\frac{(1+i)^n-1}{i}$	RVF $\frac{i}{(1+i)^n-1}$
1	1.190000	0.840336	0.840336	1.190000	1.000000	1.000000
2	1.416100	0.706165	1.546501	0.646621	2.190000	0.456621
3	1.685159	0.593416	2.139917	0.467308	3.606100	0.277308
4	2.005339	0.498669	2.638586	0.378991	5.291259	0.188991
5	2.386354	0.419049	3.057635	0.327050	7.296598	0.137050
6	2.839761	0.352142	3.409777	0.293274	9.682952	0.103274
7	3.379315	0.295918	3.705695	0.269855	12.522713	0.079855
8	4.021385	0.248671	5.954366	0.252885	15.902028	0.062885
9	4.785449	0.208967	4.163332	0.240192	19.923413	0.050192
10	5.694684	0.175602	4.338935	0.230471	24.708862	0.040471
11	6.776674	0.147565	4.486500	0.222891	30.403546	0.032891
12	8.064242	0.124004	4.610504	0.216896	37.180220	0.026896
13	9.596448	0.104205	4.714709	0.212102	45.244461	0.022102
14	11.419773	0.087567	4.802277	0.208235	54.840909	0.018235
15	13.589530	0.073586	4.875863	0.205092	66.260682	0.015092
16	16.171540	0.061837	4.937700	0.202523	79.850211	0.012523
17	19.244133	0.051964	4.989664	0.200414	96.021751	0.010414
18	22.900518	0.043667	5.033331	0.198676	115.265884	0.008676
19	27.251616	0.036695	5.070026	0.197238	138.166402	0.007238
20	32.429423	0.030836	5.100862	0.196045	165.418018	0.006045
21	38.591014	0.025913	5.126775	0.195054	197.847442	0.005054
22	45.923307	0.021775	5.148550	0.194229	236.438456	0.004229
23	54.648735	0.018299	5.166849	0.193542	282.361762	0.003542
24	65.031994	0.015377	5.182226	0.192967	337.010497	0.002967
25	77.388073	0.012922	5.195148	0.192487	402.042491	0.002487
26	92.091807	0.010859	5.206007	0.192086	479.430565	0.002086
27	109.589251	0.009125	5.215132	0.191750	571.522372	0.001750
28	130.411208	0.007668	5.222800	0.191468	681.111623	0.001468
29	155.189338	0.006444	5.229243	0.191232	811.522831	0.001232
30	184.675312	0.005415	5.234658	0.191034	966.712169	0.001034
35	440.700607	0.002269	5.251215	0.190432	2.314.213721	0.000432
40	1.051.667507	0.000951	5.258153	0.190181	5.529.828982	0.000181
45	2.509.650603	0.000398	5.261061	0.190076	13.203.424228	0.000076
50	5.988.913902	0.000167	5.262279	0.190032	31.515.336327	0.000032

20,00 %						
n	AuF $(1+i)^n$	AbF $(1+i)^{-n}$	DSF $\frac{(1+i)^n-1}{i(1+i)^n}$	KWF $\frac{i(1+i)^n}{(1+i)^n-1}$	EWF $\frac{(1+i)^n-1}{i}$	RVF $\frac{i}{(1+i)^n-1}$
1	1.200000	0.833333	0.833333	1.200000	1.000000	1.000000
2	1.440000	0.694444	1.527778	0.654545	2.200000	0.454545
3	1.728000	0.578704	2.106481	0.474725	3.640000	0.274725
4	2.073600	0.482253	2.588735	0.386289	5.368000	0.186289
5	2.488320	0.401878	2.990612	0.334380	7.441600	0.134380
6	2.985984	0.334898	3.325510	0.300706	9.929920	0.100706
7	3.583181	0.279082	3.604592	0.277424	12.915904	0.077424
8	4.299817	0.232568	3.837160	0.260609	16.499085	0.060609
9	5.159780	0.193807	4.030967	0.248079	20.798902	0.048079
10	6.191736	0.161506	4.192472	0.238523	25.958682	0.038523
11	7.430084	0.134588	4.327060	0.231104	32.150419	0.031104
12	8.916100	0.112157	4.439217	0.225265	39.580502	0.025265
13	10.699321	0.093464	4.532681	0.220620	48.496603	0.020620
14	12.839185	0.077887	4.610567	0.216893	59.195923	0.016893
15	15.407022	0.064905	4.675473	0.213882	72.035108	0.013882
16	18.488426	0.054088	4.729561	0.211436	87.442129	0.011436
17	22.186111	0.045073	4.774634	0.209440	105.930555	0.009440
18	26.623333	0.037561	4.812195	0.207805	128.116666	0.007805
19	31.948000	0.031301	4.843496	0.206462	154.740000	0.006462
20	38.337600	0.026084	4.869580	0.205357	186.688000	0.005357
21	46.005120	0.021737	4.891316	0.204444	225.025600	0.004444
22	55.206144	0.018114	4.909430	0.203690	271.030719	0.003690
23	66.247373	0.015095	4.924525	0.203065	326.236863	0.003065
24	79.496847	0.012579	4.937104	0.202548	392.484236	0.002548
25	95.396217	0.010483	4.947587	0.202119	471.981083	0.002119
26	114.475460	0.008735	4.956323	0.201762	567.377300	0.001762
27	137.370552	0.007280	4.963602	0.201467	681.852760	0.001467
28	164.844662	0.006066	4.969668	0.201221	819.223312	0.001221
29	197.813595	0.005055	4.974724	0.201016	984.067974	0.001016
30	237.376314	0.004213	4.978936	0.200846	1.181.881569	0.000846
35	590.668229	0.001693	4.991535	0.200339	2.948.341146	0.000339
40	1.469.771568	0.000680	4.996598	0.200136	7.343.857840	0.000136
45	3.657.261988	0.000273	4.998633	0.200055	18.281.309940	0.000055
50	9.100.438150	0.000110	4.999451	0.200022	45.497.190750	0.000022

LITERATURVERZEICHNIS

Quellen und weiterführende Literatur

A

K. Agthe, Stufenweise Fixkostendeckungsrechnung im System des Direct Costing, in: Zeitschrift für Betriebswirtschaft, Wiesbaden, Jg. 29 (1959), S. 404 ff.

Derselbe, Kostenplanung und Kostenkontrolle im Industriebetrieb, Baden-Baden 1963.

B

R. Bobsin, Elektronische Deckungsbeitragsrechnung, 2. Aufl., München 1972.

H. H. Böhm/F. Wille, Deckungsbeitragsrechnung, Grenzpreisrechnung und Optimierung, 6. Aufl., München 1977.

R. Bramsemann, Controlling, 2. Aufl., Wiesbaden 1980.

Derselbe, Handbuch Controlling, 3. Aufl., München/Wien 1993.

U. Brecht, Kostenmanagement, Wiesbaden 2005.

Derselbe, Praxis-Lexikon Controlling, Landsberg/Lech 2001.

Buchführung, Bilanzierung, Kostenrechnung (BBK), Loseblattsammlung, Herne/ Berlin.

Bundesverband der Deutschen Industrie (Hrsg.), Empfehlungen zur Kosten- und Leistungsrechnung, Band 1, Kosten- und Leistungsrechnung als Istrechnung, 3. Aufl., Köln 1991.

Derselbe (Hrsg.), Empfehlungen zur Kosten- und Leistungsrechnung, Band 2, Kosten- und Leistungsrechnung als Planungsrechnung, 3. Aufl., Köln 1990.

Derselbe (Hrsg.), Empfehlungen zur Kosten- und Leistungsrechnung, Band 3, Kosten- und Leistungsrechnung als Entscheidungshilfe für die Unternehmensleitung, 3. Aufl., Köln 1991.

Derselbe (Hrsg.), Industrie-Kontenrahmen, Neufassung 1986 in Anpassung an das Bilanzrichtlinien-Gesetz (BiRiLiG), Köln 1986.

A. Burger, Kostenmanagement, 3. Aufl., München/Wien 1999.

W. Busse von Colbe (Hrsg.), Lexikon des Rechnungswesens, 4. Aufl., München/ Wien 1998.

C

G. Cassel, Grundsätze für die Bildung der Personentarife auf den Eisenbahnen. Archiv für Eisenbahnwesen, Berlin 1900.

A. G. Coenenberg, Kostenrechnung und Kostenanalyse, 6. Aufl., Stuttgart 2007.

Derselbe, Kostenrechnung und Kostenanalyse, Aufgaben und Lösungen, 2. Aufl., Landsberg/Lech 1999.

H. Corsten, Lexikon der Betriebswirtschaftslehre, 4. Aufl., München 2000.

D

K.-D. Däumler, Anwendung von Investitionsrechnungsverfahren in der Praxis, 4. Aufl., Herne/Berlin 1996.

K.-D. Däumler, Finanzmathematisches Tabellenwerk für Praktiker und Studierende, 4. Aufl., Herne/Berlin 1998.

Derselbe, Stufenweise Fixkostendeckungsrechnung, in: Controlling-Berater (CB), Gruppe 4, Freiburg 1995, S. 461 ff.

K.-D. Däumler/J. Grabe, Grundlagen der Investitions- und Wirtschaftlichkeitsrechnung, 12. Aufl., Herne/Berlin 2007.

Dieselben, Betriebliche Finanzwirtschaft, 9. Aufl., Herne/Berlin 2008.

Dieselben, Kostenrechnung 1, Grundlagen, 10. Aufl., Herne/Berlin 2008.

Dieselben, Kostenrechnung 3, Plankostenrechnung, 7. Aufl., Herne/Berlin 2004.

Dieselben, Kostenrechnungs- und Controllinglexikon, 2. Aufl., Herne/Berlin 1997.

Dieselben, Kalkulationsvorschriften bei öffentlichen Aufträgen, Herne/Berlin 1984.

K.-D. Däumler/G. Lohse, Grenzplankostenrechnung, Darmstadt 1975.

G. B. Dantzig, Lineare Optimierung und Erweiterungen, Berlin/Heidelberg/New York 1966.

K. Deimel/R. Isemann/S. Müller, Kosten- und Erlösrechnung, München 2006

Der Controlling-Berater (CB), Loseblattsammlung, Freiburg.

A. Deyhle, Controller-Praxis, Band 1, Unternehmensplanung und Controller-Funktion, 8. Aufl., Gauting/München 1991.

Derselbe, Controller-Praxis, Band 2, Soll-Ist-Vergleich und Führungsstil, 8. Aufl., Gauting/München 1991.

E

G. Ebert, Kosten- und Leistungsrechnung, 10. Aufl., Wiesbaden 2004.

H. Ebisch/J. Gottschalk, Preise und Preisprüfungen bei öffentlichen Aufträgen, 6. Aufl., München 1994.

W. Eisele, Technik des betrieblichen Rechnungswesens, 7. Aufl., Wiesbaden 2004.

F

Fäßler/Rehkugler/Wegenast (Hrsg.), Lexikon Kostenrechnung und Controlling, 5. Aufl., Landsberg/Lech 1991.

G. Fandel/B. Heuft/A. Pfaff/Th. Pilz, Kostenrechnung, Heidelberg 1999.

F. J. Fay, Lineare Algebra und Optimierung, Mathematische Grundlagen und Beispiele zur linearen Programmierung, Wiesbaden 1968.

S. Fischbach, Grundlagen der Kostenrechnung, 4. Aufl., Landsberg/Lech 2006.

C.-Chr. Freidank, Kostenrechnung, 8. Aufl., München/Wien 2007.

C.-Chr. Freidank/S. Fischbach, Übungen zur Kostenrechnung, 4. Aufl., München/ Wien 2000.

S. R. Frey, Richtig entscheiden, 3. Teil, Kostenpolitik, Winterthur 1984.

B. Friedl, Kostenrechnung, München 2007.

G

Gabler Wirtschafts-Lexikon, 15. Aufl., Wiesbaden 2000.

W. Gladen, Performance Measurement, 3. Aufl., Wiesbaden 2005.

M. K. Götzinger/H. Michael, Kosten- und Leistungsrechnung, 6. Aufl., Heidelberg 1993.

M. Graumann, Kostenrechnung und Kostenmanagement, 5. Aufl., Stuttgart 2002.

E. Gutenberg, Grundlagen der Betriebswirtschaftslehre, Bd. 1, Die Produktion, 24. Aufl., Berlin/Heidelberg/New York 1983.

H

L. Haberstock, Grundzüge der Kosten- und Erfolgsrechnung, 3. Aufl., München 1982.

Derselbe, Kostenrechnung I, Einführung, 12. Aufl., Wiesbaden 2004.

Derselbe, Kostenrechnung II, (Grenz-)Plankostenrechnung, 10. Aufl., Wiesbaden 2008.

H. Hahn, Rechnungswesen der Industriebetriebe, 3. Aufl., Bad Homburg v. d. H. 1982.

Handwörterbuch des Rechnungswesens, hrsg. v. K. Chmielewicz, M. Schweitzer, 3. Aufl., Stuttgart 1993.

H. Heiland, Selbermachen oder machen lassen? Erfahrungsbericht einer Entscheidung in: Der Controlling-Berater, Heft 4, Gruppe 13, Freiburg 1987, S. 397 ff.

E. Heinen, Produktions- und Kostentheorie, in: Allgemeine Betriebswirtschaftslehre, hrsg. von H. Jacob, 5. Aufl., Wiesbaden 1988.

M. Heinhold, Kosten- und Erfolgsrechnung in Fallbeispielen, Stuttgart 1998.

S. Hoffmann/H. Krause, Mathematische Grundlagen für Betriebswirte, 7. Aufl., Herne/ Berlin 2007.

H. G. Holl, Controlling - das Unternehmen mit Zahlen führen, Loseblattsammlung, Kissing, 1991.

P. Horvath, Controlling, 10. Aufl., München 2006.

B. Huch, Einführung in die Kostenrechnung, 8. Aufl., Heidelberg 1986.

S. Hummel/W. Männel, Kostenrechnung 1, Grundlagen, Aufbau und Anwendung, 4. Aufl., Wiesbaden 1999.

Dieselben, Kostenrechnung 2, Moderne Verfahren und Systeme, 3. Aufl., Wiesbaden 1993.

J

Th. Joos-Sachse, Controlling, Kostenrechnung und Kostenmanagement, 4. Aufl., Wiesbaden 2006.

H. Jacob (Hrsg.), Allgemeine Betriebswirtschaftslehre, 5. Aufl., Wiesbaden 1988.

W. Jórasz, Kosten- und Leistungsrechnung, 2. Aufl., Stuttgart 2000.

H. Jost, Kosten- und Leistungsrechnung, 7. Aufl., Wiesbaden 1997.

K

R. Karrenberg/A. W. Scheer, Lineare Programmierung als Hilfsmittel bei Planungsentscheidungen, in: Schriften zur Unternehmensführung, Band 5 bis 8, Wiesbaden 1968.

W. Kemmetmüller, Einführung in die Kostenrechnung, 4. Aufl., Wien 1993.

W. Kilger, Betriebliches Rechnungswesen, in: Allgemeine Betriebswirtschaftslehre, hrsg. von H. Jacob, 5. Aufl., Wiesbaden 1988.

Derselbe, Einführung in die Kostenrechnung, 3. Aufl., Wiesbaden 1987.

W. Kilger/J. R. Pampel/K. Vikas, Flexible Plankostenrechnung und Deckungsbeitragsrechnung, 12. Aufl., Wiesbaden 2007.

W. Kilger/A. W. Scheer (Hrsg.), Plankosten- und Deckungsbeitragsrechnung in der Praxis, Würzburg/Wien 1980.

H. Kind, Das interne Rechnungswesen mittelständischer Industrieunternehmen - Ergebnisse einer empirischen Untersuchung, Bd. 14 der Gabal-Schriftenreihe, Speyer 1986.

J. Kloock/G. Sieben/Th. Schildbach, Kosten- und Leistungsrechnung, 8. Aufl., Düsseldorf 1999.

H. Kobelt, Wirtschaftsstatistik für Studium und Praxis, 5. Aufl., Bad Homburg 1992.

L

L. Lachnit, Kostenrechnung, Oldenburg 2006.

L. Lachnit/R. Isemann, Controlling, Oldenburg 2004.

J. Langenbeck, Kosten- und Leistungsrechnung, Herne/Berlin 2008.

K. Liessmann (Hrsg.), Gabler Lexikon Controlling und Kostenrechnung, Wiesbaden 1997.

Th. Linden, Kostenrechnungssysteme deutscher Großunternehmen, Diplomarbeit an der FH Kiel, 1994.

U. von Lojewski/J. Thalenhorst, Kostenrechnung, Stuttgart 2001.

K. Lorch, Produktlebenszyklus, in: Vahlens Großes Wirtschaftslexikon, Band 2, hrsg. v. E. Dichtl/O. Issing, 2. Aufl., München 1993.

K. D. Lorenzen, Logistik-Kostenrechnung, Gernsbach 1998.

P. Lorson, Straffes Kostenmanagement und neue Technologien, Herne/Berlin 2002.

W. Lück (Hrsg.), Lexikon der Betriebswirtschaft, 5. Aufl., Landsberg/Lech 1993.

G. Lütge, Duell der Partner, in: Die Zeit 18/1994, S. 30.

M

W. Männel, Die Wahl zwischen Eigenfertigung und Fremdbezug, 2. Aufl., Stuttgart 1981.

W. Männel (Hrsg.), Handbuch Kostenrechnung, Wiesbaden 1991.

E. Mayer, Kostenrechnung I für Studium und Praxis, 4. Aufl., Baden-Baden/Bad Homburg 1988.

G. Meffle/R. Heyd/P. Weber, Das Rechnungswesen der Unternehmung als Entscheidungsinstrument, Band 1: Sachdarstellung und Fallbeispiele, 3. Aufl., Köln 2000.

K. Mellerowicz, Neuzeitliche Kalkulationsverfahren, 6. Aufl., Freiburg 1977.

P. Meyer, Entscheidungsfindung Eigenfertigung oder Fremdbezug für die kurze Periode in: Buchführung, Bilanzierung, Kostenrechnung (BBK), 4/1981, Fach 25, S. 163 ff.

Derselbe, Entscheidungsfindung Eigenfertigung oder Fremdbezug für die kurze Periode in: Buchführung, Bilanzierung, Kostenrechnung (BBK), 10/1981, Fach 25, S. 177 ff.

R. Michel/H. D. Torspecken, Kostenrechnung, Band 1, Grundlagen der Kostenrechnung, 4. Aufl., München 1992.

Dieselben, Neuere Formen der Kostenrechnung, Band 2, 4. Aufl., München 1998.

D. Moews, Kosten- und Leistungsrechnung, 7. Aufl., München 2002.

H. Müller-Merbach, Operations Research, 3. Aufl., München 1973.

S. Müller, Management-Rechnungswesen, Wiesbaden 2003.

Derselbe, Lineare Planungsrechnung, in: Handbuch der Kostenrechnung, hrsg. v. R. Bobsin, München 1971, S. 365 ff.

O

K. Olfert, Kostenrechnung, 15. Aufl., Ludwigshafen 2008.

P

V. H. Peemöller, Controlling, 5. Aufl., Herne/Berlin 2005.

H.-G. Plaut, Grundfragen und Praxis der Grenzplankostenrechnung, in: H.-G. Plaut/ H. Müller/W. Medicke, Grenzplankostenrechnung und Datenverarbeitung, 3. Aufl., München 1973.

Derselbe, Unternehmenssteuerung mit Hilfe der Voll- oder Grenzplankostenrechnung, in: Zeitschrift für Betriebswirtschaft, Wiesbaden 1961, S. 474 ff.

Derselbe, Die Grenzplankostenrechnung, in: Zeitschrift für Betriebswirtschaft, Wiesbaden 1953, S. 353 f.

W. Plinke, Industrielle Kostenrechnung, 7. Aufl., Berlin/Heidelberg 2006.

Praxis-Lexikon, Kostenrechnung und Kalkulation von A - Z, Freiburg.

Praxis des Rechnungswesens (PdR), Loseblattsammlung, Freiburg.

R. Preißler, Grundlagen der Kosten- und Leistungsrechnung, 8. Aufl., Landsberg 2004.

M. Radke, Die große betriebswirtschaftliche Formelsammlung, 10. Aufl., Landsberg/Lech 1999.

R

REFA, Verband für Arbeitsstudien und Betriebsorganisation, Methodenlehre der Planung und Steuerung, Teil 1 bis Teil 5, 4. Aufl., München 1985.

T. Reichmann, Controlling mit Kennzahlen und Managementberichten, 6. Aufl., München 2001.

H. Reschke, Kostenrechnung, 7. Aufl., Stuttgart 1997.

S. Reupert, Erfolgsorientierte Steuerung des Vertriebs auf der Basis von Deckungsbeiträgen anhand eines Praxisbeispiels, Diplomarbeit, FH Kiel 1994.

P. Riebel, Einzelkosten- und Deckungsbeitragsrechnung, 7. Aufl., Wiesbaden 1994.

G. Riedel, Deckungsbeitragsrechnung - wie aufbauen, wie nutzen? 4. Aufl., Stuttgart 1992.

K. Rummel, Einheitliche Kostenrechnung auf der Grundlage der Proportionalität der Kosten, 2. Aufl., Düsseldorf 1939.

B. Runzheimer, Operations Research I, Lineare Planungsrechnung und Netzplantechnik, 6. Aufl., Wiesbaden 1995.

S

A.-W. Scheer (Hrsg), Grenzplankostenrechnung, Stand und aktuelle Probleme, H.-G. Plaut zum 70. Geburtstag, 2. Aufl., Wiesbaden 1991.

G. Scherrer, Kostenrechnung, 2. Aufl., Stuttgart/New York 1991.

K. Schick, Lineares Optimieren, 3. Aufl., Frankfurt a. M. 1981.

E. Schmalenbach, Kostenrechnung und Preispolitik, 8. Aufl., Köln/Opladen 1963.

J. Schmarbeck, Fremdbezugsentscheidungen mit Hilfe der Deckungsbeitragsrechnung, Diplomarbeit an der FH Kiel 1989.

E. Schneider, Einführung in die Wirtschaftstheorie, Teil 2, 13. Aufl., Tübingen 1972.

Derselbe, Industrielles Rechnungswesen, Grundlagen und Grundfragen, 5. Aufl., Tübingen 1969.

H.-G. Scholz, Kostenmanagement, München/Wien 2001.

H. Schwarz, Kostenrechnung als Instrument der Unternehmungsführung, 3. Aufl., Herne/Berlin 1986.

J. Schwarze, Mathematik für Wirtschaftswissenschaftler, Band 1: Grundlagen, 12. Aufl., Herne/Berlin 2005.

M. Schweitzer/O. Hettich/H.-U. Küpper, Systeme der Kosten- und Erlösrechnung, 8. Aufl., München 2003.

Dieselben, Systeme der Kosten- und Erlösrechnung, 6. Aufl., München 1995.

G. Seicht, Moderne Kosten- und Leistungsrechnung, 11. Aufl., Stuttgart 2001.

K. Serfling, Fälle und Lösungen zur Kostenrechnung, 4. Aufl., Herne/Berlin 1993.

P. Sorg, Kosten- und Leistungsrechnung, 55 praktische Fälle, 3. Aufl., Achim b. Bremen 1999.

P. Stahlknecht/R. Ohmann, Lineare Programmierung auf dem PC, München 1987.

Statistisches Bundesamt (Hrsg.), Statistisches Jahrbuch für die Bundesrepublik, Stuttgart.

V

Vahlens Großes Controllinglexikon, hrsg. v. P. Horváth/Th. Reichmann, München 1993.

Vahlens Großes Wirtschaftslexikon, hrsg. v. E. Dichtl/O. Issing, 3. Aufl., München 2001.

K. Vikas, Neue Konzepte für das Kostenmanagement, 3. Aufl., Wiesbaden 1996.

W

H. K. Weber, Betriebswirtschaftliches Rechnungswesen, Band 2, Kosten- und Leistungsrechnung, 3. Aufl., München 1991.

J. Weber, Einführung in das Rechnungswesen II, Kostenrechnung, Stuttgart 1990.

Derselbe (Hrsg.), Kostensenkung und Controlling, Wiesbaden 2005.

H. Wedell, Grundlagen des betriebswirtschaftlichen Rechnungswesens, Band 2: Kosten- und Leistungsrechnung, 9. Aufl., Herne/Berlin 2004.

H. Chr. Weis, Marketing, 12. Aufl., Ludwigshafen 2001.

E. Wenz, Kosten- und Leistungsrechnung mit einer Einführung in die Kostentheorie, Herne/Berlin 1992.

H. Wiedling, Lineare Planungstechnik. Eine Einführung in die Nutzung der linearen Optimierung zur Lösung betriebswirtschaftlicher Probleme, Gernsbach 1981.

K. Wilkens, Kosten- und Leistungsrechnung, 7. Aufl., München/Wien 1990.

F. Witt, Deckungsbeitragsmanagement, München 1991.

G. Wöhe, Einführung in die Allgemeine Betriebswirtschaftslehre, 23. Aufl., München 2008.

G. Wöhe/H. Kaiser/U. Döring, Übungsbuch zur Einführung in die Allgemeine Betriebswirtschaftslehre, 12. Aufl., München 2008.

G. Wolfstetter, Verfahren der Kostenrechnung, Köln 1998.

A. Woll (Hrsg.), Wirtschaftslexikon, 8. Aufl., München/Wien 1996.

Z

N. Zdrowomyslaw, Kosten-, Leistungs- und Erlösrechnung, München/Wien 1995.

Derselbe, Rechnungswesen in Aufgaben, Klausuren und Lösungen, München/ Wien 1998.

K. Ziegenbein, Controlling, 9. Aufl., Ludwigshafen 2007.

G. Zimmermann, Grundzüge der Kostenrechnung, 8. Aufl., München/Wien 2003.

STICHWORTVERZEICHNIS